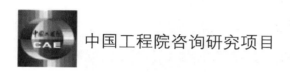 中国工程院咨询研究项目

中国近海渔业资源
管理发展战略及对策研究

唐启升　主编

中国农业出版社

北　京

内容简介

本书是中国工程院渔业资源管理战略咨询研究项目的主要成果，共分两篇：第一篇为中国近海渔业资源管理发展战略及对策研究综合报告，包括战略需求、国内外发展现状、主要问题、对策建议；第二篇为中国近海渔业资源管理发展战略及对策研究课题报告，包括黄渤海渔业资源管理发展战略及对策研究、东海渔业资源管理发展战略及对策研究和南海渔业资源管理发展战略及对策研究。

本书可供渔业管理部门、科技和教育部门、生产企业及社会各界人士阅读参考。

前言 FOREWORD

在人类活动（资源的过度开发利用等）与气候变化（全球变暖、海洋酸化等）相互叠加产生的多重压力下，近海生态系统发生了显著的变化，严重影响了近海生态系统的食物产出功能。为确保我国近海渔业资源开发利用健康持续发展，需要坚持不懈地大力推进渔业资源养护和管理。限额捕捞是国际通行的渔业管理制度，我国于 2017 年开始在沿海 11 个省（自治区、直辖市）开展了限额捕捞管理试点，为探索中国特色的渔业资源管理新模式和新路径奠定了基础。但是，由于受捕捞种类繁杂以及科技支撑和捕捞监管能力不足等因素影响，我国近海渔业全面实施限额捕捞制度依然任重道远。2020 年，中国工程院启动实施了"中国近海渔业资源管理发展战略及对策研究"项目。

项目按黄渤海区、东海区和南海区分为 3 个课题，项目组贯彻绿色发展新理念，坚持"四个面向"，以问题和需求为导向开展战略研究，全面总结、分析我国近海渔业资源管理的现状、面临的问题和国际国内发展趋势，针对限额捕捞的可行性与技术支撑等问题，提出了我国近海渔业资源管理的指导思想、发展思路、发展目标、重点任务和对策建议。项目成果形成了《中国近海渔业资源管理发展战略及对策研究》一书，内容包括综合研究报告和 3 个海区的课题研究报告。主要成果有以下几个方面：

（1）着眼"十四五"期间加快科技创新的迫切要求，科学制定我国近海渔业资源管理措施。这是坚持绿色发展、生态优先，促进渔业高质量发展的战略需求；是提升渔业资源管理水平，推进渔业治理能力现代化的战略需求；是促进沿海经济社会发展，落实乡村振兴的战略需求；是确保优质蛋白供给，保障人民生命健康的战略需求。

（2）明确了制约我国近海渔业全面实施限额捕捞的主要因素：①捕捞种类繁杂，限额试点代表性不够。②限额捕捞的科技支撑能力不足。③限额捕捞的监督管理水平亟待提高。④违法、违规捕捞加大了限额捕捞监管难度。

（3）针对存在的问题，坚持新发展理念，坚持渔业绿色高质量发展，项目组提出了"关于加大我国近海渔业实施限额捕捞试点力度的建议"，主要包括：

①扩大我国黄海、东海、南海渔业实施限额捕捞试点的种类、区域和规模。②加强实施限额捕捞的科技支撑能力，如对重点区域和重要捕捞种类开展有针对性和系统性的专项调查，加大经费投入，进一步提高资源调查的长期效应和现实可用性，科学评估我国近海渔业的资源量和限额捕捞可捕量等。③提升限额捕捞监管水平，如大力推进渔船渔港综合改革，实现依港管船、管人和管渔获物，加强捕捞生产全链条的信息化监管技术水平，构建开放、共享的综合性渔业数据信息系统等。④加强违法、违规捕捞的综合治理，如在《渔业法》修订中需要进一步明确相应的法律条款，加大惩治力度等。

（4）为了切实保护幼鱼资源，促进限额捕捞实施和渔业资源健康可持续利用，项目组提出了"关于开展我国近海渔获物幼杂鱼比例取样调查试点的建议"，该"建议"已得到有关单位的支持，于2021年9—12月按月实施。

项目于2021年7月通过结题评审，评审组认为：研究成果具有较强的前瞻性和储备性，所提出的对策建议具有较强的指导性和可操作性。

本书是项目组院士、专家集体智慧的结晶，期望本书能够为政府部门的科学决策以及科研、教学、生产等相关部门提供借鉴，并为我国渔业资源管理事业健康可持续和现代化发展发挥积极作用。由于时间有限，不足之处在所难免，敬请批评指正。

编　者

2021年7月

目录  CONTENTS

第一篇
综合研究报告

一、我国近海渔业资源管理发展的战略需求

我国近海渔业资源丰富，重要的渔业资源有 300 余种，渔业年捕捞量约 1 000 万 t，被称为"蓝色粮仓"，为保障优质蛋白的供给发挥了重要作用，在社会经济发展和生态文明建设中具有十分重要的战略地位。但是，在人类活动（资源的过度开发利用等）与气候变化（全球变暖、海洋酸化等）相互叠加产生的多重压力下，近海生态系统发生了显著的变化，严重影响了近海生态系统的食物产出功能，制约了我国渔业的健康持续发展。为改变这一局面，我国大力推进渔业资源养护和管理，增殖放流、人工鱼礁和海洋牧场建设蓬勃发展，同时还陆续颁布了禁渔区、禁渔期、渔船捕捞许可、伏季休渔、渔船数量和功率"双控"、捕捞产量"零增长"、渔获物可捕规格和幼鱼比例等渔业管理政策和措施，形成了较为完备的渔业资源管理体系，对减缓近海渔业资源的衰退起到了积极作用。

当前，中国特色社会主义进入了新时代，社会主要矛盾已经转化为人民日益增长的美好生活需要和不平衡不充分的发展之间的矛盾。我国海洋渔业也存在发展不平衡、不充分问题，这就要求我们着眼"十四五"期间加快科技创新的迫切要求，坚持"四个面向"，科学制定我国近海渔业资源管理措施，在继续推动近海渔业持续发展的基础上大力提升发展质量和效益，以更好满足人民在经济、政治、文化、社会、生态等方面日益增长的需要，具有十分重要的现实意义和战略意义，主要体现在以下 4 个方面。

（一）坚持绿色发展、生态优先，促进渔业高质量发展

面对资源约束趋紧、环境污染严重、生态系统退化的严峻形势，党的十八大从新的历史起点出发，把生态文明建设放在突出地位，做出"大力推进生态文明建设"的战略决策；党的十九大首次将"加快生态文明体制改革，建设美丽中国"写进了报告；习近平总书记在多个场合下提出了要坚持走以生态优先、绿色发展为导向的高质量发展的新路子。"海洋是高质量发展战略要地"，是我国经济社会发展的重要战略空间，是党和国家高度重视的重大战略利益和发展目标区，《国务院关于促进海洋渔业持续健康发展的若干意见》《国家级海洋保护区规范化建设与管理指南》等重大渔业管理制度、措施相继制定。"生态优先、绿色发展"成为新时期我国海洋渔业发展的目标，对海洋渔业产业发展与资源管理提出了更高的要求。转变渔业发展方式、实现绿色协调发展、强化渔业资源科学管理是促进渔业现代化、建设现代化渔业强国的重要抓手。

（二）提升渔业资源管理水平，推进渔业治理能力现代化

1986 年《中华人民共和国渔业法》（以下简称《渔业法》）将渔业发展理念、渔业发展政策以及渔业资源管制措施通过法律的形式进行确立，开启了我国海洋渔业资源法治之路。之后《渔业法》经过屡次修订，将捕捞许可、禁渔区、禁渔期、限制捕捞工具、限制网目尺寸等技术手段通过立法固化为制度，在一定程度上保障了我国海洋渔业资源的有序利用。然而，当前近海渔业资源衰退的趋势没有得到根本好转，"依法治渔"理念还没有得到很好的贯彻落实，渔业法律制度仍然亟待完善。党的十九届四中全会提出"坚持和完善中国特色社会主义制度、推进国家治理体系和治理能力现代化"，为了实现新时期渔业高质量发展的目

标，对近海渔业资源实行科学管理，完善海洋渔业资源治理制度体系，提升渔业治理能力，是促进渔业现代化，实现高效、优质、生态、健康和安全可持续发展战略目标的有效途径。

（三）促进沿海经济社会发展，落实乡村振兴

在新的时代背景下，乡村振兴战略是我国"三农"工作的重要抓手，是解决农业、农村和农民问题的重要战略。海洋渔业不仅为沿海渔业人口提供大量就业机会，还支撑着水产品营销和加工、燃料和渔具供应、制冰和船网修造等相关产业的生存和发展，在促进农村产业结构调整、多渠道增加农民收入和提高农产品出口竞争力等方面作出了重要贡献。贯彻落实"生态优先、绿色发展"的渔业资源管理理念，提高渔业发展的质量和效益，对促进渔业增效和渔民增收、满足城乡居民对美好生活的需求、提高渔业发展质量和竞争力具有积极意义，是我国现代化进程中解决好"三农"问题的必然选择。

（四）确保优质蛋白供给，保障人民生命健康

党的十九大报告提出"实施健康中国战略"，把人民健康放在优先发展的战略地位。近海渔业是我国优质蛋白的重要来源，对满足人们对优质、健康的营养需求和提高人民健康水平具有重要意义。近海作为众多渔业生物的关键栖息地和优良渔场，支撑着渔业资源的补充和可持续生产。我国近海渔业提供90%以上的海洋捕捞产量，2019年全国近海渔业捕捞总量为1 000.15万t，在保障我国水产品供给、增加渔民收入、促进沿海地区海洋经济发展等方面作出了巨大贡献。开展近海渔业资源管理，科学有效地开发和利用我国近海渔业资源，有利于恢复和养护我国近海渔业资源，有利于保证粮食安全、稳定和增加优质蛋白食物供给。

二、我国近海渔业资源管理的发展和现状

我国近海渔业资源管理政策的发展与渔业资源的变化息息相关，其是根据渔业资源的变化而进行不断的调整和完善的。《全国渔业发展第十三个五年规划》、2017年农业部发布的海洋捕捞业负增长计划和2018年《国务院办公厅关于加强长江水生生物保护工作的意见》已经为中国渔业资源管理今后几年的发展指明了方向。从长远的发展来讲，结合中国渔业的实际，创新或引进更先进的渔业管理理念，制定更有效的渔业管理制度，是今后相当长一段时期中国渔业资源管理研究的聚焦点。

（一）近海渔业资源的开发利用

近海是众多渔业生物的关键栖息地和优良渔场，支撑着渔业资源的补充和可持续生产。近海渔业提供90%以上的海洋捕捞产量，是我国优质蛋白的重要来源。新中国成立初期，我国海洋渔业产量在低位徘徊，近海捕捞产量1950年为55万t，1960年为175万t，1970年为210万t。改革开放后，由于生产力的发展，渔业产量大增，1988年近海捕捞产量已经超过500万t，1995年超过1 000万t；随后近海渔业捕捞缓慢发展，1998年突破1 200万t，之后维持在这一水平上下，2011年达到历史最大值1 241.94万t，自2015年后开始逐年下降，到2019年，近海捕捞产量为1 000.15万t，2020年降到1 000万t以内，为947.41万t（表1-1）。

表 1-1 我国海洋渔业产量、渔业人口数量及海洋捕捞渔船数量、总吨位和总功率（1986—2020 年）

（数据来自历年渔业统计年鉴）

年份	海洋渔业产量				渔业人口数量（万人）	海洋捕捞渔船		
	合计（万 t）	海洋捕捞（万 t）	远洋渔业（万 t）	海水养殖（万 t）		数量（万艘）	总吨位（万 t）	总功率（万 kW）
1986	582.29	430.22	1.99	150.08	730.77	16.44	—	418.77
1987	678.91	479.91	6.39	192.61	798.85	19.63	—	483.55
1988	763.59	504.66	9.64	249.29	854.07	21.75	—	556.99
1989	834.77	548.33	10.71	275.73	1 140.40	23.41	—	629.72
1990	895.71	594.40	17.09	284.22	1 429.73	24.42	—	680.19
1991	1 010.01	644.35	32.35	333.31	1 361.02	24.27	—	724.21
1992	1 191.58	720.84	46.43	424.31	1 431.21	24.42	—	783.06
1993	1 391.98	795.53	56.22	540.23	1 544.20	25.21	—	810.66
1994	1 599.24	925.61	68.83	604.80	1 604.59	25.93	—	839.41
1995	1 861.26	1 054.07	85.68	721.51	1 682.74	27.40	—	980.07
1996	2 011.53	1 152.99	92.65	765.89	1 861.87	28.04	—	1 075.51
1997	1 888.10	1 092.73	103.70	691.66	1 887.68	28.25	—	1 121.88
1998	2 044.55	1 201.25	91.31	751.99	1 931.73	28.32	—	1 180.15
1999	2 145.26	1 203.46	89.91	851.89	1 834.22	28.00	—	1 218.07
2000	2 203.91	1 189.43	86.52	927.96	1 939.89	28.52	—	1 256.24
2001	2 233.50	1 155.64	88.49	989.38	1 942.20	28.28	—	1 297.74
2002	2 298.45	1 128.34	109.64	1 060.47	2 044.18	27.90	607.28	1 340.15
2003	2 332.82	1 121.20	115.77	1 095.86	2 074.00	22.48	563.56	1 238.44
2004	2 404.47	1 108.08	145.11	1 151.29	2 098.41	22.03	555.94	1 233.81
2005	2 465.89	1 111.28	143.81	1 210.81	2 067.64	21.46	554.79	1 236.39
2006	2 509.63	1 136.40	109.07	1 264.16	2 040.05	21.13	546.33	1 243.35
2007	2 550.89	1 136.03	107.52	1 307.34	2 111.54	20.77	564.14	1 260.44
2008	2 598.28	1 149.63	108.33	1 340.32	2 096.13	19.99	577.65	1 295.07
2009	2 681.55	1 178.61	97.72	1 405.22	2 084.56	20.69	583.86	1 305.83
2010	2 797.53	1 203.59	111.64	1 482.30	2 081.03	20.45	601.09	1 304.06
2011	2 908.05	1 241.94	114.78	1 551.33	2 060.69	20.17	618.23	1 325.59
2012	2 889.61	1 190.02	124.40	1 575.20	2 073.81	19.42	651.75	1 327.08
2013	2 992.35	1 191.99	135.70	1 664.65	2 065.94	19.68	688.76	1 361.40
2014	3 136.25	1 200.18	203.68	1 732.40	2 035.04	19.19	729.41	1 408.76
2015	3 232.29	1 216.81	218.93	1 796.56	2 016.96	18.72	757.25	1 441.74
2016	3 301.26	1 187.20	198.75	1 915.31	1 973.41	18.19	770.83	1 434.37
2017	3 321.74	1 112.42	208.62	2 000.70	1 931.85	16.63	764.92	1 378.26
2018	3 301.43	1 044.46	225.75	2 031.22	1 878.68	15.60	782.01	1 370.15
2019	3 282.50	1 000.15	217.02	2 065.33	1 828.20	14.70	791.74	1 354.72
2020	3 314.38	947.41	231.66	2 135.31	1 720.77	13.68	795.07	1 343.78

70 多年的渔业发展过程可分为四个阶段：①资源利用不足阶段；②加速发展阶段；③过度开发阶段；④加强管理阶段。新中国建立初期为资源利用不足阶段。为了能够为国民提供充足的水产品，政府大力发展近海捕捞业，通过发放渔业贷款，建设渔港、避风港湾和渔航安全设施，使近海渔业捕捞生产得到迅速发展。20 世纪 50 年代初到 60 年代，渔业生产得到快速恢复和发展，1952 年的海洋捕捞产量达 106 万 t。到 70 年代，由于捕捞能力快速发展，捕捞力量迅速增强，渔业资源被充分开发，处于加速发展阶段。80 年代以后，随着先进设备的应用，捕捞能力迅速增长，市场也逐步放开，渔业经济效益上升，沿海各地开始大力发展海洋捕捞。渔业产量大幅度上升的同时，海洋渔业资源衰退的状况逐渐显现，进入过度开发阶段。90 年代开始重视渔业管理，正式进入渔业资源保护加强管理阶段，这时开始陆续出台保护渔业资源、促进渔业捕捞健康发展的政策措施。

（二）近海渔业资源管理的发展历程

1. 渔业管理政策探索（1978 年以前）

新中国成立初期，百废待兴，为了尽快恢复生产，满足全国人民对鱼类蛋白质的需求，全国各地将物力、财力和人力资源集中起来开始大力发展海洋渔业捕捞。1950 年 2 月，第一届全国渔业会议在北京召开，会议确定了渔业生产先恢复后发展和集中领导、分散经营的方针，依据"公私兼顾、劳资两利、发展生产、繁荣经济"的原则，对恢复渔业生产作出了部署，建立了生产资料集体所有制基础上的渔业合作经济体制，鼓励渔民积极生产。1956 年 5 月，中华人民共和国水产部正式成立。1958 年，毛泽东主席批示"三山六水一分田，渔业大有可为"，逐渐开始恢复渔业生产。

2. 渔业管理政策重建（1978—1994 年）

1979 年，国务院颁布了《水产资源保护条例》，为水产资源保护提供了法律依据；国家水产总局颁布了《关于渔业许可证若干问题的暂行规定》《渔政管理工作暂行条例》《渔政船管理暂行办法》，为中国渔政管理工作的开展规定了初步的法律框架。1986 年颁布的《渔业法》则标志着中国渔业管理制度的形成，中国渔业进入全面管理的时代。1987 年《渔业法实施细则》的颁布与实施，标志着我国资源保护工作的正式启动，这是新中国成立以来制定的第一部渔业基本法，体现了"放宽、搞活、管好"的精神，标志着我国进入了"依法治渔、依法兴渔"的新时期。之后，《渔港水域交通安全管理条例》《渔业船舶检验条例》《水产资源繁殖保护条例》《水生野生动物保护实施条例》等行政法规陆续出台，渔政执法的科学化、法制化程度不断提高，形成了以《渔业法》为基础，以渔业资源管理、生产管理、水域生态管理、行政监督管理、渔船渔港管理等涉渔法律法规规章为补充的渔业法律体系，渔业经济生产活动与行政管理基本实现了有法可依。

3. 渔业管理政策调整（1995—2005 年）

由于渔业管理与生产体制的改革，近海渔业资源捕捞强度加大，资源逐渐衰退。渔业管理政策由"渔业开发为主"转向"渔业开发与渔业资源养护并举"的发展思路，我国开始了渔业现代化建设的道路。1995 年以来，建立了伏季休渔制度，近海渔业捕捞实施"零增长和负增长"计划，政府加大财政投入实施渔民转产转业及渔船报废制度，进一步拓展远洋渔业，这一系列措施的实施使我国渔业资源衰退状况有所缓解。2000 年 10 月 31 日，九届全国人大常委会第十八次会议通过了《关于修改〈中华人民共和国渔业法〉的决定》，对《渔业法》作出第一次修正，将条文总数由 35 条增扩到 50 条。此后又于 2004 年 8 月、2009 年 8 月、2013 年 12 月先后进行了修正。

4. 渔业管理政策强化（2006—2012 年）

从 20 世纪 90 年代中期开始，一系列渔业管理措施出台，并逐渐构成了迄今为止的中国近海渔业管理体系，包括伏季休渔、限额捕捞、渔具渔船监管等措施。2006 年农业部发布《中国水生生物资源养护行动纲要》，围绕养护水生生物资源，维持渔业的可持续发展的行动在全国开展。2009 年农业部对伏季休渔制度重新进行了调整。2007—2010 年，全国公布了四批共 220 处国家级水产种质资源保护区，保护区面积共为 11 万多 km²。同时，农业部继续推进水生生物增殖放流工作，扩大增殖放流区域、规模，加大资金投入。2008 年全国投入的增殖放流资金达 3.11 亿元，放流水域覆盖了四大海区和内陆地区四大主要流域，放流各类水生生物苗种 197 亿尾，增殖品种 105 种。

5. 绿色健康发展理念（2013 年至今）

2013 年国务院《关于促进海洋渔业持续健康发展的若干意见》提出坚定不移地建设海洋强国，以加快转变海洋渔业发展方式为主线，坚持生态优先、养捕结合和控制近海、拓展外海、发展远洋的生产方针，着力加强海洋渔业资源和生态环境保护，不断提升海洋渔业可持续发展能力。2017 年农业部印发了《农业部关于进一步加强国内渔船管控实施海洋渔业资源总量管理的通知》，决定实施海洋渔业资源总量管理；以及海洋渔船双控管理：控制海洋捕捞渔船数量和功率，总量实现零增长或负增长；延长伏季休渔时间，扩大休渔范围。2019 年 8 月农业农村部又组织开展了《渔业法》第五次修订工作。在公布的《关于〈中华人民共和国渔业法修订草案（征求意见稿）〉的说明》中明确表示，及时修改《渔业法》对促进渔业持续健康发展、推动实施乡村振兴战略具有重要意义，同时也是我国履行国际义务、积极参与国际渔业治理、落实联合国 2030 年可持续发展议程的重要举措。

（三）近海渔业资源管理的主要措施

按照联合国粮农组织（FAO，1997）的分类方法，渔业资源管理方法可分为技术措施、投入控制和产出控制三类。渔业管理技术措施试图维持鱼类群体的存量增长量，最大程度减小捕捞死亡率对鱼类生物群体存量增长的影响。这类措施包括渔获物上岸规格和性别限制、禁渔区（期）及幼体保护区制度等。投入控制（input control）是指对捕捞从业者准入及渔具、渔船等投入要素的控制，主要包括捕捞许可证制度、渔具和渔船限制等。产出控制（output control）是指对总捕捞量的限制和分配，主要包括总允许捕捞量制度、配额管理等。

1. 基于"投入控制"的管理措施

投入控制制度也可称为间接控制制度或传统的渔业管理制度，该制度可以用来保护幼鱼及产卵场、育肥场和越冬场，在一定情况下还可以削减捕捞努力量。我国采取的投入控制制度主要有：一是捕捞许可制度。通过管理渔船准入、渔船数量和功率等控制渔业资源开发强度。1986 年制定的《渔业法》和《捕捞许可管理规定》对海洋渔业资源开发主体有明确的准入要求。二是"双控"制度与"减船转产"制度。通过限定捕捞渔船总量，控制资源开发能力与强度。"双控"制度源于 1987 年国务院颁布的《关于近海捕捞渔船控制指标的意见》。该意见明确规定了由国家确定全国海洋捕捞渔船数量和主机功率总量，通过对捕捞渔船数量和功率总量管理初步控制近海捕捞量的快速增长和资源过度利用，逐步实现海洋捕捞强度与海洋渔业资源可捕量相适应的目标。

2. 基于"产出控制"的管理措施

产出控制制度是通过调控海洋捕捞总量等资源"产出总量"直接调控资源开发量的治理措施。主要有两点：一是总量管理制度。海洋渔业资源总量管理制度源于 2000 年提出的捕捞总量"零增长"目标。2000 年修正的《渔业法》中，正式提出在我国海洋渔业中实行捕捞限额制度，但在管理实践中一直没有量化政策目标。直至 2016 年，农业部明确提出到 2020 年全国海洋捕捞总量要控制在 1 000 万 t 以内。我国海洋渔业捕捞总量控制取得了一定的成效。二是捕捞限额管理。2017 年，浙江省和山东省作为首批开展限额捕捞试点省份；2018 年，试点工作增加了辽宁、福建和广东三省；2019 年，农业农村部要求所有海洋伏季休渔期间的专项捕捞许可渔业均实行限额捕捞管理；到 2020 年，沿海各省（自治区、直辖市）应选择至少一个条件较为成熟的地区开展限额捕捞管理。

3. 其他管理措施

我国还采取了其他一系列渔业管理措施来调整海洋渔业资源开发，如伏季休渔制度，通过限定休渔期，明确资源开发利用时间。伏季休渔制度的实施对减轻捕捞强度，特别是减轻对幼鱼的捕捞压力、延长幼鱼生长期起到明显的作用。最小网目尺寸管理、增殖放流和保护区管理等管理措施，也在一定程度上对渔业资源的恢复起到积极的作用。

（四）近海渔业资源管理的发展战略

1. 指导思想

坚持生态优先的原则：充分尊重海洋的自然规律和自然属性，以海洋渔业资源承载能力作为海洋捕捞发展的根本依据和刚性约束，坚持保护优先，努力实现海洋渔业资源的规范有序利用。

坚持绿色发展的原则：严格控制并逐步减轻捕捞强度，积极推进从事捕捞作业的渔民转产转业；大力推动海洋渔业一二三产融合发展，加快推进发展方式由数量增长型向质量效益型转变。

坚持依法治渔的原则：把法规制度建设作为保障，不断完善渔业资源保护制度体系，将渔业资源养护和管理纳入法治化、制度化轨道，加大执法监督检查，不断提升海洋渔业资源利用和管理科学化、精细化水平。

2. 战略定位

围绕生态文明建设、海洋强国和乡村振兴等国家战略需求，坚持生态优先，健全"双控"制度和配套管理措施，实施渔业资源总量管理，逐步建立起以投入控制为基础、以产出控制为"闸门"的海洋渔业资源管理基本制度，促进海洋渔业资源的科学养护和合理利用。

3. 发展思路

根据生态优先、绿色发展和依法治渔的指导思路，以海洋渔业资源高质量发展为目标，加强近海渔业资源管理工作。强化渔船源头管理，统筹推进减船转产工作；积极引导捕捞作业方式调整，构建生态友好型的海洋捕捞业，实施海洋渔业资源总量管理制度；健全渔业法律法规，提高海洋渔业资源管理的组织化程度和法治水平；建立近海渔业资源常规监测体系，加强近海渔业资源养护、渔业资源总量管理、渔获物追溯及数字化管理等基础理论和关键技术研发，发挥科技支撑引领作用。

4. 发展目标

根据海洋渔业资源高质量发展的基本要求，加强近海资源养护和生态修复，实施海洋捕捞产出管理，逐步实现海洋捕捞总产量与海洋渔业资源承载能力相协调，推动形成绿色生态、资源节约、环境友好的资源养护型渔业发展新格局。

近期目标：加强捕捞强度控制，实施海洋捕捞产出管理，将海洋捕捞产量控制在 200 万 t 以内；完善渔业资源保护制度，进一步扩大限额捕捞试点，探索渔业权制度；建立近海渔业资源常规监测体系，提高资源调查和动态监测水平，建立渔业资源大数据管理决策平台，提升科技支撑能力。

中长期目标：继续完善海洋捕捞产出管理，建立海洋捕捞产量和渔业资源承载力动态调整机制，全面实施限额捕捞制度，部分渔业资源种群利用实现良性循环；形成完善的渔业资源及栖息地环境网络监测体系，加强捕捞生产、加工、流通等渔获物全流程追溯体系构建，建设区域一体化的渔业资源、渔船渔港动态监管平台，实现海洋渔业资源智能化、科学化管理。

（五）实施限额捕捞的现状

限额捕捞是在总允许捕捞量（total allowable catch，TAC）制度的基础上发展的，旨在控制捕捞强度，保护渔业资源。它是指在对渔业资源进行科学评估和监测的基础上，资源的再生量与资源利用处于平衡状态的前提下，对一定水域、有限的时间内确定特定捕捞鱼种的渔业资源总允许捕捞量，再根据总允许捕捞量进行分配，可以以总量配额或个别配额的形式分配，同时对这一过程实施监督管理的一种渔业管理制度。

2000 年我国对 1986 年实施的《渔业法》作出了大量的修正并新增加一些内容，其中，第三章第二十二条明确规定"我国渔业实行限额捕捞制度"。由于制度实施的基础条件不足，尽管 2003 年国务院《全国海洋经济发展规划纲要》、2006 年国务院《中国水生生物资源养护行动纲要》、2013 年国务院《关于促进海洋渔业持续健康发展的若干意见》等多个文件多次明确要求实施捕捞限额制度，我国在《渔业法》规定后的十多年里仍一直未能真正付诸实施。直至 2017—2018 年，沿海五省辽宁、山东、浙江、福建、广东开展了捕捞限额管理试点。2019 年进一步要求所有海洋伏季休渔期间的专项捕捞许可渔业均实行限额捕捞管理。截至目前，我国沿海 11 个省（自治区、直辖市）已开展限额捕捞管理试点，为探索中国特色的渔业资源管理新模式和新路径奠定了基础。

1. 限额捕捞管理相关关键技术的进展

（1）近海渔业资源调查及评估

掌握近海渔业资源现状及其变化是开展限额捕捞管理的基础。我国海洋渔业资源调查始于 20 世纪 50 年代。20 世纪 60—70 年代，针对大黄鱼、小黄鱼、鳕鱼、带鱼、鲐鱼、蓝点马鲛、黄海鲱鱼、鲆鲽类、对虾、毛虾、乌贼等东海、黄海主要生物资源种类进行了资源、渔场与栖息环境调查。20 世纪 80 年代至 2013 年，主要开展了一些综合性调查研究。2014—2018 年，农业农村部渔业渔政管理局组织中国水产科学研究院 3 个海区所对黄渤海、东海和南海北部海域的渔业种类组成、资源变动、优势种变化、主要渔业种类数量分布等进行了监测与评估，并对带鱼、小黄鱼、蓝点马鲛、鳀、银鲳、鲐鱼、蓝圆鲹、二长棘犁齿鲷和大眼鲷 9 种主要经济种类最大可持续产量进行了评估。

传统的渔业资源评估方法需以翔实的调查和渔业数据为基础，而现有的大多数种类面临着渔获量、基础生物学、有效捕捞努力量等数据缺失问题，因此并不适合采用数据需求较高的模型进行评估和管理。由于面临着渔业资源衰退的严峻形势和渔获量限额管理的迫切要求，基于有限数据的评估方法和渔获量相关管理方案正被越来越多的国家采用。刘尊雷等（2019）就以东海小黄鱼种群为例，根据渔获量、自然死亡、消减率、生物学参数、开捕体长等数据，采用 54 种有限数据评估方法，模拟 3 种捕捞动态，对小黄鱼进行管理策略评价和资源评估。

（2）关键鱼种限额捕捞研究

限额捕捞管理是一项复杂的系统工程，涉及渔业资源生物量的调查评估、渔业生产的监管、社会-经济因素综合评价等。金显仕等（2001）研究了黄海鳀的限额捕捞：根据在黄海中南部鳀越冬场进行了 10 多年的声学/拖网调查生物量评估结果，利用调谐有效种群分析（VPA）方法对黄海鳀资源种群动态进行了分析，提出了鳀限额捕捞工作内容和程序框架。在推荐某种渔业生物的总允许捕捞量（TAC）时，利用调谐 VPA 的方法进行逆算和预测，需要有长期的生物量、渔获量及其年龄组成等资料的积累。目前在我国黄海，鳀具有 10 多年的资料，特别是利用声学方法评估的绝对生物量，为我国在黄海进行鳀限额捕捞奠定了基础。

徐汉祥等（2003）根据 1990—2000 年带鱼资源的调查和监测资料，运用数理模式和以往带鱼研究成果，计算了东海区带鱼的资源量、可捕量、最大持续渔获量，分析了资源状况，确定了东海区带鱼的总许可渔获量，探讨了东海区实行带鱼限额捕捞的可行性。在确定 TAC 时，在不超过最大持续产量（MSY）的前提下，可以适当取高些，允许超过最大不变产量（MCY）但不突破用多种方法计算得到的最大的可捕量数值。

（3）配额分配及建议的研究

制定公平公正的捕捞配额分配方案有助于实现渔业生态经济的可持续发展。徐汉祥等（2003）分析了东海区带鱼许可渔获量的分配：东海区目前主捕带鱼作业的捕捞努力量强大，渔获量和捕捞努力量均超过许可数，因此无法将许可渔获量转让他区或邻国。在本海区三省一市分配时，可参照近七年带鱼渔获量平均值，因此把 65 万 t 许可渔获量分配如下：浙江省 45.10 万 t，占 69.38%；福建省 11.26 万 t，占 17.32%；江苏省 8.37 万 t，占 12.88%；上海市 0.27 万 t，占 0.42%。若按作业类型分配，根据近三年各作业类型渔获带鱼比例，分配全海区主要作业类型带鱼许可渔获量为：对拖网 48.19 万 t；帆张网 15.55 万 t；单拖网 1.26 万 t。三种作业类型合计为 65 万 t，其他作业类型合计带鱼许可渔获量不超过 3 万 t。上述数值即为东海带鱼的年渔获量配额，若分汛分配，可以把冬汛和夏汛许可量定为 3：1。无论是年配额还是汛配额，应当允许省市及县之间相互转让。

丁琪等（2020）以渤海作为研究区域，从生物角度分析引起该海域渔业冲突的可能因素，并进一步从生物、社会、经济三方面构建多目标捕捞配额分配模型，探讨八种捕捞配额分配方案。与单目标分配方案相比，多目标加权分配方案更稳定且更易于采纳。基于熵值法的多目标捕捞配额分配比重在辽宁省、河北省、山东省和天津市分别为 30.2%、21.0%、47.6%、1.2%。与仅基于生物因素（如历史捕捞量）进行渔获配额分配不同，本研究突出了在捕捞配额分配方案中加入社会经济因素的重要性。

2. 近海渔业资源限额捕捞试点典型案例

（1）广东省白贝限额捕捞试点

试点基本情况：①试点海域：珠江口海域的虎门大桥到内伶仃洋海域；②试点渔船：珠江口拖贝专项许可证发放渔船181艘，主机功率75～108马力*，总吨位为20～30 t；③作业方式：框架式拖网；④配额分配：以渔船为分配单元，将白贝的可捕量配额平均分配至渔船；⑤试点实施期：2018年9月1日至10月31日。据统计，试点期间共交易船次47次，总重量为87 245 kg，未超出总可捕量配额，试点期间渔民积极配合工作，捕捞日志填写真实、有效，配套措施齐全，执法监管到位，顺利完成了限额捕捞任务。

主要做法：①试点海域及品种筛选：选取了珠江口白贝资源、中山市鳗苗、江门新会黄茅海域棘头梅童鱼等为初步试点考察品种；随后开展了与基层管理人员、渔民座谈以及海上实地调查等形式的调研；组织召开了限额捕捞试点工作座谈会进行讨论，确定了珠江口海域及其白贝作为广东省2018年限额捕捞试点海域和试点品种。②总允许捕捞量（TAC）的确定：开展白贝资源科学调查，收集试点海域试点渔船2015—2017年的白贝生产数据。由于调查数据中资源量的评估结果偏少，TAC根据白贝历史捕捞产量确定。③实施情况：根据拟定的《广东省渔业资源限额捕捞试点工作方案》，确定各单位的任务分工，参与单位包括广东省海洋与渔业厅、广东省渔政总队、中国水产科学研究院南海水产研究所（以下简称南海水产研究所）、广州市海洋与渔业局、广东省渔政总队广州支队、番禺区海洋与渔业局、南沙区农林局及各镇（街道）、渔村等。④执法监管：为了保障试点工作的顺利进行，广东省渔政总队制定了《粤中海洋与渔业专项巡航执法》任务书，明确了专项行动的执法海域、执法时间、主要任务、执法船艇、轮值安排及有关要求等内容，切实保障了限额捕捞试点海域渔业生产秩序。

（2）浙北渔场梭子蟹限额捕捞试点

试点基本情况：浙北渔场梭子蟹专项捕捞浙江管辖水域位置固定、边界清晰，梭子蟹产量集中，捕捞渔船数量可控，作业方式固定，长期以来又实行网格化管理，有较好的监管基础。试点期间，将海域用网格区分，让渔民以抽签的方式认领捕捞。参照每年专项特许证发放的时间，确定为当年9月中旬至翌年2月底（2017年9月16日至2018年2月28日）。试点的渔船为多年来一直持有该渔场《专项（特许）渔业捕捞许可证》的定刺网渔船和捕捞辅助船。

试点实践：为有序推进限额捕捞试点工作，围绕限额捕捞总量确定、配额分配和配额执行三个环节，制订了《浙北渔场梭子蟹限额捕捞试点工作方案》《限额捕捞试点资源监测方案》《限额捕捞试点定点交易及配额管理办法》《限额捕捞试点海域入渔渔船监督工作方案》等多个试点工作方案、办法，明确了试点工作方向。同时重点就配额执行环节具体实施了定点交易、渔捞日志、渔获通报、观察员上船、海上监管和奖惩等六项制度。

（3）上海市海蜇限额捕捞试点

试点基本情况：历史调查显示，海蜇一般在6—7月集中分布于杭州湾水域，因此，上海市限定特许捕捞在7月15日12时至7月25日12时。如遇台风等不可抗因素，可重新办理特许捕捞许可证，但实际时间总计不超过10 d。持有上海市《专项（特许）渔业捕捞许可

---

* 马力为非法定计量单位，1马力≈0.735 kW，下同。——编者注

证》的张网类海洋渔船作为限额捕捞的试点渔船，最小网目尺寸不小于 90 mm。专项捕捞渔船的作业位置按照网格化要求管理。按照"依港管船"要求强化渔船进出港的动态管控，渔船实行定点卸货，安排渔政执法人员进行现场管控，配合科研单位对渔船渔获物数量进行统计，如实填写渔捞日志。

运行管理：①定点上岸制度，渔船须在指定卸货点进行卸货交易（每艘渔船只能选择一处卸货点），同时由上海海洋大学记录渔获物上岸量（即配额的使用情况）。②渔捞日志制度，每艘专项捕捞渔船须按规定填写渔捞日志，由属地渔政部门对渔捞日志、航行轨迹等进行核对。③配额完成预警，属地渔政部门要对配额完成 90% 的渔船出具预警通知单，对完成配额的渔船要指令退出捕捞作业。当整体配额达到 95% 时，由上海市渔政部门向所有渔船发出预警通知。待所有专项捕捞渔船捕捞量完成配额或捕捞期结束后，由渔政船巡航检查，清空捕捞水域。④监管保障，包括进出渔港（集中停泊点）报告、船载信息系统全天候监控船位、一线执法巡航监管、试行限额捕捞观察员制度。

三、国外渔业限额捕捞管理的现状与趋势

19 世纪中叶以前，由于人们对水产品需求有限，捕捞能力落后，普遍认为渔业资源是一种取之不尽、用之不竭的自然资源，捕捞渔业处于一种完全的开放性准入状态。19 世纪中叶以后，随着捕捞能力的大幅提高，海洋渔业资源的开发迅速，局部海洋渔业资源出现了衰退，渔业资源的合理开发问题逐渐受到关注。1902 年欧洲成立了国际海洋考察理事会（ICES），开始了对渔业管理的基础研究，也揭开了现代海洋渔业资源管理的序幕。

（一）渔业资源管理的发展历程

从渔业资源管理的历史沿革来看，大约分为三个阶段：

1. 从渔业资源的开放性准入到投入控制制度

在渔业管理的初期，渔业资源管理方法的着眼点一是从生物学角度出发，采取技术性措施，最大限度地减小捕捞死亡率的影响，主要是采用禁渔区、禁渔期、上岸规格和性别规定等间接限制手段；二是试图直接从自由准入问题入手，以降低捕捞努力量的方法控制捕捞过度，主要措施包括捕捞许可证制度、渔具和渔船限制等投入控制制度。例如，19 世纪初芬兰开始使用休渔制度来保护大麻哈鱼，1908 年澳大利亚采用该措施来保护塔斯马尼亚扇贝；1899 年澳大利亚运用最低可捕标准限制来保护西部龙虾，1900 年新西兰也采用了该措施来保护笛鲷；1927 年加拿大为养护太平洋大麻哈鱼采用了渔具渔法管理，1940 年美国在大比目鱼渔业和美洲黄道蟹渔业中，也运用相应的限制措施。

投入控制制度在一定程度上减缓了渔业资源衰退的速度，但 20 世纪 50—70 年代各主要渔业国家的实践表明，这种以投入管理为主的渔业资源管理制度不能有效地控制捕捞努力量的持续增长，导致资源仍在继续衰退。

2. 产出控制制度的兴起

商业渔业的迅速发展，导致渔业资源的衰退，甚至部分鱼种的灭绝。为了控制日益严重的过度捕捞，也为了更好地养护、管理和利用渔业资源，在传统的投入控制的管理方法基础上，逐步引入了产出控制的管理方法，即限制渔获量的管理方法。1982 年《联合国海洋法

公约》在赋予沿海国对其专属经济区内的自然资源享有主权权利的同时，也规定了其对生物资源的养护和管理所应履行的义务，其中包括应决定其专属经济区内生物资源的总允许捕捞量（TAC）。

总允许捕捞量制度是最早提出来的产出控制的管理方法，也是国际上公认的比较先进的渔业管理手段，被发达国家普遍采用。它根据资源的实际情况直接对渔获量进行限制，当渔获量达到 TAC 水平时，渔业生产将会受到限制。TAC 制度理论上能够直接控制捕捞死亡率，保护渔业资源不受过度捕捞的危害，从而更有效地保护渔业资源的再生能力，使鱼类种群正常繁衍下去，保持渔业生产的可持续发展。因此，TAC 制度从 19 世纪末被开发后得到了迅速发展。但是其缺点是容易导致过度的投资和捕捞竞争。

3. 从 TAC 制度到配额制度

为避免由 TAC 制度导致的捕捞能力的增加或捕捞竞争，在其基础上提出了配额管理制度。随着配额捕捞管理制度的不断发展和完善，TAC 制度按照配额主体和分配形式的不同，可分为社区配额（community quota，CQ）制度和个体配额（individual quota，IQ）制度。个体配额制度中，根据配额是否可以转让，又有个体可转让渔获配额（individual transferable quota，ITQ），以及单船渔获量限制（vessel catch limit，VCL）等多种形式。

配额管理制度的思想刚被提出就引起了各渔业发达国家的注意，冰岛 1976 年率先在鲱鱼渔业中采用，1986 年开始普遍采用该制度。之后，新西兰、澳大利亚、加拿大、荷兰、美国、挪威、南非、智利、坦桑尼亚等国也先后使用了该制度。

（二）限额捕捞制度实施要点

TAC 制度作为在国际上已实施近百年的渔业管理制度，被证实其不仅能为渔业管理提升效率，更能使渔业产业良性运转。但它的实施必须具备一些条件，如渔业结构简单，渔船规模大；渔获种类少，特别是鱼类种群不复杂、兼捕数量少；卸货港少；流通渠道简单等。同时，要确定 TAC，首先需要多年的渔获量、捕捞努力量和捕捞死亡率等方面的渔业统计；其次，要充分了解资源种群的特征及变动情况。这就需要对渔业资源进行科学的调查，掌握其生物学特征，取得合理可信的数据，运用合理的数学模型准确评价出最大可持续产量。资源调查和评估工作必须是连续的或定期的，以便能及时调整 TAC。此外，还必须有足够的渔业监督力量及完善的渔业法律规章制度，以便能有效地监督检查渔获量情况，保证该制度的顺利实施。

1. 确定适合限额捕捞的种类

选定适合限额捕捞的种类是限额捕捞制度实施成功的关键之一。理论上来说，所有的种类都可以设定总允许捕捞量，从而实行海洋渔业限额捕捞制度，但是由于行政执法能力不高以及收集资源量资料不易等因素的限制，即使是渔业发达国家也只能相对准确地测定十几种渔业资源的总允许捕捞量。一般来说，各国均是先对个别种类设定允许捕捞量，然后根据自身国家的海洋渔业资源状况，设定几种不同种类的总允许捕捞量，实行海洋渔业限额捕捞制度。

2. 总允许捕捞量的设定

成功地实施海洋渔业限额捕捞制度往往以总允许捕捞量准确科学的设定为前提，总允许捕捞量的设定应当充分考虑环境资源的承受能力，若前者大于后者，将加剧资源的恶化，造成资源的日益衰退，从而起不到保护资源的效果；反之，若确定的总允许捕捞量低于资源的可持续产量，将造成经济损失和资源浪费。为了确保总允许捕捞量的准确性，一些渔业发达国家在总允许捕捞量的测定机构、测定事项、不同鱼种的测定方法和测定时间等方面都有较为明确的规定。如美国确定总允许捕捞量会采取各个鱼种和渔业种类分开管理，单独制定详细的渔业捕捞计划。政府从观察员的记录、捕捞统计以及市场监督中获得准确的统计资料，海洋渔业局海区渔业管理委员会科学地制定出每个经济品种的总允许捕捞量，通常会量化到各海区各时段。

总允许捕捞量的设定需要详尽科学的资源调查结果和渔获统计。因此，在 TAC 设定的过程中，应征求各方面的建议特别是地方政府官员以及在生产第一线的企业和渔民的意见，提高总允许捕捞量的准确性。一旦年度总允许捕捞量最终确定，就要严格按此允许捕捞量进行配额的分配以及捕捞量的控制，逐步完善监管检查机制以及相关法律制度，严惩违法作业者，为以后总允许捕捞量的设定构筑坚固的法律屏障。

3. 限额捕捞的分配

实施限额捕捞管理制度，可以说最为关键的是限额的分配。分配也是最困难、最有争论的问题，因为它将决定谁从其中得到利益、谁从其中得到有价值的资产，而谁将被排挤出渔业。合理的配额分配能够促进这一制度的顺利实施，否则不但会给改革带来很多不必要的麻烦，还可能引发大量渔民失业等一系列问题。政府在实施限额分配的过程中，会继续实施"减船转产"政策，扶持发展休闲渔业、远洋渔业，尽可能多地压缩近海捕捞力量。此外，政府还需对可能出现的大量出售配额的渔民的就业问题做好准备。

4. 限额捕捞的流转

海洋渔业限额的流转可以让更有条件、更有技术的人进行渔业捕捞，是对渔业资源最大限度的利用，同时也能促进经济发展。此外，允许渔业限额的转让也更有利于保护渔业资源，科学地进行渔业捕捞，企业或集团的有序捕捞取代个人的盲目捕捞不单是对经济发展的有效促进，也是对渔业资源的有效保护。渔业发达国家通常通过行政分配的手段根据历史渔获实效赋予具有捕鱼许可证的渔民一定量的限额权，并且允许该限额的转让。限额权的转让要求在政府的监管下进行，并予以相应的登记。为了保证限额制度的成功实施，对于限额发放对象以及实施限额捕捞的全过程，包括限额交易的整个流程，都配以严格且详细的监管机制，并加以完善的惩罚机制。此外，为防止有实力的个人或企业配额过多而出现垄断现象，政府还需设置配额上限。

（三）典型案例

1. 韩国

（1）主要做法及问题

韩国从 1995 年开始着手准备，1998 年制定了相关法规，引进了 TAC 制度。推行 TAC 制度时，韩国制定了一些相关的法律规定，如《水产法》（1995）、《水产资源保护令》（总统令，1996）、《关于总渔获量的相关规定》（海洋水产部令，1998）。作为初步的示范项目，对 4 种渔业种类实行 TAC 制度；到 2003 年对 9 个种类实行了 TAC 制度，包括斑点沙瑙鱼、鲐鱼、竹筴鱼、沙丁鱼、红雪长蟹、紫华盛顿蛤、羽贝、雪长蟹和梭子蟹；到 2010 年将捕捞鱼种增加到 20 种，对规定种类通过指定市场来加强渔获物管理，实行观察员制度。韩国的水产资源管理仍然是以许可制度为基础，而 TAC 制度则是一种制度化管理手段，因此，许可制度与 TAC 制度并行形成了水产管理两种制度并行的局面。现行的韩国近海水产作业根据渔船的吨级不同，划分为沿岸水产和近海水产，它所管理的主体不相同，而 TAC 制度是根据鱼种不同的原则进行管理，因此同一海域的渔业资源的管理就存在了困难。

韩国 TAC 制度的行政管理体系分为准备阶段、基本计划制定阶段和运营阶段 3 个阶段。第一阶段为制定基本计划的准备阶段，由韩国海洋水产部负责。韩国海洋水产部以国立水产科学院提供的鱼种及从生物学的角度提供的 TAC 制度所需要的资源水平和生产情况等方面的资料为资料基础设立 TAC 审议委员会，决定 TAC 制度管理的对象资源和鱼种，最终由中央水产调整委员会综合社会经济等多方面的因素做出最后的决定。第二阶段，以 TAC 制度管理的鱼种作为捕捞主体，进行行政主体划分，制定基本计划。即对 TAC 制度管理的鱼种进行水产资源分配，剩余的水产资源可以分配给其他国家的水产从业人员。TAC 制度的对象水产分配制度划分为道知事许可 TAC 水产资源分配制度、长官许可 TAC 水产资源分配制度以及外国人 TAC 水产资源分配制度。道知事根据 TAC 水产资源分配制度分配水产资源后，水产从业者和不同渔船可根据自己的情况进行再分配。另外，过去的旧水产许可制度是各地区的水产协会根据需要进行资源分配，长官许可 TAC 水产资源分配制度可根据不同鱼种将资源分配给相关的捕捞不同鱼种的各个水产协会和团体，然后水产从业者和各渔船进行再分配。第三阶段，TAC 制度的实际运营阶段，各许可权拥有者根据 TAC 制度将资源分配给水产从业者。中央政府在 TAC 消耗量和分配量不足的情况下，会公布相关的制约公告。如果分配量出现超过的情况，会发布禁渔命令，违反 TAC 制度的相关规定会受到相应的行政处罚。与此相关的 TAC 行政组织是韩国海洋水产部—市道—市郡区—水产协会—水产从业者。

但是这样的管理体制的缺点是，韩国海洋水产部往往会忽略各个地方的地域特征差别。作为民间团体的水产协会向水产从业者分配 TAC 水产资源，但是在实施过程中，水产协会起到的辅助作用无法代替政府实施某些具体的政府职能。

（2）对我国的启示

当前，我国的渔业行政管理制度主要有伏季休渔制度和捕捞许可制度，这两种制度对我国的渔业资源保护起到了积极的作用，但这两种管理制度已然跟不上我国海洋渔业发展的脚步。休渔制度被认为是中国保护近海渔业资源的符合国情的最可行、最有效的渔业管理措施之一。但是，无论是休渔 2 个月还是 3 个月甚至在个别海区实施更长的禁渔期，都不能掩盖或从根本上解决近海渔业捕捞强度长期处于超负荷、渔业资源持续衰退的问题。休渔结束后的渔汛中，渔民收入增加，产量提高，但同时在强大的捕捞压力下，已经取得的资源保护效果当年即被利用始尽，来年的鱼群存量并没有得到有效补充，资源恢复目标难以达到。因此，休渔制度并不是解决海洋渔业资源公共悲剧问题根本和长期的制度安排。捕捞许可制度对渔业资源的保护绩效，从渔船数量和功率的失控及海洋渔业资源被过度利用的状况中已经明白地显示出来。

如何对海洋渔业进行管理是一个需要权衡取舍的问题。世界渔业管理的发展趋势是由投入控制管理逐步向产出控制管理转变，总允许捕捞量（TAC）、个人配额（IQ）和个人可转让配额（ITQ）制度将成为渔业管理的发展趋势。韩国作为偏向于投入控制管理的国家也开始对本国部分鱼种采取总允许捕捞量和配额管理制度。当前，三种管理模式［基于社区的渔业管理（CBFM）、渔业的共同管理模式（CMFS）、基于生态系统的渔业管理（EBFM）］给出了三种不同的管理方法。从世界各地的案例研究结果来看，任何一种形式的管理模式可能只适合于某一个区域，而在其他区域有可能存在缺陷而导致无效的管理。国际海洋渔业管理经验给予中国的启示就是，基于生态系统、社区、渔民知识、生态科学等因素的综合性管理模式是总体的发展趋势。

2. 新西兰

（1）主要做法及问题

新西兰是世界上实行渔业资源配额制度管理最早的国家，也是最成功的国家之一。20世纪80年代初，新西兰近海渔业资源严重衰退，远洋渔业资源开发也日趋饱和，单位捕捞努力量、渔获量不断下降。在严重的经济和资源压力下，为了更好地管理其管辖范围内的渔业资源，政府不得不思考新的渔业管理制度。1983年新西兰率先在远洋渔业管理方面引入配额制度，从1986年起正式将个人可转让配额（ITQ）制度作为其渔业管理的基本制度框架。新西兰限额渔业管理经过30多年的实践，已形成渔业调查、渔业管理、渔业监视等多方面综合的渔业管理系统，称为配额管理系统（quota management system，QMS），是新西兰渔业管理的基石。

新西兰政府每年会对专属经济区海域内的渔业资源进行科学评估，渔业法也有规定，渔业物种的捕捞极限必须设定在能确保其长期可持续发展的前提下。在此基础上，根据QMS，新西兰政府对每种渔业种类（特定地区的鱼类、贝类或海藻物种）都设定了年度捕捞限额，即年度总允许捕捞量。TAC在不同的渔业类型间共享，包括休闲渔业、地方传统渔业以及商业渔业等。扣除休闲渔业、传统渔业等，剩余的是允许的商业捕捞总量，配额分配的主要是商业捕捞总量。

为了监管渔业生产，QMS要求渔民和持证水产商定期报告。商业渔民（许可证持有人）必须提供每次出海的渔获量、捕捞努力量和上岸买卖数，并提供月度报告。岸上的持证水产商必须每月提交一份申报表，列出上个月收到的鱼的数量、种类和向他们提供渔获的渔民。通过渔民和水产商进行交叉检查，以确定报告的准确性。

经过几十年的时间，新西兰实施的限额管理制度被证明是成功的。限额管理范围从种类、作业渔场和作业方式上不断扩大。管理的区域已从最初的沿岸渔业延伸到深水渔业。管理的种类从最初的26种增加到如今的98种（或组），可分为642个独立的种群。实施限额捕捞制度后，到20世纪90年代中期，新西兰的渔业资源呈现出健康复苏的迹象，商业性渔业繁荣起来，其保护资源的正面意义得到诸多方面的肯定。调查表明，实施限额制度后，77%的渔业企业对其经营策略作出调整，主要表现：调整作业类型或作业方式、尽可能地降低作业成本、减少捕捞努力量（即减少对渔船和网具的投资）。存在的问题主要有：①由于配额的限制有可能导致渔民为尽可能留下价值最大的渔获物，而将价值小的渔获物抛弃。这样不仅造成对资源的浪费，而且造成统计工作的困难，对下一年的TAC估计带来很大的误差。②配额制度的执行成本较高，多鱼种渔业、跨区域渔业可能要遇到一定的困难。③可能会产生渔霸，即最后大部分配额集中在少数效益较好的经营者手中，容易形成垄断。

（2）对我国的启示

加强宣传，转变观念。限额制度是一个全新的体制，必须加强宣传工作、转变观念。新西兰之所以能取得成功，得益于实施前做了大量的宣传工作，并组织利益各方进行讨论。建议从现在起加强宣传，使渔民和各级管理部门都能了解限额制度的体制和运作方式。能得到大多数渔业工作者的支持拥护，政策才能顺利实施。

加强执法力度和渔民社会保障体系建设。从执法成本上看，限额制度的执法成本要高于投入控制管理，实施限额制度的前提必须配备更加充足的执法力量和执法经费，才能从配额分配、渔业生产、配额和渔获物交易、流通等多个方面进行全程管理和监控。目前我国在渔业管理上存在的突出问题是渔业执法力量不足和经费不足，以及渔民生计问题导致的执法难。建议逐步建立渔业从业者的养老、医疗、渔船、重大海难事件等的保险以及保障体系。

建立渔业权制度。新西兰配额管理系统的产权性质对其渔业管理效果起到十分重要的作用。在此产权体系下，渔民会有选择地进行捕捞，以取得最大的市场价值。另外，它将促使渔民与其他配额所有者联合起来，加强对渔业资源的保护。对配额权及相关权利的法律性质明确定义及界定，对促进渔业管理向法制、有序、有效的方向发展起着十分重要的作用。这必须要政府当局承认此种配额权的产权性质并从法律上进行明确定义；否则，会出现原先无序、无效的竞争捕捞的状况。

3. 澳大利亚

（1）主要做法

目前，澳大利亚渔业管理已主要转向产出控制，最主要的是总允许捕捞量（TAC）和个人捕捞配额（ITQ）制度体系。经过 20 多年的努力，澳大利亚已经建立了完善的配额化管理体系，这套管理体系的实施形式和特点是：总体管理目标和发展规划由国家渔业局按年度制定。其具体内容和操作方式包括两部分：一部分是总年度计划的项目和单元，包括按鱼类品种的作业方式和操作监管流程，落实实施责任，总年度计划明白具体；另一部分是将年度目标分解到各区域或委托给代理的管理执法部门，这一部分就更详细且便于操作，细致到海域的划分、鱼的品种和规格限制、网目尺寸限制、渔船登记内容、船长审查、整网方式、副渔获物允许比例、渔船临检和现场抽查、捕捞日志记载等。

澳大利亚政府发布的《2017 年渔业状况报告》显示，在 2006 年评估的 97 个鱼类种群中，未遭受过度捕捞的种群为 41 个，而在 2016 年评估的 94 个鱼类种群中，未遭受过度捕捞的种群则为 81 个。这说明澳大利亚海域的渔业资源在过去 10 年恢复得很成功，目前总体上都处于可持续开发状态，开始于 20 世纪 80 年代末 90 年代初的澳大利亚渔业监管体制改革基本上实现了预期目标。

澳大利亚各州政府代表联邦政府行使政府的渔业管理职能，由科学家、经济学家组成的咨询机构对政府管理中出现的问题如配额问题、可持续发展问题以及环境问题进行咨询。澳大利亚的渔业管理信息化程度比较高，从天上卫星监测渔船，到海上公务船的巡检，再到岸上水产品交易的监督等，都离不开数据中心与终端的适时联系，管理者可随时调阅渔船的各种数据，查看是否与现场相符合。其信息化应用通过卫星、互联网、手机、电台等实现。例如，澳大利亚政府使用船位监测系统（VMS）对在 200 n mile 专属经济区内进行商业捕捞的拖网渔船进行监测；海洋环境与资源信息系统（CHRIS）为渔业管理者、科学研究者、捕捞从业者以及社会公众人士等提供相关的渔业数据信息；渔民通过互动式语音报告系统（IVR）可随时输入捕捞数据和查询配额情况。

（2）对我国的启示

进行长期化、系统化的渔业资源评估和监测。实施限额管理首先遇到的技术关键是对实施配额管理的鱼种的 TAC 进行评估和监测。目前，我国的渔业资源评估和监测断断续续片区化进行，不够系统和全面，无法满足限额制度的要求。要实施限额制度，渔业资源评估是一项必备的基础性工作。

加强渔业信息化建设。澳大利亚的渔业管理信息化程度比较高，我国的渔业信息化建设跟澳大利亚相比还存在的很多的不足，如渔船进出港监测、渔民产量录入等方面。实施限额制度，必须提高渔业管理的信息化能力，使管理监督形成闭环。

四、制约我国近海渔业全面实施限额捕捞的主要因素

为了确保我国近海渔业资源开发利用健康持续发展，需要坚持不懈地大力推进渔业资源养护和管理。截至目前，我国近海年实际捕捞量控制在 1 000 万 t 以内，沿海 11 个省（自治区、直辖市）已开展限额捕捞管理试点，为探索中国特色的渔业资源管理新模式和新路径奠定了基础。但是，由于捕捞种类繁杂以及科技支撑和捕捞监管能力不足等因素影响，我国近海渔业全面实施限额捕捞制度依然任重道远。梳理总结当前制约我国近海渔业全面实施限额捕捞的因素，主要包括以下几个方面：

（一）捕捞种类繁杂，限额试点代表性不够

我国近海渔业生物丰富、多样，据记载鱼类有 2 028 种、甲壳类 1 000 余种、头足类 90 多种，作为渔业捕捞对象的有 300 多种，但是，高生物量的经济种类只有 50～60 种，属于典型的多鱼种渔业。目前，近海渔业资源已过度开发利用，主要经济种类资源严重衰退，优质种类渔获量的占比从 20 世纪 60 年代的 80% 下降到不足 30%。捕捞种类小型化、低龄化日益突出。黄渤海渔获物一半以上，甚至 70% 被制成饲料。东海传统四大海产的大黄鱼、小黄鱼和乌贼已不能形成明显的渔汛，带鱼产量显著下降。传统的渔场、渔汛基本消失，多鱼种渔业在我国近海渔业捕捞中占比加大。而多鱼种渔业决定了我国近海渔业捕捞以选择性低、效率高的渔具为主，根据《2020 中国渔业统计年鉴》，我国近海捕捞产量来自选择性差的拖网占 47.65%、张网占 11.51%，也进一步加剧了渔业资源的衰退。目前国际上通行的限额捕捞制度主要是针对单种类，多鱼种渔业实施限额捕捞没有可借鉴的成功案例，我国也从未开展过实质性探索。因此，从试点类型来说，我国现有的限额捕捞试点代表性不够。

另一方面，我国自 2017 年开展限额捕捞试点以来，已开展试点的种类有中国对虾、梭子蟹、海蜇、白贝和丁香鱼；加上伏休期间实施专项捕捞的种类（毛虾、太平洋褶柔鱼和口虾蛄），数量不足 10 种，捕捞量占比不足 1%，多是非主要捕捞对象的小品种，涉及的区域也比较小。因此，从种类和规模来说，我国现有的限额捕捞试点代表性不够。

（二）限额捕捞的科技支撑能力不足

1. 渔业资源调查、研究工作与限额捕捞试点脱节

科学确定试点品种的可捕量是开展限额捕捞的前提和基础性工作，在我国限额捕捞试点中，可利用的针对性的资源调查、监测数据较少是一个较为普遍的问题。我国自 1953 年以后开展过一些规模比较大、调查范围比较广的海洋生物资源调查，各海区也对对虾、小黄鱼、大黄鱼、带鱼等主要渔业对象进行过资源、渔场调查，但这些调查均为局部海域和个别渔业对象的调查。1996—2000 年开展的"我国专属经济区和大陆架勘测"首次取得了我国

专属经济区生物资源和栖息环境的综合资料；2014—2018 年农业农村部渔业渔政管理局再次组织实施了对我国近海渔业种类组成、资源变动、优势种变化、主要渔业种类数量分布的监测与评估，对带鱼、小黄鱼、蓝点马鲛、鳀、银鲳、鲐鱼、蓝圆鲹、二长棘犁齿鲷和大眼鲷 9 种主要经济种类的最大持续产量进行了评估。然而，由于调查覆盖面不一、连续性和系统性不强，缺乏针对重要种类、特定区域的全面系统的专项调查，未建立调查数据的共享机制，也缺乏资源量、可捕量和限额捕捞量的研究和评估，难以科学制定实施限额捕捞的区域、种类和数量。目前在我国限额捕捞试点中，各地在确定捕捞限额时主要是依据往年捕捞统计数据进行估算，造成限额总量确定不合理，未达到限额管理的目标。如浙北梭子蟹 2017 年限额总量为 3 200 t，而完成率仅 57.6%；上海 2019 年和 2020 年海蜇限额完成率不足 20%。

2. 缺乏配额分配及建议的科学研究

限额怎么分也是实施限额捕捞的一个难题。现代渔业管理要求我们通过收集长期时间序列的渔获量、捕捞努力量、捕捞死亡率和非目标鱼种的兼捕比例等渔业统计资料，掌握鱼类种群资源的变动，从而通过配额制度的制定对单鱼种进行精细化的管理。目前，配额的分配和使用不尽合理。例如，浙北梭子蟹和上海海蜇捕捞均采取了"双限"的管理办法，但略有不同。浙北梭子蟹试点实行了总体限额和各市（县）限额的管理办法，具体单船配额由基层渔业组织自行协商分配；而上海海蜇试点实行了总体限额和单船配额的管理办法。这两种"双限"管理办法体现了所有渔民对海洋可再生渔业资源具有共同所有权，得到了渔民和渔业执法单位的认可。但由于作业渔区位置不同，市（县）或单船捕捞量会产生差异，可能会造成单船或某一个市（县）的配额完成率不足或超额，在经济刺激下容易引发违法捕捞风险，增加执法难度。

另外，配额分配的方法相对简单。限额捕捞管理的分配方式一般包括无偿和有偿分配。以珠江口海域白贝限额捕捞试点为例，资源配额使用无偿分配中的平均分配方法，平均分配体现了绝对公平的原则，对白贝的捕捞额度采用平均分配，每个捕捞单位（渔船）获得的配额相同。这一分配方式成本相对比较低，但是并没有考虑到现实中主体之间的差异，可能会出现分配过高或过低的后果，因此，在一定程度上限制了对白贝限额捕捞管理的推广。

3. 未建立渔业产量统计的科学体系

渔获物有效监管和准确统计是限额捕捞制度实施的关键，然而，由于未建立渔业产量统计的科学体系，渔获物准确统计困难，监管难度大。以珠江口海域白贝限额捕捞试点为例，定点交易场所为临时交易地点，缺乏必要的停泊码头、称量设施和办公条件，使得渔获物统计工作难度较大。而且渔获物定点上岸管理也存在落实难的问题。一方面，定点上岸需要 24 h 管理，由于机构改革，渔港经费减少，管理人员减少，同时还要兼管安全、渔政和船检，根本无法兼顾；另一方面，渔民为了节省往返渔港的费用，降低成本，往往在海上与收购船、加工船完成交易，这部分渔获量无法统计。

渔民均为个体经营，缺乏相关的渔业协会或合作社等中介服务组织，缺乏实质的管理和约束机制而显得松散，再加上缺乏有效制约手段，渔民填报电子渔捞日志意愿较低。另一方面，渔民大多数年龄偏大，文化水平不高，渔捞日志填写事项较多，普遍存在报表上报不及时以及填写不规范、不恰当的问题，导致捕捞产量数据不完整、不准确。

渔获物填报系统不完善，即使在严格按照录入程序录入的前提下，在录入过程中仍会出现渔捞日志的捕捞量和返港捕捞量不一致的情况；系统填报报表数据太过繁琐，需要录入的资源有离港信息、返港信息、渔捞日志、定点交易渔获物登记表等，耗费工作人员大量时间和精力。

（三）限额捕捞的监督管理水平亟待提高

我国现有的渔业管理更多的是侧重于投入管理，如控制渔船的数量、功率；控制捕捞时间（伏季休渔）；控制捕捞区域（设置保护区、不同作业区域）。但是只要不控制产出，捕捞强度就会不断增加，就会不断提高生产效率，增加生产能力，渔民为提高产量无所不用其极，把原有保护资源的目标和政策措施都大大抵消了。这种情况下，必须转入产出控制，也就是限额捕捞。限额捕捞属于动态化、精细化管理制度，制定一套行之有效的捕捞监督管理体系是确保该制度顺利实施的关键。当前限额捕捞监督管理方面存在的主要不足有：

1. 捕捞监管体系存在诸多不足

我国渔船渔具管理、渔获物定点上岸、渔获物合法性标签及可追溯等相关配套制度尚不健全，推行捕捞限额制度缺乏法制化保障。执法力度不均衡，有的地方抓得紧、严，有的地方抓得松，跨省籍船作业执法存在困难，易造成当地渔民、主管部门、渔企的攀比和心态不平衡，给地方的渔政管理工作带来压力。渔获物运输船也给定点上岸管理增加难度。

渔获物定点上岸渔港数量少，且基础设施不健全，影响了渔港综合管理和服务保障功能；渔船数量庞大，作业方式分散及水产品交易体系不完善，传统手段开展捕捞生产监管的难度较大，且效率不高；机构改革导致当前渔政管理人员、经费严重不足，渔政管理力量弱，行政执法能力弱，对所有作业渔船和渔获物实施科学有效的监管较为困难；海上渔业生产管理存在海警、渔政等多部门、分区域管理，协同机制尚未健全。渔获物上岸存在多部门管理，渔业执法、市场执法协同监管难度大。亟待创新管理模式，提高治理能力。

2. 缺乏完善的法律、规定

限额捕捞制度的实施需要各方面的配合，尤其离不开相关的法律作为保障。然而我国《渔业法》规定实施限额捕捞制度已近 20 年，其内容主要是渔业行政管理方面的立法，而该制度的性质、特征、内容、分配的形式和方法的规定比较模糊，对于限额捕捞管理中总量确定流程、分配中涉及的配额的转让等诸多法律问题也不明确。在配额的转让问题上，《渔业法》第三十二条第二款和《渔业捕捞许可管理规定》第三十一条都规定"渔业捕捞许可证不得转让"。对于限额捕捞管理制度中的配额权并没有明确的规定，由于限额捕捞配额权是在捕捞许可证的基础之上，也就是说在持有相同捕捞许可证的情况下，为限额捕捞管理过程中配额的转让在法律上设置了阻碍。此外，《物权法》的相关规定中明确了捕捞权的物权属性，用益物权的可流转性也可理解为配额的可流转性，但是这与《渔业法》的规定又是相反的。因此，法律、法规对限额捕捞管理的规定需要进一步完善和改进，从而保障限额捕捞管理的顺利完成。

（四）违法、违规捕捞加大了限额捕捞监管难度

2019 年我国渔船"双控"已完成"十三五"目标，但各海区捕捞力量依然居高不下，违法、违规捕捞现象严重，涉渔"三无"船舶大量存在。老旧渔船较多，计划报废渔船没有做到足额报废，报废转产政策得不到落实；渔船盲目增长未能得到有效控制，压减捕捞渔船的难度依然很大；违规建造捕捞渔船从事非法生产的现象屡禁不止；沿海地区的渔民在禁渔

区、禁渔期内进行违规捕捞的情况屡禁不止；不当渔具层出不穷；大量"绝户网"等非法渔具遍布沿海滩涂。严重的违法、违规捕捞致使捕捞生产量难以得到准确统计，同时，也影响了渔民参与限额捕捞制度实施的积极性。

2015年以来，我国共取缔拆解涉渔"三无"船舶6万艘以上，在清理取缔涉渔"三无"船舶方面取得了良好开端，但总体而言，目前我国涉渔"三无"船舶数量仍然居高不下。据不完全统计，仅南海就存在涉渔"三无"船舶8万多艘，部分地方的涉渔"三无"船舶是在册渔船的2～3倍，局部甚至高达8～9倍，严重挤占了在册渔船的生存空间。目前我国涉渔"三无"船舶的特点是船舶种类繁杂、隐蔽性强、作业方式多样，而且大部分为"生计"渔船；其次，这些涉渔"三无"船舶整治困难的具体表现为船舶认定困难、执法主体众多且权责不明、没收条文表述界定模糊、没收标准存在内容差异、缺乏政策扶持、法治宣传力度小等。涉渔"三无"船舶的大量存在，不仅严重威胁到渔民群众的生命财产安全，更加重了渔业资源的破坏，扰乱渔业生产秩序，加大了限额捕捞监管难度。

五、关于加大我国近海渔业实施限额捕捞试点力度的建议

在海洋捕捞管理制度重大改革的关键时期，以及在"十四五"规划中提出什么样的目标和发展思路的关键时期，中国工程院咨询研究项目"中国近海渔业资源管理发展战略及对策研究"启动实施，项目组贯彻绿色发展新理念，坚持"四个面向"，以问题和需求为导向开展战略研究，通过分析梳理我国近海渔业资源管理存在的主要问题以及国内外渔业资源管理的实践及其典型案例，建议扩大我国近海渔业实施限额捕捞试点种类、区域和规模，促进渔业治理体系和治理能力现代化，助力渔业高质量发展。

（一）扩大我国近海渔业实施限额捕捞试点的种类、区域和规模

1. 加快渔业转方式调结构

海洋渔业是资源和生态依赖型产业，现阶段我国海洋渔业利用以粗放型的海洋捕捞为主，对天然渔业资源的依赖程度高。在渔业资源严重衰退、传统渔场缩小的情况下，加快促进捕捞产业结构调整，转变渔业资源利用方式，推进产业转型升级已迫在眉睫。在"十四五"期间应着重调整近海捕捞结构，降低近海捕捞力量，达到与近海渔业资源再生能力相当的水平，对目前不合理的作业结构应进行调整。减少在沿海作业的、选择性差的、对幼鱼损害较严重的底拖网和张网作业。部分底拖网的捕捞能力可以也应该由选择性更好的其他作业类型所取代，对张网作业应严格执行禁渔期制度并限制其发展。鼓励使用选择性较好的刺、钓作业和以利用中上层鱼类为主的围网作业。

大力开展渔业资源增殖，积极修复水域生态环境，促进渔业可持续发展。要重点针对已经衰退的渔业资源品种和生态荒漠化严重的水域，合理确定增殖的方式、水域、类型、品种和数量。规范渔业资源增殖工作，开展生态安全风险评估、增殖效果评价，提高增殖工作管理水平。加大生态型、公益型海洋牧场建设力度，推动以海洋牧场为主要形式的区域性渔业资源养护，把海洋牧场打造为涉渔产业融合发展的新平台，不断提高海洋渔业发展的质量效益和竞争力。坚持体制机制创新，推进海洋牧场与渔港经济区建设协调并进，发挥国家级海洋牧场示范区的先行先试和示范带动作用，提升渔港经济区发展整体水平。

2. 扩大限额捕捞试点种类

在现有限额捕捞试点基础上，扩大单鱼种限额捕捞试点范围，如黄海北部的太平洋褶柔鱼、东海的带鱼和小黄鱼、台湾浅滩渔场的枪乌贼，逐步推进主要经济鱼种全面实施限额捕捞。

（1）黄海北部太平洋褶柔鱼限额捕捞试点的建议

太平洋褶柔鱼属一年生渔业物种，具有洄游路线清楚、渔场及渔汛明显的特征，而且目前有一定的资源量，为黄海的主要捕捞头足类资源。具体建议为：

实施时间：每年 8 月，共 31 d。

实施海域：黄海的 36.0°—39.0°N、122.0°—124.0°E 海域。

捕捞方式：鱿鱼钓。

渔船配额：20 艘，1 000 t。

管理方式：出入港通报、GPS/北斗定位和 AIS 开启，渔获物定点上岸或配备收购船并派观察员。

实施步骤：可分两步走，第一步为过渡期，时限为 3 年，除严格管理外每船派观察员 1 名，其间加强捕捞渔获物的收集和分析，完成黄海北部太平洋褶柔鱼的资源量及可捕量的评估；第二步基于前 3 年工作，总结和建立科学评估、配额分配、生产管理等协同机制，逐步扩大限额捕捞试点的范围、配额、作业类型等，形成完善的限额捕捞生产模式。

（2）东海带鱼限额捕捞试点的建议

目前东海带鱼的管理主要是采用禁渔区、保护区、禁渔期等方法来控制捕捞强度、减轻捕捞压力。伏季休渔已经执行了 25 年，其间进行了不断的调整和完善，但是从东海区长期资源动态监测来看，带鱼资源衰退的态势仍然没有得到根本性遏制，现有休渔制度仅起到短期暂养的养护作用，仅依赖于单一的伏季休渔制度难以实现资源恢复预期目标。因此，为了东海区渔业资源合理利用，确保伏季休渔制度主导下的渔业资源养护效果能真正得到巩固，在休渔制度主导下尝试限额捕捞试点工作具有重要意义。

由于是重要的渔业物种，东海带鱼资源变动、时空分布、生物学特征、繁殖力、资源补充量、资源密度、空间分布及产卵群体的结构特征等都有较好的研究，为开展限额捕捞试点提供了大量的参考数据和资料。下一步工作重点是根据带鱼的资源量变化、亲体和补充量以及捕捞情况，在借鉴其他物种限额捕捞管理经验的基础上，对以下几个方面重点探讨，制定带鱼种群限额捕捞动态管理与最优开发策略：

限额总量的确定。基于带鱼资源现状，以满足资源可持续发展为基本原则，调研近 10 余年带鱼资源捕捞动态，制定捕捞总量。徐汉祥等（2003）曾根据前期的资源和渔获状况，评估计算出最大持续产量为 75 万～75.7 万 t。然而最近几年缺少进一步的计算分析，下一步可以根据最近 10 年来的资源和捕捞数据，通过 Schaefer 和 Fox 模型计算最大持续渔获量，进行年渔获量、许可捕获量以及允许渔船数量和功率的计算分析。

限额捕获量的分配。东海区目前带鱼的捕捞努力量强大，在进行东海区三省一市分配时，可参照近 10 年带鱼渔获量平均值，把确定的许可渔获量按比例分配到各省（直辖市）。捕捞限额指标应逐级分解下达，由国家直接下达到省（直辖市），省级以下由各省（直辖市）自行分解。由于目前东海区生产带鱼的船只类型较多，主捕的有双拖和帆张网、部分钓船，兼捕的有单拖、部分光诱作业及流动张网等，需要首先调查清楚各种作业类型的渔获比例；

另外，我国近海渔业捕捞实行的不是专捕制度，渔船捕获带鱼比例不同，各时段主捕对象不仅是带鱼一种。因此，仅就带鱼一种渔获种类实施许可捕捞，在渔获量上可以由各地控制，但捕捞努力量却难以兼顾。可以按现有捕捞努力量分配配额。根据许可渔获量，由各地分配给每船许可渔获量，分配时可根据作业类型、船只功率等区别对待。

配额管理。参照梭子蟹限额捕捞的模式，建立捕捞日志制度，渔民每日向管理部门通报生产和渔获情况，便于管理部门及时掌握捕捞配额的使用情况，也利于分析各渔场的资源状况，及时调整许可渔获量和捕捞努力量。对于违反该制度的渔船应处罚甚至取消其许可捕捞资格。同时实行流动检查制度，随时抽查各许可渔船执行各项制度状况，了解渔获动态，分析渔获数量，保证许可捕捞各种规定的落实，并及时制止违规现象。

信息统计体系的建立。由于带鱼捕捞涉及的面广人多，根据实际捕捞生产情况，建立从事带鱼捕捞生产、海上收购、港口和码头收购渔获的捕捞信息统计体系；建立渔船捕捞日志统计分析处理信息中心。

定点上岸管理制度的建立。建立统一的销售渠道和市场等定点上岸管理制度，统计渔获上岸量，检查配额使用情况，保证统计渔获量的准确性，每天向有关部门上报各品种的收购量和交易量。规范海上船与船之间的过驳交易行为，对于船船交易，需开具发票或收据之类凭证，并每天记录收鲜的详细资料，定期通报和上缴管理部门；海上带货合并上岸交易需开具委托交易证明，使海上带货和交易总量与上岸渔获量基本相符。对于违反该制度的渔船应取消其许可捕捞资格，违反该制度的收购企业、交易市场或船只应取消其营业资格，并均给予处罚。

（3）台湾浅滩渔场枪乌贼限额捕捞试点的建议

台湾浅滩渔场位于闽粤交界，属闽粤共同管辖海域，为福建和广东渔民共同作业渔场，在该海域以鱿鱼（主要是中国枪乌贼）为试点品种，开展控制渔船数量、渔船功率和捕捞总量试点，即双控＋总控管理的复合型限额捕捞试点，为深入推进我国限额捕捞提供经验，同时也为跨省捕捞生产管理机制进行探索，推动海洋渔业的持续健康发展。具体试点方案为：

成立台湾浅滩渔场管理委员会。考虑到台湾浅滩渔场历来属于福建和广东的传统作业海域，为了保障试点工作顺利开展，组建台湾浅滩渔场管理委员会，该委员会由渔业管理部门、执法部门、渔民协会等多家单位及渔业专家组成。明确委员会的工作职能，分解细化各单位责任分工，逐级夯实工作责任，将各项工作落到实处。

制定工作实施方案及配套措施。梳理台湾浅滩渔场复合型限额捕捞试点工作的总体思路、组织架构、基础条件、管理措施及保障措施等内容，形成初步试点工作方案，经充分研究，反复征求渔民、专家及主管部门意见，并经部局批复同意，形成台湾浅滩渔场鱿鱼限额捕捞试点实施方案。同时，制定资源监测方案、配额分配及流转制度、试点渔船监督工作方案、渔获物定点上岸制度等配套措施。

确定试点品种资源量及最大可捕量。开展台湾浅滩渔场鱿鱼资源监测调查，结合历史资料和生产数据，科学评估鱿鱼资源的总允许捕捞量（TAC），结合试点渔船的特点，由渔民协会在保证渔民安全生产、管理可控的前提下，提出单船配额分配建议，经试点渔民确认后，将配额结果向社会公示。

开展宣传培训。为提高渔民群众参与限额捕捞试点的积极性，工作小组通过发放宣传手册、张贴标语条幅等方式，在限额捕捞试点区域传统的渔港和渔村进行政策宣传。在渔政执法过程中，采取上渔船与渔民密切交流、多渠道听取及回复渔民意见、利用执法船艇悬挂宣传横幅等多种形式，积极宣传限额捕捞相关政策制度，为限额捕捞管理营造良好氛围。

3. 扩大限额捕捞试点类型和区域

启动区域性多鱼种单船限额捕捞试点，如黄海南部海域和永兴岛珊瑚礁区域，探索多鱼种渔业实施限额捕捞的可行模式。

（1）黄海南部区域性限额捕捞试点的建议

黄海南部主要有海州湾渔场、吕泗渔场和大沙渔场，每年春季4月底至5月，马鲛鱼、鲐鱼、小黄鱼、鲳鱼、鳀等主要经济鱼类在产卵洄游途中经过该海域，形成春汛；夏、秋季（7—10月），索饵带鱼、黄姑鱼、小黄鱼、鲳鱼等亦在此索饵形成又一个渔汛。实施限额捕捞的具体建议为：

实施时间：每年5月，共31 d。

实施海域：黄海的33.0°—36.0°N，122.0°—124.0°E海域。

捕捞方式：流刺网（小黄鱼、蓝点马鲛、鲐鱼等）。

渔船配额：100艘，10 000 t。

管理方式：出入港通报、GPS/北斗定位和AIS开启，渔获物定点上岸或配备收购船并派观察员。

实施步骤：可分两步走，第一步为过渡期，时限为3年，除严格管理外每船派观察员1名，其间加强捕捞渔获物的收集和分析，完成黄海南部渔业资源量及可捕量的评估；第二步基于前3年工作，总结和建立科学评估、配额分配、生产管理等协同机制，逐步扩大限额捕捞试点的范围、配额、作业类型等，形成完善的限额捕捞生产模式。

（2）永兴岛珊瑚礁区域开展限额捕捞物权管理试点

以三沙七连屿海域的岛礁鱼类为对象，开展自然资源的产权化试点，有望遏制"公地悲剧"的一再上演，为提升渔业资源治理水平提供有益探索。具体试点方案为：

开展捕捞权制度设计，明确捕捞权主体和客体。根据最新修订的《渔业捕捞许可管理规定》，明确"分类、分级、分区"管理。建议三沙市委出台相应渔业捕捞许可证的地方管理规定，进一步明确渔船的分类标准和分区管理制度，完善捕捞许可管理体系，明确捕捞权的主体和客体及配额流转，为开展捕捞权试点提供法律保障。

成立渔民协会，提升渔民组织化水平。建立渔民协会是七连屿岛礁鱼类限额捕捞物权实施的重要一环，也是渔业权制度下构建渔业管理新体系的重要内容。渔民协会的成员必须是作为捕捞权权利主体的渔民，也就是说每一个要获得渔业权的渔民必须参加渔民协会。可以在七连屿工委指导下成立七连屿渔民协会，制定协会章程，确定入会渔民条件、入会办法，明确协会的权利、职能、会员的权利义务等。

制定工作实施方案及配套措施。梳理七连屿试点工作的总体思路、组织架构、基础条件、管理措施及保障措施等内容，形成初步试点工作方案，经充分研究，反复征求渔民、专家及主管部门意见，并经部局批复同意，形成七连屿岛礁鱼类捕捞权试点实施方案。同时，制定资源监测方案、配额分配及流转制度、试点渔船监督工作方案、渔获物定点上岸制度等配套措施。

确定试点品种资源量及最大可捕量。开展七连屿岛礁鱼类资源种类、资源量及可捕量调查。根据渔业资源调查资料，科学评估岛礁鱼类总允许捕捞量（TAC），结合试点渔船的特点，由渔民协会在保证渔民安全生产、管理可控的前提下，提出单船配额分配建议，经试点渔民确认后，将配额结果向社会公示。

开展宣传培训。捕捞权试点对于渔业主管部门及一线执法人员是一项全新的管理课题，对于渔业协会及广大渔民也提出新的制度要求。为增进试点各方对实施方案的理解和支持，可邀请专家对渔民群众、管理人员进行专题培训。

（二）加强实施限额捕捞的科技支撑能力

1. 加强渔业资源的专项调查

渔业资源的调查和评估结果是政府渔业管理决策的基础和依据。国际上渔业发达国家已经将渔业资源监测调查作为常规任务，积累了渔业生物学和资源动态方面的长期系列数据，资源监测的结果已成为渔业资源管理必不可少的科学依据。从渔业管理的精细化和科学化的要求而言，不管是眼前还是长远的，我国都需要大力开展渔业资源调查评估和研究工作。建议充分发挥农业农村部海洋渔业资源评估专家委员会的作用，整合现有的国家级和省级渔业资源监测网络，利用现有渔业科学调查船和观测实验站等科研条件，加大经费投入，对重点区域和重要渔业捕捞种类开展有针对性和系统性的专项调查和渔业产量统计，全面系统摸清近海渔业资源的分布区域、种类组成和生物量以及主要经济种类生物学特性、洄游规律及其资源量与可捕量，为我国海洋捕捞产业的调整及各项资源养护管理措施的制定与完善提供科学依据和技术支撑。

2. 加强限额捕捞关键科学与技术的研究

应用资源调查和评估新技术。原有调查监测多采用网具直接调查，缺乏对栖息地环境，尤其是地形地貌等的调查。应充分利用现有渔业科学调查船的科研条件，利用北斗导航、卫星遥感、影像扫描、声学评估等资源调查新技术，提高渔业资源调查监测水平。

数据有限条件下 TAC 的评估研究。限额捕捞属于产出控制的范畴，科学设定海区总允许捕捞量是限额捕捞工作顺利实施的前提和基础。必须基于全面的、大量的渔业资源调查和连续多年的渔业统计资料，才能做到科学、准确地评估海区渔业资源的最大持续产量，从而合理设定海区的总允许捕捞量。由于我国开展的近海调查和监测时序较短，渔业生产统计资料也较为缺乏，如何在基础数据相对有限条件下科学评估 TAC 是实施限额捕捞制度需解决的关键问题之一。需要对国际上现有的数据有限条件的渔业资源评估模型和方法进行梳理，甄选出适合我国近海渔业资源评估的方法，并对评估模型进行完善和优化，以提高渔业资源可捕量评估的精度。

探索渔业配额制度。渔获物配额完成情况是确保限额捕捞取得实效的关键。在总允许捕捞量确定之后，如何分配这些允许捕捞量，如何保证允许捕捞量限额分配的公正合理，也是实施渔业资源管理总量控制的难点。应加大对配额的分配方式和流程以及配额的转让等相关问题的研究，以确保限额捕捞的有效实施。

3. 渔获物全程监控的信息化研究

在捕捞限额管理中，管理者必须及时掌握渔获物配额的完成情况，这就需要及时地了解渔获物上岸和交易的情况。利用电子渔捞日志、基于北斗的船位信息等信息手段，建立渔获物从最初被捕获，到上岸、交易的全程监控体系，确保渔获量统计的全面性和可靠性。利用北斗定位技术，设置海上"电子围栏"，为捕捞生产监控提供技术支撑。结合地理信息系统技术和数据库技术，建立全海区渔业资源调查数据库和地理信息平台，为近海渔业资源的综合分析提供技术平台。加强捕捞日志填报、渔船捕捞监控、标识和可追溯信息化建设，提升渔获物捕捞、上岸、交易、加工和流通等全链条的信息化监管技术水平。做好渔业资源大数据分析，为科学、精准的渔情预报奠定坚实基础。

（三）提升限额捕捞的监管水平

限额捕捞管理制度是一种动态的、精细化管理制度，需要一套高效、系统的渔业监督及监测体系，需要加快修订《渔业法》，进一步完善限额捕捞配套制度，将减船转产、总量管理、渔获物定点上岸和交易监督管理、捕捞日志填报、渔船船位监控等管理措施制度化，提升限额捕捞的监管水平。

1. 加强渔获物定点上岸管理

大力推进渔船渔港综合改革，加大科技投入，提升渔港和渔获物监管的基础设施水平，充分利用卫星定位等先进的技术手段，加强渔船进出港、渔船生产和交易的实时监控。实现依港管船、管人和管渔获物。提高监管的目的性和有效性，保证被许可作业渔船合法生产。

渔获物定点上岸除进行常规的抽检、核定等流程外，还应结合渔获物抽样分析，增加调查评估数据的来源。实现电子化交易记录、进出港管理记录。宏观管控上岸点的市场价格，严厉打击扰乱市场秩序的行为。

2. 严格渔捞日志管理

渔捞日志是实施限额捕捞的重要考核数据，也是渔业资源评估数据的重要来源和有效补充。一方面，应对渔民进行专门培训，提高渔捞日志的数据质量，同时也应制定相应的奖惩措施，保证渔捞日志数据的可靠性和准确性。另一方面，科学设计渔捞日志，提高渔捞日志的针对性和便捷性，同时也可借鉴利用电子影像技术手段，配合验证渔捞日志填报的真实性（如采用渔船加装摄像头和影像实时传输、数据储存与分析技术，以西班牙 Satlink 公司开发的监测系统为实例）。通过渔获物抽查，检查、监督填报的准确性，及时掌握捕捞产量。

3. 加强观察员制度的实施和队伍建设

观察员制度是保证限额捕捞实施的重要措施。实施观察员制度，对相关海域内作业的渔船调查、了解、反映情况和问题，记录、检查渔船的作业活动、网具状况及渔获情况，对收集到的信息进行分析，以确保管理目标与执行结果的一致性。观察员制度的实施，不仅能够帮助政府掌握海上渔船生产动态，还能收集大量的渔业资源信息资料，是渔业管理部门制定管理政策、及时调整管理措施的有力依据，也是保护非目标鱼种、避免非目标鱼种兼捕的有效方法。

一方面，观察员除对捕捞作业进行监督管理外，也应提高专业素质，加强职业技能培训，提高专业技术能力。开展海上分类鉴定、生物学测量等相关科学调查，丰富调查评估数据来源。另一方面，在现有体制的基础之上，探讨志愿者（如相关专业研究生、渔业从业人员等）充实观察员队伍数量的新途径，还要进一步研究观察员身份定位及其职能，完善观察员制度。

4. 多主体共同参与的渔业管理模式

加大资源使用者的管理知情权和参与度。将政府主导型的管理模式转向政府引导型的管理模式，给予渔民等利益相关者更多的参与决策和监督管理的权限。借鉴我国台湾以及韩国、日本的管理模式，成立"渔民协会"，形成政府、渔民协会和渔民三方共同管理的模式。建立科学有效的监管和奖惩制度，发挥渔业合作社、渔业协会等基层组织力量，实现自我监督、和谐发展，引导其规范管理并积极参与到限额捕捞试点中。鼓励创新捕捞业组织形式和经营方式，充分发挥第三方中介组织的服务和管理功能。

5. 强化协同合作

各省（自治区、直辖市）齐抓共管，由省或市组织渔政执法船交叉执法，解决地方保护主义。设立区域管理和执法业务协调通道，解决跨省籍船作业执法难题。改革渔业行政执法体制，吸取部分省市已经开展的试点经验，将渔政、渔港监督以及渔船检验部门进行联合统一执法，提高行政效率。

（四）加强违法、违规捕捞的综合治理

加大违规渔具的执法力度。严格落实渔船功率"双控"制度。利用国家减船转产政策和调整渔业油价补贴政策，切实贯彻落实渔船报废制度，执行捕捞渔船船检制度，按照各类渔船报废年限和安全要求，对超龄或不适航的捕捞渔船进行强制报废，改善渔船安全性能，保障渔业生产安全，从源头上控制捕捞强度和生产安全。严格管控新建渔船，形成渔船多出少进，达到减船减产。强化捕捞渔民从业资格许可制度，使专业捕捞渔民逐步向渔业其他产业转移、兼业捕捞渔民逐步退出捕捞业，加大对捕捞渔民转产转业工作的政策支持和财政资金支持力度，稳妥推进水产养殖业、远洋渔业和水产加工流通业发展，积极引导捕捞渔民从事休闲渔业，为捕捞渔民转产转业提供新的空间和途径。

完善涉渔"三无"船舶相关法律体系，明确监管部门职责划分，探索建立各级政府主导、职能部门协助配合的综合治理机制；聚焦源头治理，从涉渔"三无"船舶的建造、检验、作业等多角度入手，强化打击和管控力度，同时聚焦渔港监管，推动渔政执法机构加强区域合作，联查联管；加大涉渔"三无"船舶打击力度，通过大案要案的查处，严管重罚，增加其违法成本，保持高压的严打态势；同时，在《渔业法》修订中需要进一步明确相应的法律条款，加大惩治力度，阻断"三无"渔船不怕"罚"的侥幸心理。推进产业融合发展、全面落实渔村渔港经济振兴，进一步通过完善渔民社会保障机制和创造更多岗位等方式解决渔区渔民生计问题。

六、关于开展我国近海渔获物幼杂鱼比例取样调查试点的建议

为了深入了解限额捕捞实施的可行性，唐启升院士带队考察调研了珠海洪湾中心渔港（图1-1）。渔港负责人介绍了洪湾中心渔港的运作方式、运作情况、发展规划，以及存在的问题等，双方进一步深入地交流了渔获物定点上岸管理、渔船的监管等问题，项目组还实地考察了渔港的码头作业区、水产品交易中心、渔民小区、庇护中心和综合执法中心。在调研过程中，唐启升院士发现中心渔港的渔获物定点上岸管理处是渔获物取样的适宜地点，并提出3个海区渔业中心开展渔获物幼杂鱼占比分析的建议，该项工作建议得到黄海、东海、南海渔业战略研究中心及相关单位的支持。随后制定了工作方案，将在休渔结束后，2021年9—12月，逐月开展渔获物样品分析，摸清其中幼、杂鱼的占比。

图 1-1　项目组考察调研珠海洪湾中心渔港及驻港渔政执法大队

（一）调查目的

为切实保护幼鱼资源，促进海洋渔业资源恢复和可持续利用，根据《渔业法》有关规定和《中国水生生物资源养护行动纲要》要求，摸清各海区渔船实际捕捞的渔获物比例，特别是渔获物中幼鱼比例和杂鱼比例，更好地对渔业资源进行管理，促进海洋渔业资源的可持续利用，特建议开展此项调查工作。

（二）调查依据

1.《渔业法》第三十条明确了捕捞的渔获物中幼鱼不得超过规定的比例。

2.《渔业法》第三十八条明确了渔获物中幼鱼超过规定比例的相应处罚。

3.《农业部关于实施带鱼等 15 种重要经济鱼类最小可捕标准及幼鱼比例管理规定的通告》明确了带鱼、小黄鱼、银鲳、鲐、刺鲳、蓝点马鲛、蓝圆鲹、灰鲳、白姑鱼、二长棘鲷、绿鳍马面鲀、黄鳍马面鲀、短尾大眼鲷、黄鲷、竹筴鱼 15 种重要经济鱼类幼鱼比例，2020 年之后，在单航次渔获物中上述品种幼鱼重量不得超过该品种总重量的 20%。

（三）调查方法

1. 调查地点

山东省荣成石岛渔港或日照岚山渔港、浙江省舟山渔港、广东省珠海洪湾中心渔港。

2. 调查时间

2021 年 9—12 月；每月 1 次，取样时间尽量集中在上旬。

3. 统计取样

充分利用港口（渔船）各类渔获物统计信息资料，分别统计取样日上岸渔港渔获物总量，经济种类渔获物种类、重量，鲜杂鱼渔获物（即未分类的统货）种类、重量等信息，并填写港口渔获物/经济种类/鲜杂鱼（统货）/幼鱼统计总表（表 1-2）和港口（渔船）经济种类分类渔获统计表（表 1-3）。根据渔船生产情况，鲜杂鱼（统货）每次抽样不少于 3 艘捕捞渔船，每艘渔船抽样检测 10～20 kg，抽样的捕捞渔船应来自同一主要捕捞区域；分析抽样渔获物中幼杂鱼的种类、数量、幼鱼个体大小等，填写港口（渔船）鲜杂鱼（统货）渔获物以幼鱼取样分析统计表（表1-4）。3个统计表作为主表，三个海区必须一致，各海区根据具体情况制订相应的调查计划和统计附表。

表1-2 港口渔获物/经济种类/鲜杂鱼（统货）/幼鱼统计总表

取样日期： 　　　　取样渔港： 　　　　捕捞海域：

网具类型： 　　　　网目规格：

取样日总卸渔量： 　　　　取样日经济种类总重/比例*：

取样日鲜杂鱼总重/比例*： 　　　　取样日幼鱼总重/比例*：

取样人： 　　　　证明人：

序号**	船名号	渔获物总量（kg）	经济种类渔获 ［重量（kg）/比例*（%）］	鲜杂鱼渔获 ［重量（kg）/比例*（%）］	幼鱼渔获 ［重量（kg）/比例*（%）］
1					
2					
3					
4					
5					
6					
7					
⋮					
总计					

注：*为占总渔获量比例，此比例及总重是根据取样调查的测算值，若有渔港提供估计值，也标出供参考；**需要与表1-3和表1-4每次取样的船名号一一对应。

表1-3 港口（渔船）经济种类分类渔获统计表*

取样日期： 　　　　取样渔港： 　　　　取样船渔获总量：

取样船名号：

取样人： 　　　　证明人：

序号	种类	渔获物重量（kg）	占总量比例（%）
1			
2			
3			
4			
5			
6			
7			
⋮			
总计			

注：*该表每个取样船填写一次，需要与表1-2和表1-4每次取样的船名号一一对应。

表1-4　港口（渔船）鲜杂鱼（统货）渔获物以幼鱼取样分析统计表*

取样日期：　　　　　　　取样渔港：　　　　　　　取样船渔获总量：

取样船名号：

取样人：　　　　　　证明人：

序号	种类	渔获物重量（kg）	占总量比例（%）	幼鱼体长范围**（cm）
1				
2				
3				
4				
5				
6				
7				
8				
9				
10				
⋮				
总计				
1	幼鱼1			
2	幼鱼2			
3	幼鱼3			
4	幼鱼4			
5	幼鱼5			
⋮				
总计				

注：*该表每个取样船填写一次，需要与表1-2和表1-3每次取样的船名号一一对应；**根据需要也可以专表测定。

（四）总结报告

　　总结统计取样调查情况，主要根据三个表格报告调查海域渔获物/经济种类/鲜杂鱼/幼鱼数量、种类、重量、比例以及渔业生物学信息等情况，提出相应的取样工作和渔业管理建议。

项目组主要成员

组　长　唐启升　中国水产科学研究院黄海水产研究所
副组长　庄　平　中国水产科学研究院东海水产研究所
　　　　李纯厚　中国水产科学研究院南海水产研究所
　　　　王　俊　中国水产科学研究院黄海水产研究所

成　员　张　波　中国水产科学研究院黄海水产研究所

　　　　牛明香　中国水产科学研究院黄海水产研究所

　　　　左　涛　中国水产科学研究院黄海水产研究所

　　　　赵　峰　中国水产科学研究院东海水产研究所

　　　　张　涛　中国水产科学研究院东海水产研究所

　　　　王思凯　中国水产科学研究院东海水产研究所

　　　　吴洽儿　中国水产科学研究院南海水产研究所

　　　　陈作志　中国水产科学研究院南海水产研究所

　　　　周艳波　中国水产科学研究院南海水产研究所

第二篇
课题研究报告

课题 I
黄渤海渔业资源管理发展战略及对策研究

一、黄渤海渔业资源及其管理

（一）渔业资源

1. 渔业资源特点

黄渤海是我国北方重要的渔业水域，属于半封闭性浅海，南部以长江口北岸与韩国济州岛南端的连线为界与东海相连。其中，渤海是深入我国大陆的内海，为山东半岛和辽东半岛所环抱，面积约 7.7 万 km^2，平均水深 18 m，最大水深 78 m；黄海为位于我国大陆架上近似南北走向的浅海，海域面积约 38 万 km^2，海底地形平坦，平均水深 44 m，最大水深 140 m。黄渤海地处暖温带，黄海夏季有冷水团存在，南部深水区域终年水温较低。因此，黄渤海的渔业生物种类数明显低于其他海域，且以暖温性种类占多数，单鱼种渔业特点明显，产量较大，如小黄鱼、蓝点马鲛、鲐鱼、带鱼、鲳鱼、鳀、中国对虾、枪乌贼、太平洋褶柔鱼等，也有渔业产量较大的黄海地方性种类，如太平洋鲱、鳕鱼等；主要渔业种类的产卵期集中，且持续时间较短，一般为 1～2 个月；大多数渔业种群终年栖息于黄海。

在 20 世纪 80 年代以前，黄渤海的著名渔汛有小黄鱼渔汛、鲅鱼渔汛、太平洋鲱渔汛，进入 90 年代，这些传统渔汛已基本消失，渔获物种类更替显著，渔获物品质总体变差。例如，渤海渔获物由 1983 年的 63 种减少至 2004 年的 30 种，主要海洋经济鱼类只剩 10 多种，一些重要经济种类如鳓、真鲷等几乎绝迹；黄海渔获物的组成由 20 世纪 50—60 年代以小黄鱼、带鱼为主，70 年代以鲱鱼为主，演变为 80 年代至今以鳀等小型中上层鱼类为主。李翘楚等（2015）根据 1996—2012 年山东省海洋捕捞数据，进行了山东省环渤海区域主要鱼类资源捕捞量变化研究，分析了蓝点马鲛、带鱼、鳀、鲐鱼 4 个主要优势种的资源年间变化。研究表明，1996 年以来山东环渤海区域鱼类的捕捞总产量持续增长，到 2007 年后产量明显下降；主要鱼种渔获物结构较为稳定，但逐渐趋于多元化；由于多年的过度开发和利用，鲛、带鱼、银鲳衰退明显，蓝点马鲛的捕获量较为稳定，鳀经过多年的大规模开发，2006 年以后出现了严重衰退。

2. 主要渔业种类

（1）种类组成

根据我国专属经济区渔业资源及其栖息环境调查，黄渤海区渔获种类共 177 种。其中鱼类 131 种，隶属于 18 目 70 科，占渔获种类数的 74.0%；头足类 3 目 5 科 9 种，占 5.1%；甲壳类 2 目 18 科 37 种，占 20.9%。主要经济种类如下：

1）鳀

鳀（*Engraulis japonicus*）隶属于鲱形目（Clupeiformes）、鳀科（Engraulidae）、鳀属（*Engraulis*）。中文异名：日本鳀。俗名：鲅鱼食、离水烂、青天烂、出水烂、烂船钉等。为暖温性、浮游动物食性、小型中上层鱼类。

分布在渤海、黄海、东海的鳀，与朝鲜半岛南部和日本沿海的鳀同属一种（伍汉霖，1994），未有明显的遗传分化（Liu et al.，2006），因此不存在不同的种群。虽然如此，仍不能排除由于繁殖活动的时空差异以及分布区域、洄游路线等方面的不同而存在或多或少相对独立的、需要在渔业管理上区别对待的"地理群"，在此称其为"群体"。渤海、黄海、东海鳀的群体划分目前未见正式报道，习惯上有渤海群体、黄海群体、东海北部群体和浙闽外海群体之说。其中渤海群体的越冬场也在黄海，实际工作中很难将其与黄海群体区分，因此将二者一并叙述。

鳀是洄游性鱼类，一年四季在产卵场、索饵场和越冬场之间有节律地作季节性洄游。朱德山和Iversen（1990）对黄海、东海鳀的洄游分布做了较为详细的描述。

12月下旬至翌年2月上旬，是黄海越冬场鳀分布最为集中、最为稳定的季节。根据水文条件和资源状况的不同，其年间分布各有差异。一般而言，黄海鳀分布的北界位于7℃等温线附近；西界受黄海沿岸冷水影响，一般位于40 m等深线附近，水温在7～8℃；黄海南部越冬场鳀密集分布区的南界一般位于苏北沿岸冷水北侧锋面和黄海暖流锋面，水温在11～13℃的水域经常形成密度极高的鳀分布区，水温15℃以上的暖流区很少有鳀分布。

3月中下旬以后，自南向北随着水温的回升，鳀逐步由深水越冬场向西、西北沿岸扩散，一边摄食一边向产卵场作生殖洄游。黄海东南部和中东部越冬场的鳀大致分为两支，分别向西北和北扩散。游向西北的一支，4月进入山东半岛南部水域，其中一部分继续向西进入海州湾产卵场，一部分向西北进入青岛、海阳、乳山等沿岸产卵场；北上的一支，进入黄海北部后，一部分继续向北进入海洋岛渔场附近沿岸产卵，另一部分进入烟威渔场产卵，其余部分向西经由渤海海峡进入渤海各产卵场。

同大多数洄游性鱼类一样，鳀的生殖洄游也是大个体在前，小个体在后。重复产卵个体先期进入产卵场，而进入产卵场的日期则视水文状况存在年间变化。根据朱德山和Iversen报道（1990），海州湾产卵场的鳀，5月中旬进入产卵盛期，并持续到6月上旬，其间表层水温为13～18℃。近年，相关项目的鳀产卵场专题调查结果显示：海州湾产卵场鳀的产卵盛期始于6月上旬，6月下旬即告结束，产卵盛期较十几年前明显推迟，可能与生殖群体的低龄化有关（李显森等，2006）。产卵盛期推迟，相应的海水温度也偏高，5 m层水温多在17～21℃。

随着产卵季节的推移，完成部分批次产卵的个体逐渐由近岸浅水区外返，同时觅食，以补充下批次产卵所需能量（李显森等，2006），此时鳀的洄游距离有限，多在产卵区附近。7—8月，大部分鳀已产卵结束，移向深水区索饵，少部分个体在索饵中继续产卵（李富国，1987）。9—10月，随着水温逐步降低，鳀进一步向深水区移动，渤海鳀开始外返，生殖季节结束。

11月以后，随着大风降温过程的频繁发生，鳀亦开始大规模越冬洄游。渤海鳀大批游出海峡与黄海北部的鳀汇合，并随着水温的进一步降低逐步向黄海中东部深水区集结，山东半岛南部的鳀则进一步向东和东南深水区移动。

12月，鳀的成鱼已全部游离渤海，仅有少量当年生幼鱼仍滞留其中。渤海与黄海北部的鳀，其主体已越过成山头进入黄海中部，黄海鳀越冬场基本形成。12月下旬至翌年2月初，是鳀分布最为稳定的越冬期，这期间，黄海水温逐步下降至全年最低点，鳀则集中分布于黄海中南部40 m以深海域，其中鳀密集分布区主要出现于黄海中东部和东南部60～80 m的深水海域，黄海西侧水深40～50 m海域多为当年生幼鱼分布。

2）蓝点马鲛

蓝点马鲛（*Scomberomorus niphonius*）隶属于鲈形目（Perciformes）、鲭科（Scombridae）、马鲛属（*Scomberomorus*）。俗名：鲅鱼（辽宁、河北、山东），马加、马鲛（福建、浙江、江苏），燕鱼（江苏以南）。为暖温性、游泳动物食性、大型中上层鱼类，具有分布广、生命周期长、生长较快、经济价值高等特点。属于外海型洄游性鱼类，分布在渤海、黄海、东海、南海、日本诸岛海域、朝鲜半岛南端群山至釜山外海，还出现于印度洋。由于黄渤海其他经济渔业生物资源的严重衰退，蓝点马鲛是目前黄渤海渔获量超过10万t的唯一的大型经济鱼类资源，我国黄渤海区的渔获量波动在6万～30万t。

黄渤海蓝点马鲛分为两个地方种群，即黄渤海种群和黄海南部种群，渤海的蓝点马鲛属于黄渤海种群（韦晟等，1988）。黄渤海种群越冬场主要在沙外渔场和江外渔场，洄游于黄海和渤海中的各个产卵场。黄海南部种群越冬场在浙闽外海渔场，洄游于浙、闽和南黄海近海的产卵场。每年4月中下旬从越冬场经大沙渔场，由东南抵达江苏射阳河口东部海域后，鱼群一路游向西北，进入海州湾和山东半岛南岸各产卵场，产卵期在5—6月。主群则沿122°30′E北上，4月底绕过山东高角，向西进入烟威近海产卵场以及渤海的莱州湾、辽东湾、渤海湾及滦河口等主要产卵场，产卵期为5—6月。在山东高角处，主群的其中一支继续北上，抵达黄海北部的产卵场，产卵期为5月中至6月初。每年9月上旬，鱼群开始陆续游离渤海，9月中旬黄海索饵群体主要集中在烟威渔场、海洋岛渔场及连青石渔场，10月上、中旬，主群向东南移动，经海州湾以东海域，会同海州湾内索饵鱼群在11月上旬迅速向东南洄游，经大沙渔场的西北部返回到沙外渔场、江外渔场越冬。

3）银鲳

银鲳（*Pampus argenteus*）隶属于鲈形目（Perciformes）、鲳科（Stromateidae）、鲳属（*Pampus*）。为暖水性、浮游生物食性、中型中上层鱼类，在渤海、黄海、东海、台湾海峡和南海均有分布，还分布在日本西部海域。此外，印度洋也能见其踪迹，为广温、广盐、广分布种。

银鲳在我国沿海均有分布。据记载，银鲳可分为2个种群，即黄渤海种群和东海种群。黄渤海种群的越冬场位于黄海东南部外海的济州岛西南侧海区及济州岛与五岛列岛之间的对马渔场，水深60～100 m；在34°—37°N、122°—124°E的黄海洼地西部，水深60 m的区域内，也有部分银鲳越冬；越冬鱼群于春天进入黄渤海沿岸产卵和索饵，其分布区明显独立于东海种群。在黄渤海银鲳种群的越冬群体中，混栖的鲳类有燕尾鲳和刺鲳，两者约占银鲳群体数量的5%～10%。

每年12月至翌年3月为银鲳的越冬期。秋末，当黄渤海沿岸海区的水温下降到14～15 ℃时，在沿岸河口索饵的银鲳群体开始向黄海中南部海区集结，沿黄海暖流南下。12月银鲳主要分布于34°—37°N、122°—124°E的连青石渔场和石岛渔场南部海区，1—3月越冬银鲳主群体南移至济州岛西南海区和对马渔场的水温15～18 ℃、盐度33～34的越冬场越冬。3—4月银鲳开始由越冬场沿黄海暖流北上，向黄渤海区的大陆沿岸的产卵场洄游，当洄游至大沙渔场北部33°—34°N、123°—124°E海区时，分出一路游向海州湾产卵场，另一路继续北上到达成山头附近海区时，又分支向海洋岛渔场、烟威渔场及渤海各渔场洄游。5—7月为黄渤海银鲳种群的产卵期，产卵场分布在沿海河口浅海混合水域的高温低盐区，水深一般为10～20 m，底质以泥沙质和沙泥质为主，水温12～23 ℃，盐度27～31。主要产卵场位于海州湾、莱州湾和辽东湾等河口区。黄海南部的吕泗渔场为我国最大的银鲳产卵场，在此产卵的银鲳群体属东海银鲳种群。7—11月为银鲳的索饵期，索饵场与产卵场基本重叠，到秋末随着水温的下降，在沿岸索饵的银鲳向黄海中南部集群，沿黄海暖流南下游向越冬场。

4）鲐鱼

鲐鱼（*Pneumatophorus japonicus*），隶属鲈形目（Perciformes）、鲭科（Scombridae）、鲐属（*Pneumatophorus*）；又称日本鲭、日本鲐。鲐鱼广泛分布于西北太平洋沿岸水域，在我国渤海、黄海、东海、南海均有分布，主要由中国、日本和朝鲜等捕捞利用。我国在东海捕捞鲐鱼的历史较早，早在150年前的浙江金塘已有流网作业，渔场北起济州岛东南、南到中国台湾东北的海面。福建在闽浙沿海用大围缯捕捞鲐鱼亦有六七十年的历史。而开始于新中国成立初期的机轮单船围网作业的历史较短，主要原因是渔场的变迁和船、网具不能适应东海鲐鱼鱼群的特点，取而代之的是20世纪60年代试验成功、70年代发展起来的灯光围网作业。由于灯光围网的迅速发展，我国东海区鲐鱼产量自70年代起上升很快。80年代以后，随着近海底层鱼类资源的衰退，鲐鱼也成了底拖网渔船的兼捕对象。近几年来，我国东海区鲐鱼的产量在20万t左右波动，黄海区的鲐鱼产量也从20世纪80年代的3万t左右，提高到目前的11万t，已成为我国主要的经济鱼种之一，在我国的海洋渔业中具有重要地位。

鲐鱼大致上分布于黑潮暖流向陆一侧的广阔水域。分布于东海、黄海的鲐鱼主要可分为东海西部群和五岛西部群两个种群，亦即黑潮的两个支系：对马暖流（包括黄海暖流）系和台湾暖流系。两个越冬群系的主要分界标志为长江口大沙滩和由此向东南伸展的江苏沿岸冷水。

东海西部群：越冬群分布于东海中南部至钓鱼岛北部100 m等深线附近的水域，每年春、夏季向东海北部近海、黄海近海洄游产卵，产卵后在产卵场附近索饵，秋、冬季回越冬场越冬。

五岛西部群：冬季分布于日本五岛西部至韩国的济州岛西南部，春季鱼群分成两支，一支穿过对马海峡游向日本海，另一支进入黄海产卵。

分布在黄渤海的鲐鱼主要来自东海中南部至钓鱼岛北部和日本九州西部外海两个越冬场。每年3月末至4月初，随着暖流势力的增强和向北发展，水温回升，在东海中南部至钓鱼岛北部越冬场的鲐鱼鱼群分批由南向北游向鱼山、舟山和长江口渔场。性腺已成熟的鱼即在上述海域产卵，性腺未成熟的鱼则继续向北洄游进入黄海，5—6月先后到达青岛—石岛外海、海洋岛外海、烟威外海产卵，小部分鱼群穿过渤海海峡进入渤海产卵。在九州西部外海越冬的鲐鱼，4月末至5月初，沿32°30′—33°30′N向西北进入黄海，时间一般迟于东海中南部越冬群。5—6月主要在青岛—石岛外海产卵，部分鱼群亦进入黄海北部产卵，一般不进入渤海。7—9月鲐鱼主要分散在海洋岛和石岛东南部较深水域索饵。9月以后随海区水温下降，鲐鱼鱼群陆续沿 124°00′—125°00′E 深水区南下向越冬场洄游。部分高龄鱼群直接南下，返回东海中南部越冬场，大部分低龄鱼群（包括当年生幼鱼）9—11 月在大、小黑山岛西部至济州岛西部停留、索饵，11 月以后返回越冬场。

春季随着水温的升高，上述两个群系的部分鱼群开始向北游进黄海。根据群体组成、性腺发育程度、标志放流和时空差异等可以大致区分北上鲐鱼来自哪个群系。20 世纪 80 年代中期以来，春季由舟山群岛外海经长江口外海直上黄海的东海群系显著减少，以至不能形成传统的专捕渔业。这说明了 90 年代以来进入黄海的鲐鱼主要来自对马暖流群系。该群系鲐鱼常年栖息于朝鲜半岛南部的西、南、东三面外海的 U 形水域，只是冬季向南退至 U 形的底部，而夏季则向北伸展。朝鲜半岛西部的鲐鱼向北直至黄海的中北部。鲐鱼进入渤海的数量较少且时间较晚（8—11 月），其相对重要性指标（IRI）在渤海鱼类中仅排第 61 位。

5）黄鲫

黄鲫（*Setipinna taty*）隶属于鲱形目（Clupeiformes）、鳀科（Engraulidae）、黄鲫属（*Setipinna*）。俗名：毛口、黄尖子等。是一种暖水性、浮游动物食性的小型中上层鱼类，分布于渤海、黄海、东海和南海的近海。在渤海，自 20 世纪 80 年代以来，黄鲫一直是主要优势种，每年进行长距离洄游。此外，在日本、越南、泰国、缅甸、印度和印度尼西亚附近海域也可见其踪迹。

黄鲫群体在黄海越冬，越冬场位于黄海南部济州岛以西、西南侧及长江口外海，水深约在 30 m，越冬期是 12 月至翌年 3 月。冬季，那里的底层水温为 10～14 ℃，盐度为 33～34。每年 3 月上旬，随着水温逐步回升，黄鲫开始从越冬场进行生殖洄游，洄游路线大体分成三支：一支向西偏南洄游，进入吕泗和长江口一带水域；另一支向西北洄游，到达海州湾至石岛一带的近岸水域；第三支向北偏西洄游，至成山头附近再分为两支，主群进入渤海，另一小部分群体抵达黄海北部近岸水域。秋季，随着渤海水温下降，黄鲫群体通常在 11 月，基本按照春季洄游的路线，向黄海越冬场游去。

6）小黄鱼

小黄鱼（*Larimichthys polyactis*）隶属于鲈形目（Perciformes）、石首鱼科（Sciaenidae）、黄鱼属（*Larimichthys*）。俗名：黄花鱼（山东、河北、辽宁）、小鲜（浙江、江苏）、小黄瓜（福建）。为暖温性、底栖动物食性、中型底层鱼类，广泛分布于渤海、黄海、东海。小黄鱼是我国最重要的海洋渔业经济种类之一，与大黄鱼、带鱼、乌贼并称我国"四大海产"。

小黄鱼基本上划分为四个群系，即黄海北部—渤海群系、黄海中部群系、黄海南部群系、东海群系，每个群系又包括几个不同的生态群（《中国海洋渔业资源》编写组，1990）。

黄海北部—渤海群系主要分布于 34°N 以北的黄海和渤海。越冬场在黄海中部，水深为 60～80 m，底质为泥沙、沙泥或软泥，底层水温最低为 8 ℃，盐度为 33～34，越冬期为 1—3 月。春季，随着水温升高，小黄鱼从越冬场向北洄游，经成山头分为两群，一群向北，到鸭绿江口附近，另一群经烟威渔场进入渤海产卵。另外，朝鲜西海岸的延坪岛水域也是其产卵场，产卵期主要在 5 月，产卵后鱼群分散索饵。10—11 月，随着水温下降，逐渐经成山头以东、124°E 以西海域向越冬场洄游。

黄海中部群系是最小的一个群系，主要在 35°N 附近越冬，5 月上旬在海州湾、乳山外海产卵，产卵后就近分散索饵，11 月开始向越冬场洄游。

黄海南部群系，一般仅限于在吕泗渔场至黄海东南部越冬场之间的海域进行东西向移动，4—5月，在江苏沿岸吕泗渔场产卵，产卵后分散索饵，10月下旬向东越冬洄游，越冬期为1—3月。

东海群系，在小黄鱼资源盛期时，数量较多，越冬场非常明显，主要在温州至台州外海水深60～80 m海域，越冬期为1—3月。从2000年冬季调查来看，该群系资源仍没明显恢复，越冬范围较小，越冬小黄鱼春季游向浙江与福建近海产卵。主要产卵场在浙江北部沿海和长江口外水域，亦有在佘山、海礁一带浅海区产卵，产卵期为3月底至5月初，产卵后鱼群分散在长江口一带索饵，11月前后随水温下降，向温州至台州外海作越冬洄游。东海群系的产卵与越冬均属定向洄游，一般仅限于东海范围。

7）带鱼

带鱼（*Trichiurus japonicus*）隶属鲈形目（Perciformes）、带鱼科（Trichiuridae）、带鱼属（*Trichiurus*），广泛地分布于我国、朝鲜、日本、印度尼西亚、菲律宾、印度、非洲东岸及红海等海域。带鱼是我国重要的经济鱼类，在我国海洋渔业生产中具有重要地位，渔获量约占世界同种鱼渔获量的70%～80%。

黄渤海种群带鱼产卵场位于黄海沿岸和渤海的莱州湾、渤海湾、辽东湾三个湾内。它们都是在水深20 m左右，底层水温14～19 ℃，盐度27～31的河口一带，水深较浅，受气候因子影响较大的海域。

3—4月带鱼自济州岛附近越冬场开始向产卵场作产卵前期索饵洄游和产卵洄游。经大沙渔场，游往黄海的海州湾、乳山湾、辽东半岛东岸、烟威近海和渤海的莱州湾、辽东湾、渤海湾等海区。海州湾带鱼产卵群体，自大沙渔场经连青石渔场南部，沿20～40 m水深斜坡，向沿岸游到海州湾的石臼所、岚山头外海产卵。乳山湾带鱼产卵群体，经连青石渔场北部进入产卵场，以苏山岛西北一带为鱼群分布的中心。黄海北部带鱼产卵群体，自成山头外海游向海洋岛、大鹿岛南、大长山岛和庄河、新金沿岸产卵。渤海带鱼的产卵群体，从烟威渔场向西游进渤海，其群体可分为南、北两个部分：南部群体进入莱州湾，产卵中心在黄河口东北，水深20 m处；北部群体分别分布于渤海中部和辽东湾东、西两岸，两群体之间有一定的联系。

夏、秋季，渤海南、北部产卵群体于产卵后，部分索饵群体向渤海中部和滦河口近海索饵，部分索饵群体游出渤海海峡到烟威渔场索饵。黄海北部带鱼索饵群体于11月在海洋岛近海会同烟威渔场的鱼群向南移动。海州湾渔场小股索饵群体可向北游到乳山、石岛，绕过成山头到达烟威近海，大股索饵群体于海州湾渔场东部和青岛近海索饵，10月向东移动到青岛东南近海，同来自渤海、烟威、黄海北部各渔场的鱼群汇合。乳山渔场的索饵群体8—9月分布在石岛近海，9月、10月、11月先后同渤海、烟威、黄海北部和海州湾等渔场索饵群体在石岛东南和南部的陡坡和水温梯度大的海区汇合，形成非常浓密的鱼群，当鱼群移动到36°N以南时，随着陡坡渐缓，水温梯度减少，逐渐分散游往大沙渔场。

秋末冬初，随着水温迅速下降，11月前带鱼越冬鱼群离开渤海，12月底前后离开黄海北部、中部，从大沙渔场进入济州岛附近越冬场。在济州岛南部，32°00′N、126°00′—127°00′E，水深约100 m，终年底层水温14～18 ℃，底层盐度33.0～34.5，受黄海暖流影响的海域越冬。

8）黄姑鱼

黄姑鱼（*Nibea albiflora*）隶属鲈形目（Perciformes）、石首鱼科（Sciaenidae）、黄姑

鱼属（*Nibea*）。俗名：春水鱼、黄婆鸡、铜鱼等。为洄游性的暖温性底层鱼类，集群性强，广泛分布于渤海、黄海、东海和南海沿海及韩国沿岸水域和日本西部海域。

黄姑鱼的越冬场位于123°E以东、34.5°N以南的深水区。冬季和早春，越冬黄姑鱼分布在小黑山岛西部、济州岛西南至苏岩礁以北水深60～80 m的水域，中心分布区位于大沙渔场的东北部。

3月下旬，黄姑鱼开始自越冬场向西北方向进行生殖洄游。4月上旬便可到达黄海中部近海，并在这里分成两支：一支向海州湾产卵场；另一支向山东半岛南部产卵场，这一支4月中旬到达石岛渔场西南部，在成山角东北外海再分一支至鸭绿江口西侧一带产卵，主群经烟威渔场向西进入渤海的产卵场。产卵后的群体在产卵场附近分散索饵。

随着水温的下降，索饵鱼群向深水移动。渤海内黄姑鱼群体10月开始出渤海，11月各路鱼群在成山角外海集结，12月进入越冬场。山东半岛南部和海州湾的群体亦于12月进入越冬场。

9）梅童鱼

梅童鱼隶属鲈形目（Perciformes）、石首鱼科（Sciaenidae），包括棘头梅童鱼（*Collichthys lucidus*）和黑鳃梅童鱼（*Collichthys niveatus*）两种。俗名：大头宝。梅童鱼属近海暖温性底层鱼类，其中以棘头梅童鱼数量较大，约占80%。

梅童鱼的分布范围甚广，在渤海、黄海、东海和南海均匀分布。梅童鱼的越冬场有三个：渤海中部越冬场，几乎全部为黑鳃梅童鱼；石岛东南越冬场，以棘头梅童鱼为主（75%）；黄海南部越冬场，绝大多数为棘头梅童鱼。三个越冬场的越冬群体都来自地域性种群，每年3月分别向沿岸浅水区洄游，5月上旬至7月中旬为产卵期，产卵后在原海域索饵至12月底先后进入越冬场。

10）鲆鲽鱼类

鲆鲽类鱼类，包括鲽、鲆、鳎、舌鳎类等，主要分布于大西洋、太平洋、印度洋的大陆架浅海水域，仅有少数种类在索饵期间进入江河。世界上现存鲽形目鱼类共计9科118属600种，约占世界现存鱼类种类的2.5%。我国近海鲽形目鱼类共计134种，约占世界鲽形目鱼种的22.3%，主要分布在渤海、黄海、东海及南海大陆架及其邻近水域。

中国近海常见且有较高经济价值的鲽形目鱼类有20种左右，主要包括渤海、黄海、东海区的褐牙鲆、钝吻黄盖鲽、尖吻黄盖鲽、角木叶鲽、星鲽、虫鲽、石鲽、高眼鲽、长鲽、半滑舌鳎、短吻红舌鳎、短吻三线舌鳎、带纹条鳎等。南海区鲽形目的鱼种较多，但多数为小型低质种类，经济鱼种较少。鲆鲽类是底拖网和钓业的专捕和兼捕对象，特别是黄渤海的高眼鲽具有较高的产量。

有关我国鲽形目鱼类的研究主要集中在渤海、黄海、东海北部的经济鱼种上。根据资料分析，渤海、黄海及东海北部的鲽形目鱼类基本属于同一地理区系。调查结果表明，鲽形目鱼类分布范围明显缩小。

鲽形目鱼类在渤海、黄海、东海周年进行深、浅水往返移动。鲆鲽类的主群越冬场在水深70～80 m的黄海深水区，舌鳎类越冬场水深较浅，为50～60 m，越冬期都为1—3月。每年4月，随着水温的升高，鲆鲽类鱼类开始离开越冬场，向近岸浅水区移动，除产卵期在秋季的角木叶鲽为索饵洄游外，其余的鲆鲽类均为产卵洄游。主要产卵场为青岛胶州湾附近，烟台、石岛、文登近岸水域，海洋岛附近海域等，也有一小部分产卵群体进入渤海产卵场如莱州湾产卵场。一些在渤海越冬的种类如半滑舌鳎等，也游向近岸索饵，于8—9月产卵。夏、秋季孵化后的幼鱼和产卵完毕的成鱼在产卵场附近深水区索饵，并于11—12月逐渐向越冬场移动，1月进入黄海的深水越冬场进行越冬。

鲽形目中的高眼鲽主要分布于黄渤海，东海数量较少，主要集中在34°N以北的黄海海域。黄海中北部的主群体冬季在黄海海槽水深60～80 m、底层水温8～12 ℃、盐度33～34的外海高温、高盐水控制的水域越冬。渤海的小群体在渤海中部深水区就地越冬。春季4—5月，高眼鲽由越冬场向沿岸或由深水区向浅水区作产卵洄游，主要产卵场位于黄海北部、青岛外海冷水区的边缘海域及渤海海峡冷水区附近。产卵后的鱼群立即进行强烈索饵，索饵场分布较广，在黄海北部主要集中于蛇尾类滋生的海区。7—8月在沿岸水域索饵的高眼鲽鱼群，随着温度的升高逐渐向深水移动。11—12月高眼鲽主群开始返回越冬场。

11）枪乌贼

日本枪乌贼（*Loligo japonica*）和火枪乌贼（*Loligo beka*）隶属枪乌贼科（Loliginidae）、枪乌贼属（*Loligo*），是黄渤海头足类枪乌贼科中的主要种类。日本枪乌贼是暖温种，主要分布于日本列岛海域及我国的渤海、黄海、东海。火枪乌贼为暖水性种类，主要分布于渤海、黄海，在东海、南海及日本南部海区、印度尼西亚海区也有分布。2种枪乌贼外形很相似，统称枪乌贼，它们在黄海的数量较多，下面仅叙述黄海的枪乌贼。

黄海以日本枪乌贼为主，而渤海则是火枪乌贼占优势。两种枪乌贼均在黄海越冬，根据1985—1986年黄海生态系的冬季调查资料，日本枪乌贼越冬场主要在黄海中南部33.0°—35.5°N、122.0°—125.0°E的海域，水深40～80 m，底层水温6.4～8.9 ℃，底层盐度为31.43～33.62；火枪乌贼越冬场主要在黄海中北部35.5°—38.0°N、122.5°—124.5°E，水深50～80 m，底层水温5.3～7.8 ℃，底层盐度为31.44～32.73。两种枪乌贼的越冬期为12月至翌年2月，3月越冬群体开始聚集，向黄海西部、北部近岸和渤海的各产卵场进行生殖洄游。一般4月火枪乌贼就已遍布渤海；4月下旬日本枪乌贼也可到达山东半岛南岸的各产卵场，5—6月到达黄海北部海洋岛渔场，部分群体则同时进入渤海。日本枪乌贼产卵期为5—7月，产卵盛期是5—6月；火枪乌贼产卵期为6—10月，产卵盛期是7—8月。渤海和黄海近岸出生的枪乌贼，在近岸索饵和生长，秋季随着近岸水温的降低，逐渐向深水移动，11月下旬才开始游离渤海，12月中、下旬逐渐进入黄海的越冬场。

12）太平洋褶柔鱼

太平洋褶柔鱼（*Todarodes pacificus*）隶属柔鱼科（Ommastrephidae）、褶柔鱼属（*Todarodes*）。其分布区仅限于太平洋。在西太平洋，自堪察加半岛南端（相当于50°N附近）至中国的香港东南外海（约相当于21°N）均有分布；在东太平洋，仅分布于阿拉斯加湾。最集中的分布区在日本列岛周围海域，密度很大；黄海分布区也有一定密度。

太平洋褶柔鱼属于大洋性种类，但常接近岛屿，很少进入内湾。主要栖居的海域环境为岛屿周围、半岛外海、大陆架边缘和陡倾海岸边缘，底质为沙砾、碎贝壳混杂的场所，涡流和上升流海域，以及深水散射层（DSL）明显的海域。

太平洋褶柔鱼在黄海分布范围很广，每年进行2次长距离洄游。根据1985—1986年黄海生态系调查和其他有关的研究资料：群体中根据发生季节的不同存在着分宗现象。在东海产卵场发生的冬宗群的仔、幼柔鱼，4—5月随黑潮分两支北上，进行索饵洄游。东支沿五岛西部向对马方向游去；西支经黄海东南游向大黑山西北水域，然后又分成两支：一支游向朝鲜半岛西海岸，另一支向北偏西进行索饵洄游，在冷水区边缘度过夏季和仲秋。10月随着水温的下降，黄海北部的太平洋褶柔鱼群体向南缓慢移动，在11月下旬以前，主要停留在黄海中北部水域，不再向南进行较大的移动，直到11月下旬才逐渐向南进行生殖洄游。太平洋褶柔鱼的秋生群比冬生群先进入东海的产卵场。12月至翌年1月上旬，黄海太平洋褶柔鱼的冬生群（主群）才陆续进入黄海南部，1月中、下旬游入东海的产卵场产卵。

13）中国对虾

中国对虾（*Fenneropenaeus chinensis*）隶属对虾科（Penaeidae）、明对虾属（*Fenneropenaeus*），是一种暖温性、进行长距离洄游的大型虾类。其经济价值非常高，曾经是黄渤海底拖网和虾流网的主要捕捞对象和支柱产业，但目前资源量已经很少。

中国对虾主要分布在黄海、渤海，在东海和南海仅有零星分布。黄渤海中国对虾分为两个地理群：一个是个体大的我国黄渤海沿岸出生的黄渤海沿岸群；另一个是个体小的朝鲜半岛西部沿岸出生的朝鲜西海岸群。两个地理群的越冬场，前者偏西，后者偏东，混栖在两个经度的范围内。春季在渤海和黄海北部、中部近岸水域出生的对虾，在11月中、下旬，由于渤海和黄海北部、中部近岸水温的下降，分别集群进行距离不一的越冬洄游，最后到达黄海中、南部水深在60～80 m的深水区，进行分散越冬。越冬期为1—3月。根据20世纪80年代以前的调查结果，越冬场的位置大约在黄海33°00′—36°00′N、122°00′—125°00′E海域；翌年3月中、下旬，中国对虾从越冬场开始集群向近岸的各产卵场进行生殖洄游，一般在春季4月底或5月初到达黄渤海近岸的各个产卵场产卵。

中国对虾的主要产卵场在渤海的莱州湾、渤海湾、辽东湾和滦河口附近的水域，另外，也在黄海北部的海洋岛渔场沿岸、鸭绿江口附近水域，山东半岛南岸的靖海湾、乳山湾、胶州湾、海州湾等河口附近水域产卵。

14）鹰爪虾

鹰爪虾（*Trachypenaeus curvirostris*）隶属对虾科（Penaeidae）、鹰爪虾属（*Trachypenaeus*）。俗名：鹰虾、鸡爪虾、厚皮虾（粗皮虾）、红虾、硬壳虾和霉虾等。广泛分布于渤海、黄海、东海和南海及东亚、南亚、非洲和澳大利亚诸海域。为暖水性底栖经济虾类。

在黄渤海，鹰爪虾在近岸浅水区河口附近产卵，夏季出生的鹰爪虾一直在近岸水域索饵生长。渤海鹰爪虾一般10月中下旬自各湾浅水区向渤海中部深水区移动，到11月中、下旬陆续游出渤海；从黄海北部鸭绿江口出发的鹰爪虾11月底到达海洋岛以南海区，由此向南进行越冬洄游；烟威外海出生的鹰爪虾由于近岸水温下降，一般在10月下旬逐渐向深水移动，11月中、下旬与来自渤海的虾群汇合再向东移动，进行越冬洄游，大约12月初或更晚些时间越过成山头，然后进入黄海中部石岛东南外海的越冬场越冬；山东半岛南岸的鹰爪虾离开近岸也比较晚，缓慢进入越冬场。越冬场位于35°00′—37°30′N、122°30′—124°10′E海域，底层水温为4.5～9.5 ℃，底层盐度为31.8～33.3，水深60～80 m。

鹰爪虾的越冬期在1—3月，3月底前后鹰爪虾从越冬场开始进行生殖洄游。一分支西行向山东半岛南岸的胶州湾、乳山湾、石岛湾方向缓慢移动，6月前后进入各产卵场；主群向北洄游，4月下旬到达成山头，一分支向黄海北部海洋岛以西和鸭绿江口方向移动，7—8月在那里产卵；主群经过渤海海峡进入渤海，6月下旬游至各湾河口附近的产卵场。

15）三疣梭子蟹

三疣梭子蟹（*Portunus trituberculatus*）隶属梭子蟹科（Portunidae）、梭子蟹属（*Portunus*），是一种大型多年生暖温性蟹类，在渤海、黄海、东海和南海以及朝鲜、韩国和日本近海均有分布。

（2）主要渔场

根据历史资料，我国沿海有各种渔业的渔场，黄渤海有渤海三湾渔场、烟威渔场、海洋岛渔场、石岛渔场、青海渔场、海州湾渔场、吕泗渔场、大沙渔场等，其中重要的渔场有：

1）石岛渔场

位于山东石岛东南的黄海中部海域。该渔场地处黄海南北要冲，是多种经济鱼虾类洄游的必经之地，同时也是黄海对虾、小黄鱼越冬场之一和鳕鱼的唯一产卵场，渔业资源丰富，为我国北方海区的主要渔场之一。渔场常年可以作业，主要渔期自10月至翌年6月。主要捕捞对象：黄海鲱鱼（青鱼）、对虾、枪乌贼、鲆鲽、鲐鱼、马鲛鱼、鳓、小黄鱼、黄姑鱼、鳕鱼和带鱼等。

2）大沙渔场

位于黄海南部，大致在 $32°—34°N$、$122°30′—125°00′E$。地处黄海暖流、苏北沿岸流、长江冲淡水交汇的海域，浮游生物繁茂，是多种经济鱼虾类的越冬和索饵场所，为黄海的优良渔场之一。每年春季（5月），马鲛鱼、鳓、鲐鱼等中上层鱼类，由南而北作产卵洄游途中经过该海域，形成大沙渔场的春汛。夏、秋季（7—10月），索饵带鱼在渔场中分布广、密度大、停留时间长；其他经济鱼类如黄姑鱼、大黄鱼、小黄鱼、鲳鱼、鳓、鳗鱼等亦在此索饵形成又一个渔汛。冬季，小黄鱼与其他一些经济鱼类仍在此越冬。

3）吕泗渔场

位于黄海西南部，东连大沙渔场，西邻苏北沿岸。由于紧靠大陆，大、小河流带来的营养物质丰富；同时又处于沿岸低盐水系和外海高盐水系的混合区，加之渔场水浅、地形复杂，因而为大黄鱼、小黄鱼产卵和幼鱼索饵、生长提供了良好的条件，成为黄海、东海最大的大黄鱼、小黄鱼产卵场。吕泗渔场地处废黄河口，泥沙运动频繁，渔场内的沙滩位置与形态常常变化，是我国著名的沙洲渔场。

然而，随着社会经济的发展，尤其是近二三十年过度捕捞、环境污染、围填海等，近海渔业生境遭到破坏、渔业资源严重衰退，目前渔汛消失，渔场亦名不符实。

（二）渔业生产与管理

1. 渔业生产

新中国成立后，海洋渔业发展虽经曲折，但发展速度很快，到1995年海洋捕捞产量超过1 000万 t，到1998年超过1 200万 t，跃居世界海洋渔业捕捞大国前列。为养护近海渔业资源，农业部决定从1999年海洋捕捞计划实行"零增长"，从此近海捕捞产量基本不再增长，一直在1 200万 t 上下波动。2017年《农业部关于进一步加强国内渔船管控实施海洋渔业资源总量管理的通知》，明确到2020年，我国海洋捕捞总产量将减少到1 000万 t 以内，2017年海洋捕捞产量下降到1 112.42万 t，此后逐年下降，2020年海洋捕捞产量已下降至947.4万 t（图2-1）。

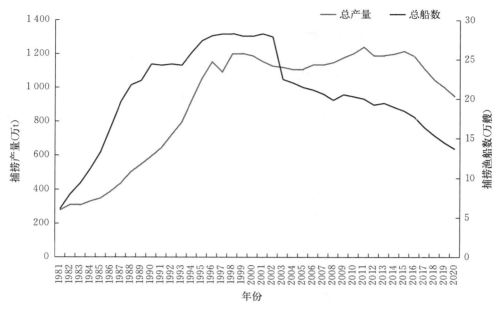

图 2-1　1981—2020 年我国海洋捕捞渔船数和捕捞产量

黄渤海区（辽宁省、河北省、天津市、山东省和江苏省）海洋捕捞的力量和产量的变化趋势与全国基本一致（图 2-2）。从鱼类、甲壳类和头足类的产量统计看，1981 年的产量约 95.3 万 t，20 世纪 90 年代迅猛增长，到 1999 年达到 554.0 万 t 的历史最高水平，此后按照国家的捕捞管理规定，捕捞产量开始下降，到 2018 年降至 243.8 万 t，已不足 1999 年的一半，成效显著。从捕捞渔获物的组成看，鱼类是主要的捕捞对象，占比平均超过 70%，1995 年之前和 2011 年之后鱼类的比例较高，都超过了 75%；其次是甲壳类，占比平均在 20% 上下，比降稳定。

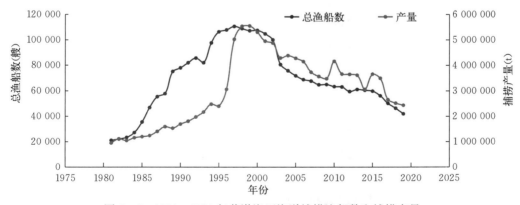

图 2-2　1981—2020 年黄渤海区海洋捕捞渔船数和捕捞产量

20 世纪 50 年代末以来渤海主要渔业资源组成发生了很大变化。唐启升等（2003）按生物量百分比从高到低的顺序对其进行了阐述，1959 年主要渔业资源依次为小黄鱼、带鱼、中国对虾、黄鲫和孔鳐，占渔业资源总生物量的 82.5%；1982 年主要渔业资源依次为黄鲫、火枪乌贼、鳀、小黄鱼、蓝点马鲛、口虾蛄、花鲈、孔鳐、黄姑鱼、青鳞鱼、银鲳、白姑

45

鱼、黑鳃梅童鱼、鹰爪虾和曼氏无针乌贼等，占渔业资源总生物量的82.1%；1992年主要渔业资源依次为鳀、黄鲫、斑鰶、小黄鱼、口虾蛄、火枪乌贼、三疣梭子蟹、花鲈、赤鼻棱鳀和孔鳐等，占渔业资源总生物量的82.5%；1998年主要渔业资源依次为斑鰶、黄鲫、银鲳、蓝点马鲛、口虾蛄、三疣梭子蟹、赤鼻棱鳀和小黄鱼等，占渔业资源总生物量的81.0%。许思思（2010）认为，1959—1998年渤海高营养级渔业资源生物逐步衰退，低营养级渔业资源生物逐步兴起，高营养级渔业资源的生物量百分比呈现逐步下降趋势，由1959年的77%下降至1998年的15%；低营养级渔业资源生物的生物量百分比呈现逐步上升趋势，由1959年的23%上升至1998年的85%，这反映了渤海主要渔业资源结构由高营养级渔业资源生物为主逐步变为以低营养级渔业资源生物为主。刘修泽等（2014）研究了辽宁省近岸海域渔业资源结构，共有渔业生物101种，其中底层鱼类52种，中上层鱼类8种，甲壳类33种，头足类8种；渔获物以底层鱼类和甲壳类为主，黄鲫、斑鰶、蓝点马鲛的优势地位下降，矛尾虾虎鱼、大泷六线鱼、口虾蛄、日本鼓虾等成为主要渔业生物。以山东省为例，《中国渔业统计年鉴》也反映了黄渤海渔业资源的结构变化（表2-1）。

表 2-1 1981—2019年山东省海洋捕捞产量前15位的种类

产量排序	1981—1985年合计	1986—1990年合计	1991—1995年合计	1996—2000年合计	2001—2005年合计	2006—2010年合计	2011—2015年合计	2016—2019年合计
1	马面鱼	马面鱼	鳀	鳀	鳀	鳀	鳀	鳀
2	鲅鱼	带鱼	鲅鱼	鲅鱼	鲅鱼	鲅鱼	鲅鱼	鲅鱼
3	毛虾	鲅鱼	海蜇	海蜇	毛虾	毛虾	毛虾	带鱼
4	带鱼	毛虾	毛虾	毛虾	带鱼	带鱼	带鱼	毛虾
5	鹰爪虾	鹰爪虾	小黄鱼	带鱼	玉筋鱼	鱿鱼	鲐鱼	海蜇
6	墨鱼	鲐鱼	鹰爪虾	鲐鱼	鱿鱼	玉筋鱼	小黄鱼	虾蛄
7	对虾	墨鱼	鲐鱼	小黄鱼	小黄鱼	鲐鱼	玉筋鱼	鱿鱼
8	鲐鱼	鲳鱼	带鱼	鹰爪虾	鲐鱼	小黄鱼	虾蛄	小黄鱼
9	小黄鱼	对虾	梭子蟹	鲳鱼	鹰爪虾	虾蛄	海蜇	鲐鱼
10	鲳鱼	小黄鱼	马面鱼	梭子蟹	海蜇	海蜇	鱿鱼	玉筋鱼
11	大黄鱼	梭子蟹	鲳鱼	梭鱼	鲳鱼	鹰爪虾	梭鱼	梭鱼
12	梭鱼	海蜇	梭鱼	海鳗	海鳗	鲳鱼	鹰爪虾	梭子蟹
13	青鱼	鳀	墨鱼	墨鱼	虾蛄	章鱼	梭子蟹	鲳鱼
14	鳓	梭鱼	大黄鱼	蓝圆鲹	梭子蟹	梭子蟹	鲳鱼	章鱼
15	海鳗	沙丁鱼	沙丁鱼	马面鱼	梭鱼	梭鱼	海鳗	鹰爪虾

2. 渔业管理

1949年10月1日，中华人民共和国成立，开始了水产事业发展的新篇章。11月政务院各机构正式办公，水产工作归属农业部领导。1955年，国务院颁布了《关于渤海、黄海及东海机轮拖网渔业禁渔区的命令》（国务院总周字第53号文件），此后陆续颁布了一系列的法律法规管理条例等，其中具有重要意义的是1986年1月20日，《渔业法》由中华人民共和国第六届全国人民代表大会常务委员会第十四次会议通过，并于1986年7月1日起施行。2000年、2004年、2009年和2013年修订的《渔业法》提出：根据渔业资源的可捕捞量，安排内水和近海捕捞力量。国家根据捕捞量低于渔业资源增长量的原则，确定渔业资源的总允许捕捞量，实行捕捞限额制度；国务院渔业行政主管部门负责组织渔业资源的调查和评估，为实行捕捞限额制度提供科学依据。

除国家、农业部等颁布的普适性渔业管理政策措施外，尚有针对黄渤海渔业资源管理的政策措施。1983 年，国务院批转的《农牧渔业部关于海洋渔业若干问题的报告》中提出，渤海小黄鱼、带鱼、鳓、鲷鱼等，已遭毁灭性破坏……对近海渔业资源必须从战略上立足于"保"，坚决停止近海渔船的盲目发展，强调集中统一管理，包括严格执行禁渔区、禁渔期、伏季休渔、幼鱼保护及网目尺寸、检查幼鱼比重等。农牧渔业部《关于东、黄、渤海主要渔场渔汛生产安排和管理的规定》（1983 年 8 月）规定，各渔场渔船数量安排必须有利于保护和合理利用资源，以资源可捕量为依据……吕泗渔场大黄鱼、小黄鱼、鲳鱼渔汛：自 1984 年起，32°—34°N、122°30′E 以西海域，连续休渔三年，以保护大黄鱼、小黄鱼、银鲳资源，每年 4 月 1 日至 7 月 1 日禁止拖网、大洋网、大围网和以大黄鱼、小黄鱼为主要捕捞对象的其他渔具进入生产；渤海渔场秋季对虾渔汛：整个渤海海域，安排拖网渔船 1 825 对、锚流网渔船 5 100 只，捕捞截止时间不得晚于 12 月 10 日。

1981 年，国家水产总局颁布《渤海区水产资源繁殖保护规定》，要求对对虾、毛虾、鲅鱼、梭鱼、毛蚶、海蜇、鲆、鲽、黄姑鱼、白姑鱼、梭子蟹以及小黄鱼、带鱼、鳓、真鲷等重点加以保护。每年 3 月 15 日至 5 月 1 日，渤海区和 37°30′N 以北的黄海区，严禁拖网、扒拉网、对虾流网、划兜网渔船专捕春季产卵对虾，兼捕的网具必须主动避开对虾密集区，兼捕量不超过航次产量的 2%。禁止使用手推网（抢网）、闸沟网（挡/堵沟网）、旋网、小边网、小倒帘网、坡网、漂网（赶网）、跨网（船张网）、钎子网、小目鲅鳒网以及小裤裆网等各类小型拖网。挂子网（袖网、转轴网、架子网）、樯张网（大架张网）每年 7 月 1 日至 8 月 31 日禁渔，且 1984 年年底前改为虾板网型；小架张网（小樯张网）、河张网、底张网（三用网、锚张网）、坛子网、大桶网每年 6 月 10 日至 8 月 31 日禁渔，小架张网、河张网、底张网 1984 年年底前改为虾板网型；流布袋网（蠓子网）每年 5 月 1 日至 8 月 31 日禁渔；插网（步网）护网、梁网、须龙王（须子网）、撩网（泥网、地网、密网）、起落网、缯网每年 6 月 1 日至 8 月 31 日禁渔；对虾流网、青鳞鱼流网、鲮鱼流网、扒拉网、对虾围网以及所有损害幼虾的各类流网每年 7 月 20 日至 9 月 4 日禁渔。机动拖网渔船秋汛对虾开捕时间：149 马力及以下渔船为 9 月 10 日；150 马力及以上渔船为 10 月 5 日。

1985 年，农牧渔业部发布《关于保护黄渤海对虾亲虾的暂行规定》要求，对《中日渔业协定》第一休渔区，除禁止两国渔轮作业外，自 3 月 15 日至 4 月 15 日禁止一切拖网船作业。为使对虾亲虾群体通过烟威渔场进入渤海产卵，同时兼顾鹰爪虾资源利用，对在 74、88、67、66 渔区捕捞鹰爪虾的开捕时间改为 4 月 10 日至 5 月 15 日。

1989 年，农业部颁布《关于批转修改渤海区梭子蟹越冬场范围报告的通知》（农渔发〔1989〕27 号），规定每年 12 月 10 日至翌年 3 月 31 日，禁止在渤海的 25、26、37、38、39、40、50、51、52 渔区捕捞魁蚶和梭子蟹。

1995 年，农业部颁布《关于将鲈鱼列为渤海重点保护对象的通知》（农渔发〔1995〕2 号），规定了鲈鱼的最小可捕标准为体长 40 cm。

1997 年，农业部颁布《关于加强对黄渤海鲅鱼资源保护的通知》（农渔发〔1996〕17 号），规定最小可捕叉长 45 cm；鲅鱼流刺网最小网目 90 mm，网衣拉直高度不超过 9 m（含缘网），每船流量总长度不超过 4 km。37°30′N 以北的黄海水域，每年 5 月 1—31 日，禁止拖网、流网、围网及一切捕捞鲅鱼繁殖亲体的流动网具作业。渤海 39°N 以南海域，每年 5 月 10 日至 6 月 10 日；39°N 以北海域，每年 5 月 20 日至 6 月 20 日，禁止鲅鱼流网、三层流网、围网及一切捕捞鲅鱼的流动网具作业。

2004 年，农业部颁布《渤海生物资源养护规定》（农业部令第 38 号），确定重点保护品种蓝点马鲛、银鲳、小黄鱼等 30 种及其中 26 种的最低可捕标准，规定除定置网具，在网次或航次渔获量中未达可捕标准的重点保护品种比例不超过同品种渔获量的 25%。禁止捕捞对虾春季亲虾和重点保护品种的天然苗种。禁止使用小于规定最小网目尺寸的网具；禁止炸鱼、毒鱼、电力捕鱼以及泵类采捕定居种生物资源。

3. 典型案例

（1）中国对虾产量预报

渔获量预报是指预测下一年度或下个渔汛渔业种类的数量或渔获量。20 世纪 50 年代辽宁省水产研究所用降水量为预报指标，后用试捕获得的相对资源量预报春汛辽东湾毛虾产量（吴敬南等，1965）；澳大利亚的墨吉对虾也是用降水量作为指标进行数量预报（Staples，1981），国外称其为短期预报。渤海秋汛中国对虾渔获量预报即属于短期预报，始于 20 世纪 60 年代中期，是由中国水产科学研究院黄海水产研究所、山东省海洋水产研究所、辽宁省海洋水产研究所、河北省水产研究所和天津市水产研究所联合调查，共同研究编制的预报模型。

渤海秋汛中国对虾渔获量预报重点考虑了三个方面的问题：一是，相对资源量的调查，获得可靠的相对资源量是科学、客观预报渔获量的基础和保证，关键是选择合适的调查区域、站位、时间和网具。在渤海秋汛中国对虾数量预报中，确定了以幼虾为调查对象，时间为 7 月底至 8 月初，此时三个海湾的幼虾没有混栖，且分布集中、范围小；依据中国对虾的相对密度高低，渤海湾、莱州湾和辽东湾分别设了 43 个、34 个和 18 个调查站，1974 年又在滦河口设了调查站；网具选择了中国对虾捕捞效率较高的扒拉网。二是，建立合适的预报模型，采用统计学方法，以幼虾相对资源量（相对密度）预测秋汛中国对虾的捕捞产量。首先将整个渤海三湾幼虾的相对资源量作为一个变量，建立一元回归预报模型，并利用逐步逼近法确定了三个海湾幼虾相对资源量的加权系数，分别为渤海湾 0.425、莱州湾 0.400 和辽东湾 0.175，则整个渤海中国对虾相对资源量 $X=0.425x_1+0.400x_2+0.175x_3$，$x_1$、$x_2$、$x_3$ 分别为渤海湾、莱州湾和辽东湾的幼虾相对资源量，回归得到秋汛渤海中国对虾的渔获量 $Y=a+bX$，$a=7.2664$、$b=1.5819$。其次考虑到在调查期间渤海三湾幼虾并不混栖，因此将三湾幼虾的相对资源量看作独立变量，建立多元回归模型，经检验这种回归是有意义的，三元回归得到渤海秋汛中国对虾渔获量模型：$Y=b_0+b_1x_1+b_2x_2+b_3x_3$，求得的回归系数分别为 $b_0=3.9636$、$b_1=0.8182$、$b_2=0.5182$、$b_3=0.3663$。最后为进一步提高合理性，将滦河口的幼虾相对资源量（x_4）加入模型，即为：$Y=b_0+b_1x_1+b_2x_2+b_3x_3+b_4x_4$，求得的回归系数分别为 $b_0=2.5152$、$b_1=0.7838$、$b_2=0.3561$、$b_3=0.3497$、$b_4=1.1166$。三是，模型的使用条件和精度，主要考虑捕捞力量、生长和自然死亡。

渤海秋汛中国对虾渔获量预报是我国渔业预报中比较成功的案例之一，预报结果每年报原黄渤海区渔业指挥部，用于安排渤海秋汛中国对虾生产，取得了良好效果。

（2）鳀资源量和可捕量评估

1984 年 10 月，挪威政府向中国政府赠送先进的海洋渔业资源调查船——"北斗"号，

11月，"中-挪水产科技合作计划"启动，利用"北斗"号探鱼仪声学评估方法，开始对黄海、东海鱼类资源进行评估，发现了丰富的鳀资源。1985年1月，"鳀鱼及其他经济鱼类资源声学评估调查研究"启动，开展洄游分布、渔场条件、资源量与可捕量等的调查与评估。1986年10月，"鳀鱼资源、渔场调查和试捕"被列为"七五"国家重点科技攻关项目，开启了鳀的系统调查与研究工作。

1984年10月至1989年1月，采取变水层拖网、底拖网取样调查和探鱼仪声学评估，系统地研究了鳀的洄游分布规律及其与环境、水团的关系和鳀的繁殖、摄食、生长、死亡等，确定了鳀的声学评估参数和基础生物学参数。以此为基础，评估了5年内黄海、东海鳀的资源量为220万～282万t，考虑探鱼仪的盲区等限制因素，将鳀的资源量确定为300万t。参考Gulland（1971）的渔业生物年可捕量公式：$P=0.5M\times B_0$，式中P为年可捕量、0.5为开发率、M为自然死亡率、B_0为原始资源量，结合一些研究结果，认为多数鱼类的最大可持续产量小于$0.5M\times B_0$，特别是低营养级的鱼类和虾类等，参考Beddington（1983）和Paully（1984）认为补充量容易变化的小型鱼类的开发率应为0.2，黄海、东海鳀的年可捕量为50万t。

此后，为探讨国产双拖网渔船利用鳀资源的可能性，1986年秋至1989年春组织3对600马力双拖船、1对250马力双拖船和1对200马力双拖船开展试捕。600马力双拖船变水层拖网最高网产50t、单位时间网产11t/h；200马力双拖船网产6t、单位时间网产2.4t/h，变水层拖网捕捞效果好于底拖网。总之，试捕取得了一定成效，也为后来的鳀资源开发、利用奠定了基础。

鳀资源在试捕取得效果后快速进入了开发利用时期，韩明福等（2002）认为，鳀资源的开发利用主要分为2个阶段。一是，1991—1995年的开发阶段，这个时期的网产量高，渔获个体大，一般185马力拖网船春汛网产3 000～5 000 kg，高者达1万～3万kg，对船的日产量为2万～3万kg。二是，1996—2002年的充分利用阶段，捕捞强度和总产量达到高峰，但鳀的资源密度、网产量都开始下降，渔获群体出现了低龄化现象。1997年春汛的网次产量较开发阶段低约30%；1998年春汛的网产量继续下降，一般为1 500～2 000 kg，对船日产量仅8 000～10 000 kg。1999年以后为过度利用阶段，1999年春汛的网次产量继续下降，一般网产仅为1 000～1 500 kg，对船日产量仅6 000～8 000 kg；2002年春汛的网次产量降到500～1 000 kg，对船日产量为2 000～4 000 kg。从渔获群体组成看，大规模开发期间，1龄鳀占56%左右；1998—2002年春汛，1龄鳀的比例提高到约95%。

金显仕（2001）根据1986—1996年及1999—2001年冬季在黄海中南部鳀越冬场进行的声学/拖网调查生物量评估结果，利用调谐有效种群分析方法对黄海鳀资源种群动态进行了分析，根据2001年鳀生物量情况推荐，$F_{0.1}$（捕捞死亡水平）为0.7时鳀的总允许捕捞量（TAC）不超过10万t，较开发前年50万t的可捕量大幅下降。

二、黄渤海周边国家的渔业管理

（一）韩国

1. 韩国渔业管理简史

历史上韩国的海洋渔业管理政策主要发生在对日关系上。1945年以前，一直单方面被掠夺海洋生物资源，独立以后也坚持着对日防御姿态，但因朝鲜战争等原因没能从国家层面进行资源保存或保护。到1952年宣布了《有关邻接水域主权的总统宣言》，设定了和平线，对外表明了朝鲜半岛邻接海域海洋资源的保存意志，其目的为阻止日本渔船向韩国近海的进入。为了给它的实施提供法律基础，1953年制定和实施了《渔业资源保护法》，其管辖水域与和平线的水域是相一致的。这一宣言虽然随着1965年缔结的日韩洄游渔业协定的生效而对日失效，但《渔业资源保护法》还是有效。韩国在1996年1月29日批准了《联合国海洋公约》，成为该公约的第85个当事国，同时制定了《专属经济区法》（1996年8月8日颁布）和《有关行使专属经济区内外国人入渔等的主权权利的法律》（1997年8月7日颁布）。这两个法律可以看成原有《渔业资源保护法》的替代法，但考虑独岛等敏感问题，两者仍然是并存的。1995年通过修订1977年制定的《领海法》，扩大了管辖海域。

韩国海洋生物资源管理政策的动态变化表现为：①20世纪70年代末以前，包括：《邻接海洋主权的总统宣言》；《渔业出口振兴策》（1966年），对应日韩洄游渔业协定的《渔业振兴计划》（1966年）；《渔民收入增大特别事业》（1971年），《沿海近海渔业的振兴计划》（1977年）。②70年代末至90年代，包括：《近海渔场扩大计划》《水产品粮食化计划》（1980年），《近海渔业振兴和远洋渔业育成对策》（1981年），1986年近海渔业产量达到顶点以后呈停滞状态；远洋渔业生产在1992年达到顶点之后停滞，《渔村综合开发政策》《引进水产品自由贩卖制度》（1994年），1996年宣布专属经济区，水产品尽快全面自由化（1997年），TAC制度试行（1998年），实行新《日韩渔业协定》（1999年）。③2000年以后，包括：推进海洋牧场化及制定养殖业育成计划，实行自律性渔业管理（2002年），制定资源恢复计划（2005年），2006年养殖业产量超过捕捞业产量。

2. 近20年采取的渔业管理措施

韩国渔业管理结构是中央政府负责制定基本计划和基本法案，各地方政府根据中央政府的计划和法律、地区特点制定并推进有关项目的实施。洄游性资源的主要栖息地和远洋资源由国家直接管理，沿岸水域的资源由地方政府进行管理。行政组织分为韩国海洋水产部，市道，市郡，地方海洋、水产厅，海洋环境厅，水产指导事务所。近海渔业的管理主要由海洋水产部委托市道进行管理。虽然市知事负责水产的许可管理，但实际运营委托给市长、郡首、局厅长负责，如渔村水产、养殖水产等。所以大部分渔业管理可以说是由市长、郡首、局厅长来进行。海洋警察厅、海洋水产部的水产指导事务所负责监督渔业管理，市道和市郡负责渔业的指导工作。渔业资源管理的核心机关是韩国海洋水产部的一局，主要从事资源管理工作，设水产政策课、资源管理课、水产交涉指导课。

2001年开始从资源管理的角度，政府和水产从业人员形成互相合作的关系，实行自律管理水产的政策。由于认识到命令式渔业管理的低效率，韩国从事以渔民为主的合作管理渔业，作为以直接受益于海洋资源的渔民为主的新范例。目前渔民合作管理渔业主要集中在扩大渔场、渔业资源和捕捞管理的责任和权力。主要参加者是小规模渔业组成的渔村，要求政府资助。到2003年，韩国政府指定112个渔村作为合作管理渔业团体。

韩国近代以立法形式出现的渔业制度是1908年实行的《水产法》。此后的近百年里实行以许可制度为基础，以技术管理手段为辅的渔业管理制度。这个时期韩国渔业资源管理制度从技术角度制定了限制捕捞劳动力的有关规定。渔业资源管理制度的管理对象是近海渔业和远洋渔业，对远洋渔业的管理主要是从行政上进行许可管理，对近海水域的渔业管理主要从渔业资源角度进行制度上的管理。对渔具和水产方法制定了相应的水产名称，各水产相关产业需要得到行政当局的许可。渔业管理制度的原则是在禁止的前提下，具备某些必要条件后才能得到行业许可。行政当局通过这种许可制度对从业人员进行限制，从而达到对渔业资源的管理目的。渔业许可制度的本质是通过行业准入制度的方式对渔业资源进行管理：第一，相关法规制度对渔具、作业方式进行管理。通过许可制度取得水产从业资格，且必须具备一定的条件才可以从事水产作业，这样的许可制度从日治时代一直延续到现在。第二，对渔业各相关产业的从业人数进行限制。对大型机动船、拖网渔船和潜水渔业从业者人数的限制从日治时代就已经开始，其他渔业行业从业人数的限定规定从1976年开始，1986年对沿岸拖网渔船的从业人数设定了限定数，1990年对沿岸引网渔船水产人数的数量进行了限定，近年全南和庆南道的虾类捕捞从业限定人数有所增加。第三，限定渔船的吨级和功率。1971年近海渔业根据产业不同规定了渔船的吨级，对渔船的最大功率也作了规定，通过这种规定可以达到限制渔业的从业人数的目的。1996年对渔船的体积也作了限定，从而起到制约各渔业行业捕捞量的增加速度的作用。

韩国从1995年开始着手准备，1998年制定了相关法规，引进了总允许捕捞量（TAC）制度。在推行TAC制度时，韩国于1995年制定了一些相关的法律规定（《水产法》，1995年12月），1996年制定总统令（《水产资源保护令》，1996年），1998年制定了海洋水产部令（《关于总渔获量的相关规定》，1998年4月），从同年4月开始与TAC制度一并实施。作为初步的示范项目，对4种渔业种类实行TAC制度，到2003年对9个种类实行了TAC制度。这些种类包括斑点沙瑙鱼、鲐鱼、竹筴鱼、沙丁鱼、红雪长蟹、紫华盛顿蛤、羽贝、雪长蟹和梭子蟹。到2010年将捕捞鱼种增加到20种，对规定种类通过指定市场来加强渔获物管理，实行观察员制度。

韩国的水产资源管理仍然是以许可制度为基础，而TAC制度则是一种制度化管理手段，因此许可制度与TAC制度并行形成了水产管理两种制度鼎立的局面。现行的管理制度将韩国近海水产作业根据渔船的吨级不同，划分为沿岸水产和近海水产，它所管理的主体不相同；而TAC制度则是根据鱼种不同的原则进行管理，因此同一海域海洋资源的管理就存在了困难。

TAC制度的行政管理体系分为准备阶段、基本计划制定阶段和运营阶段3个阶段。第一阶段是制定基本计划的准备阶段，由韩国海洋水产部负责。韩国海洋水产部以国立水产科学院提供的鱼种及从生物学的角度提供的TAC制度所需要的资源水平和水产情况等方面的资料为资料基础设立TAC审议委员会，决定TAC制度管理的对象资源和鱼种，最终由中央水产调整委员会综合社会经济等多方面的因素做出最后的决定。第二阶段，以TAC制度管理的鱼种作为捕捞主体，进行行政主体划分，制定基本计划。即对TAC制度管理的鱼种进行水产资源分配，剩余的水产资源可以分配给其他国家的水产从业人员。TAC制度的对象水产分配制度分为道知事许可TAC水产资源分配制度、长官许可TAC水产资源分配制度以及外国人TAC水产资源分配制度。道知事根据TAC水产资源分配制度分配水产资源后，水产从业者和不同渔船可根据自己的情况进行再分配。另外，过去的旧水产许可制度是各地区的水产协会根据需要进行资源分配，长官许可TAC水产资源分配制度可根据不同鱼种将资源分配给相关的捕捞不同鱼种的各个水产协会和团体，然后水产从业者和各渔船进行再分配。第三阶段，TAC制度的实际运营阶段，各许可权拥有者根据TAC制度将资源分配给水产从业者。中央政府在 TAC 消耗量和分配量不足的情况下，会公布相关的制约公告。如果分配量出现超过的情况，会发布禁渔命令，违反 TAC 的相关规定会受到相应的行政处罚。与此相关的 TAC 行政组织是韩国海洋水产部—市道—市郡区—水产协会—水产从业者。但是这样的管理体制的缺点是，韩国海洋水产部往往会忽略各个地方的地域特征差别。作为民间团体的水产协会向水产从业者分配 TAC 水产资源，但是在实施过程中，水产协会起到的辅助作用无法代替政府实施某些具体的政府职能。

3. 对我国海洋渔业管理的启示或借鉴

我国作为海洋大国，当前大力发展海洋经济，海洋渔业是其重要的组成部分，对海洋渔业的有效管理则成为发展海洋渔业的首要问题。我国渔业资源丰富，随着不断的开发，经济型渔业资源出现了较为明显的衰退，对我国的渔业经济发展、渔民利益以及自然环境造成了重大的影响。造成渔业资源衰退的原因主要是无节制的捕捞、不合理的资源管理方式等。

当前，我国的渔业行政管理制度主要有伏季休渔制度和捕捞许可制度，这两种制度对我国的渔业资源保护起到了积极的作用，但这两种管理制度已然跟不上我国海洋渔业发展的脚步。为了恢复已经严重衰退的渔业资源，我国从 1995 年起在东海、黄海实行伏季休渔制度；1999 年又开始在南海实行伏季休渔，休渔时间由 2 个月延长到 3 个月；1999 年提出海洋捕捞产量"零增长"目标。休渔制度被认为是中国保护近海渔业资源的符合国情的最可行、最有效的渔业管理措施之一。事实上，无论是休渔 2 个月还是 3 个月甚至在个别海区实施更长的禁渔期，都不能掩盖或从根本上解决近海渔业捕捞强度长期处于超负荷、渔业资源持续衰退的问题。休渔结束后的渔汛中，渔民收入增加，产量提高，但同时在强大的捕捞压力下，已经取得的资源保护效果当年即被利用殆尽，来年的鱼群存量并没有得到有效补充，资源恢复目标难以达到。因此，休渔制度并不是解决海洋渔业资源公共悲剧问题根本和长期的制度安排。捕捞许可制度对渔业资源的保护绩效，从渔船数量和功率的失控及海洋渔业资源被过度利用的状况中已经明白地显示出来。

如何对海洋渔业进行管理是一个需要权衡取舍的问题。世界渔业管理的发展趋势是由投入控制管理逐步向产出控制管理转变，总允许捕捞量（TAC）、个人配额（IQ）和个人可转让配额（ITQ）制度将成为渔业管理的发展趋势。日本和韩国等偏向于投入控制的国家也开始对本国部分鱼种采取总允许捕捞量和配额管理制度。当前，三种管理模式［基于社区的渔业管理（CBFM）、渔业的共同管理模式（CMFS）、基于生态系统的渔业管理（EBFM）］给出了三种不同的管理方法。从世界各地的案例研究结果来看，任何一种形式的管理模式可能只适合于某一个区域，而在其他区域有可能存在缺陷而导致无效的管理。国际海洋渔业管理经验给予中国的启示就是，基于生态系统、社区、渔民知识、生态科学等因素的综合性管理模式是总体的发展趋势。

今后我国的渔业管理应坚持：①可持续发展战略。达到环境与经济社会的协调，人与自然的协调与和谐。②准确界定管理范围。充分考虑生态过程、社会及经济背景和动力，用综合的方式管理和控制渔业资源的利用。③适当的激励机制。以实现从根本上消除渔业资源使用者为获得更大个人收益而竞争性捕捞的心理和行为。④政策适应性和动态调整。鉴于渔业资源的变化和渔业管理的动态发展，渔业产业政策必须具有高度的适应性，具备自我调整和自我更新能力，才能保证政策发挥其正常的作用。⑤建立与政策相匹配的政策环境。以实现良好的管理绩效。

（二）日本

1. 日本渔业管理简史

（1）第二次世界大战前

日本自古就有渔业者共同管理和利用渔场的历史。江户时代（1603—1867 年），渔民遵循"沿岸渔场由当地渔业者共同管理，近海由周边村落的渔业者共同利用"的原则。早期（1603—约 1700 年），沿岸海域由渔村控制并负责管理，而离岸海域基本上处于自由准入状态。晚期（约 1700—1867 年），劳动密集型和投资型渔业不断发展，沿岸渔业生产被一些富有渔民所垄断，近海渔业也不再对所有人开放，大型渔业经营者主导建立了当地渔业行会。政府出台了渔业法规，明文规定沿岸渔场只对当地渔业行会成员开放；所有渔民均可自由进出离岸渔场。

明治时代（1875 年），日本政府推行海域国有化的政策，同时引入捕捞许可证制度，试图通过发行许可证来控制和管理海洋渔业生产，这一激进的制度变革导致许多原先并不是渔民的人也成功申请到了捕捞许可证进而导致渔业产量激增，但难以持续。过度捕捞致使产量很快下降，渔民之间的冲突也变得日趋普遍和激烈。这些问题迫使日本政府于 1885 年在农商务省内部设立了独立的渔业局，并于 1886 年出台了《渔民行业协会规定》，正式承认渔民自组织与官方管理机构在海洋渔业管理中具有同等重要的地位，首次明确了渔民行业协会的法律地位。

1901 年《明治渔业法》出台，首次把渔业权和捕捞许可证纳入法律。明文规定：个体渔民或法人代表要从事近海和远洋捕捞必须首先获得许可证，任何个体渔民或法人代表都有资格申请许可证；而渔业权尽管个体渔民也可申请，但其发放对象主要是当地渔业协同组合。渔业权分为四类：定置渔业权、特定渔业权（底曳网、船曳网渔业等）、水产养殖权（牡蛎、珍珠养殖等）、专属渔业权。

1910 年《明治渔业法》经历一次修订，修订之后的渔业法规定渔业权能够出售、租赁、转让及抵押，导致渔业权经自由抵押、转让等方式集中到部分人手中。改革后的制度一直沿用到第二次世界大战前。

（2）第二次世界大战后

1945 年以后，日本渔业管理制度以渔业者及从业人员为主体进行机构调整，施行水面综合利用，发展渔业生产力，推行渔业民主化。1949 年制定现行的《渔业法》，从此日本建立渔业新的制度和权利关系，在得到渔业者同意的基础上进行渔业资源管理。

现行《渔业法》将海洋渔业分为三类：沿岸渔业权渔业，离岸和远洋渔业的许可证渔业，自由渔业。废除了《明治渔业法》中沿岸渔业的渔业权系统。沿岸渔业权渔业被重新设定为：共同渔业权渔业（只授予渔业协同组合），大型定置网渔业权渔业，水产养殖渔业权渔业。离岸和远洋渔业的许可证渔业分为：由农林水产省大臣授予的许可证渔业即大臣许可渔业，由县知事授予的许可证渔业即知事许可渔业。

1963 年，为应对国内食物短缺和改善渔民经济状况，日本政府把"增加和保护水产动植物"作为先决条件再次进行渔业改革，以期在渔业资源不过度利用的情况下高效、广泛地发展渔业。提出了"海洋表面综合利用"的理念。

为实现"整体渔业协调"，各种不同级别和规模的渔业协调组织就显得尤为必要。日本政府在总结以往经验教训的基础上对渔业权和许可证制度进行了细化、补充和完善。在保留政府渔业管理职能的同时，主要依托遍布沿海各地、级别不同和规模不等的各类渔业协调组织：①渔业协同组合是最小规模的渔业协调组织，一般由当地渔民组成，基本上按渔村设立，共同渔业权只能授予渔业协同组合，由协同组合在其成员之间进行分配。②每个都道府县都成立海区渔业调整委员会，海区渔业调整委员会有权决定管辖区域内渔业权和许可证的分配，有权限定渔业权和许可证的归属，可以视情况发布委员会指导令，且有权要求地方行政长官在渔民中强制执行委员会的指导。③广域海区渔业调整委员会由海区渔业调整委员会中选举出来的委员会成员组成，负责协调管辖海域内渔业资源的利用和管理高度洄游鱼类种群，提出资源修复计划。④渔业政策委员会是政府关于国家层面渔业协调的顾问团，负责设计国家渔业政策，是最高级别的协调组织。

另外，除上述正式的协调组织外，20 世纪 70 年代后期以来，通常同一个渔业协同组合或几个临近的渔业协同组合甚至几个都道府县的渔业协同组合的渔民联合组成渔民自发组织，称为渔业管理组织，制定诸多管理措施，往往比渔业协同组合制定的规则更详细更严格。

1990 年，对《海洋水产资源开发促进法》进行了修改，建立了"渔业管理协议制度"，鼓励渔民执行以资源管理为目标的自治协议。1996 年，日本引入了总允许捕捞量（TAC）制度。2001 年，又引入了总许可捕捞努力量（TAE）制度。政府为每种鱼设定总允许捕捞量和总许可捕捞努力量，渔业协调组织负责分配配额和制定准入制度。

2. 近 20 年采取的渔业管理措施

日本对渔业实行中央政府和地方政府相结合的双重管理模式。中央政府重点管理近海、远洋渔业，由农林水产省大臣（相当于我国的农业农村部部长）授权给予许可证书并实施管理；地方政府重点管理沿岸地域渔业（传统渔业），由都道府县知事（相当于我国的省长）授权给予许可证书并实施管理。国家从渔业调整和水产资源保护的角度，对渔业管理实行许可证制度，农林水产省和都道府县根据渔业权许可的内容、条件和规定，划分不同的管理对象，将渔业许可制度分为大臣许可渔业和知事许可渔业两大类。日本沿岸渔业共同管理制度如下：

（1）渔业协同组合

渔业协同组合是日本沿岸渔业共同管理的主体。渔协的管辖海域主要依据行政边界划定。渔协以长期从事捕捞的沿海社区为单元，每个协会通常包含一个或多个社区内的多种资源类型，因此渔协需要开展针对多种资源类型的管理，包括贝类、底栖鱼类和游泳鱼类。协会成员可以采取多种作业方式，包括捕捞船、刺网、围网、定置网、小型拖网，以及潜水。渔协成员主要为渔民和小型渔业公司。渔协职能中最重要的是渔业权管理，还涉及生产原料的统一采购、渔船卸货市场的管理、为成员提供保险和贷款，以及渔业数据统计。

（2）渔业权制度

日本的渔业权只适用于沿岸渔业，其中包括三种类型：一般渔业权、大型定置网渔业权和划区域渔业权。一般渔业权由地方政府仅向渔协授予，期限为十年。划区域渔业权和大型定置网渔业权按顺序依次授予渔协、其他渔民组织以及渔民个人，期限为五年。地方政府在分配这三种渔业权时必须向地方渔业监管委员会征询意见，渔业监管委员会是地方政府与渔民沟通的机构。渔业权通常能获得续期，但是一旦出现严重的违规，续期申请可能遭到拒绝。

（3）渔业管理组织

日本沿岸渔业共同管理的具体工作由渔业管理组织承担。渔业管理组织是渔民自发形成的，由在同一渔场作业、从事同一作业类型、同一目标渔获的渔民构成，根据渔民管理组织的规则集体利用资源和管理渔获。与渔协相比，渔业管理组织是没有法律地位的自发组织。渔业管理组织得到政府的认可，数量不断增加。渔业管理组织由各种形式的渔协构成：一是由单一的渔协构成，特点是渔民数量少，规模也较小，渔协在原有职责基础上增加渔业管理组织的管理任务；二是如果渔协规模大且管理多种渔具和多种目标资源，一般都依据渔具种类或目标资源将渔协进行拆分，成立相应的渔业管理组织开展各类别的渔业生产管理活动；三是由于某些目标种群会跨越单一渔业管理组织的管辖边界，采用单一渔业权的海域管理并不是一种理想的方法，因此渔业管理组织需要联合两个或多个渔协开展工作。

渔业管理组织在选择管理措施方面具有自主权，所采取的管理措施分为资源管理、渔场管理和捕捞能力控制三类。往往采用多种管理措施组合的方式开展管理。

3. 对我国海洋渔业管理的启示或借鉴

日本海洋渔业管理制度的基本理念即共同管理这一思想基本没有改变，最终实现了"当地渔民控制和管理当地渔业生产"的基本理念。现行海洋渔业管理体系中，政府和渔民作为主要利益相关者在海洋渔业管理中发挥着主要的作用，而学界和其他利益相关者的作用不可或缺，有关各方对日本海洋渔业实现了有效的共同管理。对我国海洋渔业管理的启示如下：

（1）改革的方式方法

明治政府的海洋渔业制度变革以失败告终，究其原因，是因为采取了自上而下的急剧性制度框架变革，强行推行国有化，试图通过发行许可证来控制和管理海洋渔业生产，抛弃了共同管理的理念。

（2）渔业权流转管理

私人产权主导下的渔业权体系，经自由出售、租赁、转让及抵押等方式可能导致渔业权过度集中到部分人手中，当渔业权过度集中时，不利于民主决策，也不利于技术进步，从而阻碍渔业资源灵活、高效利用，因此有必要对渔业权的流转加以适当限定。

（3）政府和研究机构的支持作用

共同管理制度框架下，除渔民外，政府和研究机构的作用依然十分重要，他们以行政建议或科学信息等形式给渔民提供支持，在渔业资源适应性管理中扮演着重要角色。

（4）渔业协调的复杂性

虽然渔业协调对日本现行海洋渔业管理制度框架的重要性不言而喻，但它不可避免地变得十分复杂。作为海区渔业调整委员会的协调者或成员，渔民由于能力等原因的限制有时不能很好地扮演他们所预期的角色，而一些渔民或渔业协调组织不愿引进新技术，结果阻碍了渔业技术进步。

（5）国家和地方管理手段结合

渔业资源管理制度不仅要遵照法律的行政（国家）手段，同时也要因地制宜尊重各地形成的特色管理手段，使国家和地方的管理方法有机结合，制定综合全面的渔业资源管理办法。

三、黄渤海实施限额捕捞面临的问题与对策

根据"中国近海渔业资源管理发展战略及对策研究"项目要求，课题组分别于2020年6月18—19日、7月2—3日和7月7—8日赴东营、荣成和日照，就各地捕捞生产现状和实施限额捕捞的可行性等相关问题进行了调研。在调研中，基层对限额捕捞有普遍的共识：限额捕捞是大势所趋，越早实施越好；但是限额不能笼统地说，必须依托特定种类，找突破口；而且不能一蹴而就，必须有一个过渡期。调研中反映出的实施限额捕捞面临的问题与原因以及相关建议如下。

（一）面临的问题

1. 捕捞力量居高不下，渔民转产转业困难

从各地的捕捞生产现状来看，存在的主要问题有：渔船数量多，从生产来判断，在保证盈利的情况下，减掉现在2/3的渔船才合适。涉渔"三无"船舶挤占了在册渔船的生存空间。老旧渔船较多，安全隐患多，上报报废渔船无法足额报废。捕捞力量还在增加，东营十年前仅在春秋季捕捞口虾蛄各1～2个月，现在除伏季休渔，全年都在捕捞。作业结构仍以拖网为主，比如日照市现有捕捞渔船3 293艘，其中在册渔船2 249艘（刺网310艘、拖网1 141艘、张网734艘、围网42艘、钓具3艘、耙刺1艘、辅助18艘），特殊渔船1 044艘。由于资源量下降，生产成本增加，为了保证经济效益，渔具改进层出不穷，对生态环境的破坏性大，比如捕捞口虾蛄的锚张网、弓子网。

地方支持减船转产，渔民也有转产转业意愿，但渔船报废经费不足，渔船报废不及时，报废转产政策得不到落实。没有培训，渔民无法转产，只能继续捕捞。生计渔业的渔民大多数年龄偏大，文化水平不高，转产转业较难，上岸后没有土地，难以维持生活。部分靠渔业生产维持基本生活的渔民总是千方百计出海偷捕。近岸捕捞的渔民，70%有银行贷款和社会债务。考虑渔民债务偿还能力、社会生存能力等，若不经过过渡时期，一下子推向社会，会形成很大的社会问题。

2. 渔业资源衰退严重，单鱼种难成渔业

由于资源量的衰退，能形成自然渔汛的种类较少，能开展限额捕捞的种类有限。当前能形成自然渔汛的种类有：东营的口虾蛄和花鲈、荣成的太平洋褶柔鱼、日照的鹰爪虾和蓝点马鲛。放流的梭子蟹、中国对虾和海蜇也能形成渔汛，但产量不稳定，受放流的数量和质量等因素的影响。

目前渔业生产仍以多鱼种渔业生产为主，渔获物一半以上，甚至是70%被制成饲料。在限额捕捞试点种类的选择上，花鲈是刺网作业，兼捕种类少，但资源量、可捕量的评估难；蓝点马鲛是流刺网作业，兼捕种类少，但资源分布面积大，不好管理；中国对虾科研基础好，但各省份间的协调、分配困难，管理困难。

3. 渔业资源调查研究不系统，资源评估和预测能力欠缺

当前渔业资源调查和研究对实施限额捕捞的科技支撑能力不足，主要表现为：①实施TAC管理需要准确评估渔业资源量，在我国限额捕捞试点中，较为普遍的问题是可利用的针对性的资源调查、监测数据较少，各地在确定捕捞限额时主要是依据往年捕捞统计数据。

虽然我国早在 20 世纪 50 年代后期就开始进行海洋渔业资源的系统调查工作，但调查工作时断时续，不够完善，而且主要是对某个海域渔业资源的综合性调查，缺乏针对特定种类的连续性调查，也缺乏对特定种类资源量、可捕量的评估，难以为捕捞限额的设定提供依据。②缺乏配额分配及建议的科学研究，限额怎么分也是个大问题。③渔业资源预测预报能力欠缺，渔汛、渔情掌握不清楚，无法有效地指导生产。例如，伏季休渔后，各类经济鱼类的旺汛期和鱼群密集点需要科学的渔业资源调查，再反馈到渔民手上，可以减少渔民生产成本，真正做到渔业增效、渔民增收。

4. 渔业资源恢复有限，且难以有效利用

增殖放流缺乏依据，盲目放流。放流种类太乱，放流量太多，饵料供应不足，放流效果不好；梭子蟹的放流模式不对，存活率 20% 都达不到；海蜇的生态危害大，需评估是否适宜放流；梭鱼的经济价值不高，放流价值不大；等等。

伏季休渔对资源恢复效果不显著。大多数鱼、虾类资源是 3—5 月产卵，6—9 月成长，所以伏季休渔保护的仅仅是鱼虾的生长群体，只是给渔民生产增加了产量，对卵群数量保护有限。伏休结束后捕捞强度不降反升，休渔期间补充的资源群体很快就被捕捞殆尽，借助休渔增加鱼类资源群体总量的目的难以实现，以至于渔业资源水平年复一年停留在较低水平。

伏季休渔时间一刀切，部分资源难以有效利用。例如近几年黄海中部的鱿鱼资源旺汛在 8 月，山东南部近海的鹰爪虾资源旺汛在 6 月下旬至 7 月上旬，但因为休渔不能捕捞，特别是伏季休渔时间的提前使日照市以鹰爪虾为主要捕捞对象的小功率渔船严重减收。但因其资源量可观，总有个别渔民受利益驱动出海偷捕，渔业执法部门管理压力加大。

5. 配套制度不完善，捕捞产量难以准确统计

渔获物定点上岸管理、可追溯的政策是好的，但落实难。一方面，机构改革，渔港经费减少，管理人员减少，同时还要兼管安全、渔政和船检，而定点上岸需要 24 h 管理，根本无法兼顾。另一方面，渔民为了节省往返渔港的费用，降低成本，往往在海上与收购船、加工船完成交易，这部分渔获量无法统计。此外，渔港存在第三方经营和商业码头，渔获物上岸后直接与水产品加工企业、冷库对接，加之一些商业捕捞公司拥有码头、冷库和加工厂，渔获物的监管难度大。

伏季休渔的不公平带来的地方保护主义影响了统计数据的准确性。国家每年在渤海放 100 亿～110 亿单位中国对虾，按照每个省份报的回捕率，每年的产量至少在 8 000 t 以上，但实际上一半也达不到，原因是：渤海的开捕时间（9 月 1 日）和 34°N 以南（8 月 1 日）不一样，不管是养殖对虾还是自然对虾都在 9 月 1 号以前形成渔汛，所以 9 月 1 日前的试捕的产量就没有统计。

捕捞日志不完善，捕捞量数据不完整、不准确，是我国实行限额捕捞的主要障碍。比如：现在小船几乎不填写渔业捕捞日志；海蜇专项资源品种限额试点时要求必须填写渔业捕捞日志，但渔民大多数年龄偏大，文化水平不高，渔捞日志填写事项较多，普遍存在报表上报不及时，填写不规范、不恰当的问题。

渔获物填报系统不完善，数据更新不及时、不准确。实行海蜇限额捕捞管理时，所有渔船离港、返港以及渔获物交易都必须实时录入限额捕捞系统，但在录入过程中发现，系统录入的数据会出现自动消失的情况，需要联系后台才能找回；即使在严格按照录入程序录入的前提下，在录入过程中仍会出现渔捞日志的捕捞量和返港捕捞量不一致的情况；系统填报报

表数据太过繁琐，需要录入的资源有离港信息、返港信息、渔捞日志、定点交易渔获物登记表等，耗费工作人员大量的时间和精力。

6. 渔业监管体系不完善，管理、执法难度大

涉渔"三无"船舶屡禁不止，渔船不开启卫星定位装置无法监管渔船的进出港情况，等等，这主要是由于违法成本低，执法力度无法震慑违法行为，好的管理制度也无法落实。各地伏季休渔强度不均衡。有的地方抓得紧、严，有的地方抓得松。跨省籍船作业执法存在困难，且易造成当地渔民、主管部门、渔企的攀比和心态不平衡，给地方的伏休管理工作带来压力。渔船数量大、渔港多，而且当前渔政管理人员、经费严重不足，渔政管理力量弱，行政执法能力弱，对所有作业渔船和渔获物实施科学有效的监管较为困难。渔获物运输船给定点上岸管理增加难度。海上渔业生产管理存在海警、渔政等多部门、分区域管理，协同机制尚未健全。渔获物上岸存在多部门管理，渔业执法、市场执法协同监管难度大。对违规渔获物，偷捕渔船（主要是涉渔"三无"船舶、快艇）不停靠码头的违法取证难。

（二）相应对策

和谐良好的渔业捕捞环境、科学准确的渔业资源调查分析与评估、完善的配套制度与政策，以及严肃规范的渔业监督管理是限额捕捞制度顺利实施的必要条件。

1. 构建和谐良好的渔业捕捞环境，确保实施限额捕捞有基础

构建和谐良好的渔业捕捞环境，需要处理好渔业资源养护与保障渔民利益之间的关系。做到资源有恢复，渔民有意愿，使渔民获得稳定收益，同时又有养护的主动性。

（1）切实降低捕捞力量。成立涉渔"三无"船舶整治管理委员会，加大涉渔"三无"船舶和违规渔具的执法力度；严格执行老旧渔船管理规定，推进减船转产；严格管控新建渔船，形成渔船多出少进，达到减船减产。

（2）加强渔业资源增殖放流，推进海洋牧场建设；强化渔业资源管理，推动资源恢复性增长。

（3）遵循渔业资源变动规律，科学调整休渔时间。将伏季休渔时间提前到4月开始或是3—6月进行休渔，以便有效保护产卵亲体，从根本上提高资源的数量。对其他生长型幼体种群，可以根据作业类型的主要捕捞品种确定开捕时间。如蓝点马鲛在开捕后个体仍然偏小，可以对主要捕捞蓝点马鲛的拖网渔船延长休渔时间。

（4）加快渔业转方式调结构。积极引导渔民淘汰小渔船、旧船，从事加工流通等第二、三产业；加强渔民的培训工作，为渔民寻找新的发展出路，最大限度解除渔民的后顾之忧。

（5）引入生态补偿的经济措施。充分考虑渔民的利益，出台一定的惠渔或补偿政策，比如休渔补贴、限额捕捞补贴等补偿政策，鼓励渔民主动休渔、积极休渔。

（6）加强渔业生态文明的宣传和教育工作。从促进渔业增效、渔民增收、渔区繁荣的角度来加强对渔民和渔业管理人员的教育，增强渔民资源养护与依法生产、合理生产的意识。

2. 加大科研投入，多措并举，确保实施限额捕捞有依据

（1）建立专业化的资源调查队伍，对海洋渔业资源进行常年常规性调查，对主要经济种类的资源量、可捕量进行科学、准确的评估。

（2）加大科技攻关，掌握资源变动规律，科学评估增殖放流、海洋牧场、伏季休渔，特别是限额捕捞试点（山东的海蜇、辽宁的中国对虾）的生态、社会和经济效益，确保实施限

额捕捞有借鉴。

（3）重视和加强渔业统计系统建设，做好渔业资源大数据统计，为科学、精准的渔情预报奠定坚实基础。

3. 完善配套制度，科学精准管理，确保实施限额捕捞有秩序

（1）简化渔捞日志填写项目，根据不同作业类型设计，统一印刷发放，方便渔民填写。更新限额捕捞填报系统，开发 App，进一步简化系统录入事项，实现多端多人录入，减轻工作人员工作压力，提高工作效率。通过渔获物抽查，检查、监督填报的准确性，及时掌握捕捞产量。

（2）加大科技投入，升级渔港基础设施，充分利用卫星定位等先进的技术手段，加强渔船进出港、渔船生产和交易的实时监控。提高监管的目的性和有效性，保证被许可作业渔船合法生产。

（3）借鉴中国台湾及韩国、日本的管理模式，成立渔民协会，形成政府、渔民协会和渔民三方共同管理的模式。

（4）强化渔获物定点上岸管理和多部门协同机制，加强联合执法。加大执法力度，建立长效机制。

（5）各省（自治区、直辖市）齐抓共管，由省或市组织渔政执法船交叉执法，解决地方保护主义。设立区域管理和执法业务协调通道，解决跨省籍船作业执法难题。

4. 扩大限额捕捞试点种类，确保实施限额捕捞有实效

扩大限额捕捞试点种类，逐步减少多鱼种作业，有利于渔业资源循序渐进地恢复。

（1）对休渔期旺发性资源可以采取专项捕捞许可制度，合理利用渔业资源。例如，7—8月黄海北部的太平洋褶柔鱼捕捞对区域渔业举足轻重，它的生产为拖网，兼捕物很少，只有少量小鲐鱼，不会对其他渔业资源造成损害。可局部调整休渔时间，从 7 月 1 日开捕太平洋褶柔鱼。再比如，山东南部近海的鹰爪虾资源旺汛在 6 月中下旬至 7 月上旬，如因休渔不能捕捞就会形成资源浪费。

（2）规划一部分船，规划出一部分优质海域，选择单一种类进行试点，严格管理产量，让渔民获得稳定收益，同时有养护的主动性。前期规划区域可以大一些，进入的船少一些，循序渐进。可考虑黄海北部的太平洋褶柔鱼、黄海中韩过渡水域的蓝点马鲛。

（3）特定作业类型、小范围、小规模试点，确保效益。例如，东营的日本蟳是用笼子捕，对其他鱼类、蟹类基本上没有破坏性，可在该海域开展限额捕捞，由 10～20 条船成立一个组织与政府共同管理，并参与决策，确保渔民生产效益和生产积极性；在不捕捞的时候，让这些船去养护这个品种；通过 3～4 年的捕捞和养护，资源量可以慢慢恢复，然后再推广到其他品种。

四、黄渤海实施限额捕捞的试点建议

（一）黄海北部单鱼种限额捕捞试点

1. 太平洋褶柔鱼的渔场及渔汛

太平洋褶柔鱼，原名太平洋斯氏柔鱼，广泛分布于整个黄海，是一种经济价值较高的洄游性头足类，渔业上捕捞其索饵群体。20 世纪 50 年代至 60 年代初，在黄海、东海的底拖

网渔业生产中，鱿鱼已经作为兼捕对象，当时因海洋渔业资源状况较好，并没有被重视。到70年代中期，传统渔场中的海洋渔业资源因捕捞过度而严重衰退，鱿鱼资源逐渐被重视；80年代初，我国海洋渔业公司主要以拖网专捕开发了黄海的柔鱼资源，渔获量逐年增加，1990年渔获量达5 355 t，成为我国新开发的重要海洋渔业资源。根据烟台等地海洋渔业公司对太平洋褶柔鱼的捕捞生产，太平洋褶柔鱼的索饵场以黄海渔场（38.0°—39.0°N、123.0°E以东和35.5°—37.5°N、124.0°E以东）和东海北部渔场（30.0°—32.5°N、125.0°E以西）最为重要（葛允聪等，1989）。

根据1985—1986年黄海生态系调查和有关的研究资料（吕振波等，2007；董正之，1996；邱盛尧等，1988），群体中根据发生季节的不同存在着分宗现象。在东海产卵场发生的冬宗群的仔、幼柔鱼，4—5月随黑潮分两支北上，进行索饵洄游。东支沿五岛西部向对马方向游去；西支经黄海东南游向大黑山西北水域，然后又分成两支。一支游向朝鲜半岛西海岸；另一支向北偏西进行索饵洄游，在冷水区边缘渡过夏季和仲秋。10月随着水温的下降，黄海北部的太平洋褶柔鱼群体向南缓慢移动，在11月下旬以前，主要停留在黄海中北部水域，不再向南进行较大的移动，直到11月下旬才逐渐向南进行生殖洄游。太平洋褶柔鱼的秋生群比冬生群先进入东海的产卵场。12月至翌年1月上旬，黄海太平洋褶柔鱼的冬生群（主群）才陆续进入黄海南部，1月中、下旬游入东海的产卵场产卵。

吕振波和张焕君（2007）根据2004—2006年对黄海中北部海域的太平洋褶柔鱼的调查，对出现频率、资源密度、资源量和基础生物学进行了研究：春季的出现频率和资源密度最低，分别为18.75％和1.13 kg/h，夏季的出现频率和资源密度在2005年和2006年平均分别为79.64％和39.15 kg/h，秋季的出现频率和资源密度在2004年和2005年平均分别为81.31％和9.61 kg/h；用扫海面积法对其资源进行估算，可捕系数为0.7，所估算的黄海中北部20万km² 海域的总资源量分别为2004年秋季1 546.32 t，2005年夏季15 451.47 t、秋季5 935.98 t，2006年春季440.14 t、夏季15 042.49 t；平均胴长和体重分别为2004年240 mm和330.34 g，2005年夏季169.74 mm和126.26 g、秋季216.39 mm和226.06 g，2006年春季164.76 mm和67.65 g、夏季171.22 mm和129.07 g。

综上所述，太平洋褶柔鱼属一年生渔业物种，具有洄游路线清楚、渔场及渔汛明显的特征，而且目前有一定的资源量，为黄海主要捕捞的头足类资源。

2. 太平洋褶柔鱼限额捕捞的试点建议

（1）实施时间：每年8月，共31 d。

（2）实施海域：黄海的36.0°—39.0°N、122.0°—124.0°E海域。

（3）捕捞方式：鱿鱼钓。

（4）渔船配额：20艘，1 000 t。

（5）管理方式：出入港通报、GPS/北斗定位和AIS开启，渔获物定点上岸或配备收购船并派观察员。

（6）实施步骤：可分两步走，第一步为过渡期，时限为3年，除严格管理外每船派观察员1名，其间加强捕捞渔获物的收集和分析，完成黄海北部太平洋褶柔鱼的资源量及可捕量的评估；第二步基于前3年工作，总结和建立科学评估、配额分配、生产管理等协同机制，逐步扩大限额捕捞试点的范围、配额、作业类型等，形成完善的限额捕捞生产模式。

（二）黄海南部区域性限额捕捞的试点建议

1. 黄海南部的渔场及渔汛

黄海南部主要有海州湾渔场、吕泗渔场和大沙渔场，每年春季 4 月底至 5 月，马鲛鱼、鲐鱼、小黄鱼、鲳鱼、鳀等主要经济鱼类在产卵洄游途中经过该海域，形成春汛；夏、秋季（7—10 月），索饵带鱼、黄姑鱼、小黄鱼、鲳鱼等亦在此索饵形成又一个渔汛。

2. 限额捕捞的方式方法

（1）实施时间：每年 5 月，共 31 d。

（2）实施海域：黄海的 33.0°—36.0°N、122.0°—124.0°E 海域。

（3）捕捞方式：流刺网（小黄鱼、蓝点马鲛、鲐鱼等）。

（4）渔船配额：100 艘，10 000 t。

（5）管理方式：出入港通报、GPS/北斗定位和 AIS 开启，渔获物定点上岸或配备收购船并派观察员。

（6）实施步骤：可分两步走，第一步为过渡期，时限为 3 年，除严格管理外每船派观察员 1 名，其间加强捕捞渔获物的收集和分析，完成黄海南部渔场的渔业资源量及可捕量的评估；第二步基于前 3 年工作，总结和建立科学评估、配额分配、生产管理等协同机制，逐步扩大限额捕捞试点的范围、配额、作业类型等，形成完善的限额捕捞生产模式。

附件：渔业资源调查评估体制

针对黄渤海渔业资源调查项目、渔业资源论文等进行资料收集、分析，重点关注渔业资源评估、可捕量评估及其对限额捕捞管理的支持作用。

1. 黄渤海渔业资源调查项目

我国海洋渔业资源生态学研究始于 20 世纪 50 年代，比较著名的有始于 1953 年的烟威鲐鱼渔场调查，是我国首次渔场与渔业生物学综合调查。60—70 年代，针对大黄鱼、小黄鱼、鳕鱼、带鱼、鲐鱼、蓝点马鲛、黄海鲱鱼、鲆鲽类、对虾、毛虾、乌贼等东海、黄海主要生物资源种类进行的资源、渔场与栖息环境调查，使我们了解了这些种类的洄游分布、年龄生长、种群结构、繁殖习性、摄食、补充特性、种群动态和栖息环境以及它们卵子、幼体的数量与分布。自 80 年代以来，主要进行一些综合性调查研究，如渤海增殖生态基础调查、鳀资源、渔场调查及鳀变水层拖网捕捞技术，渤海增养殖生态基础调查研究，莱州湾及黄河口渔业生物多样性及其保护研究等。邓景耀等（1991）对新中国成立 40 年来的渔业资源调查研究工作进行了全面系统的总结。

70 年代以来中国水产科学研究院黄海水产研究所承担的黄渤海相关海洋渔业资源和环境调查项目：

（1）1982—1983 年，渤海渔业资源增殖基础调查（国家"六五"攻关项目）。

（2）1985—1986 年和 1987—1988 年，黄海渔业生态系调查和黄海近岸产卵场补充调查（农业部项目）。

（3）1992—1993 年，渤海增殖生态基础调查（国家"八五"攻关项目）。

（4）1996—2000 年，渤海生态系统动力学与生物资源可持续利用（基金重大项目）。

（5）1997—2001 年，我国专属经济区海洋生物资源补充调查及资源评价（国家 126 专项）。

（6）1999—2004 年，东、黄海生态系统动力学与生物资源可持续利用（973 项目）。

（7）2003 年起（每年的常规调查），黄海渔业资源监测调查（农业部项目）。

（8）2003—2008 年，渤海莱州湾产卵场调查（农业部项目）。

（9）2006—2010 年，我国近海生态系统食物产出的关键过程及其可持续机理（973 项目）。

（10）2009—2011 年，渤海增殖放流资源监测（农业部项目）。

（11）2009—2013 年，黄渤海生物资源调查与养护技术研究（农业部公益性行业专项）。

（12）2011—2015 年，莱州湾周年调查（973 项目）。

（13）2014—2018 年，中国近海渔业资源调查和中国近海产卵场调查（农业部项目）。

2. 渔业资源论文

（1）渔业资源论文主要研究内容分析

1）重要渔业资源种类的生物学特征，渔业资源群落关键种、多样性、结构及其变化，数量分布及其变化，占分析的 42 篇渔业资源相关论文的比例约为 28%。

2）捕捞压力和气候变化对渔获量的影响，占分析的 42 篇渔业资源相关论文的比例约为 7%。

3）渔业资源评估方法的探讨，占分析的 42 篇渔业资源相关论文的比例约为 40%。近年来，对捕捞数据有限或不确定的情况下的渔业资源评估与管理开展了研究。

4）资源量、最大持续产量和可捕量评估，占分析的 42 篇渔业资源相关论文的比例约为 21%。

5）关键鱼种限额捕捞研究，占分析的 42 篇渔业资源相关论文的比例约为 4%，探讨了鳀和带鱼的限额捕捞。

6）配额分配研究，占分析的 42 篇渔业资源相关论文的比例约为 4%，探讨了东海区带鱼和渤海渔业的配额分配。

（2）主要渔业资源种类资源评估和限额捕捞的研究

邓景耀等（1991）对新中国成立 40 年来的渔业资源调查研究工作进行了全面系统的总结，包括种群结构、分布洄游、繁殖发育、摄食、生长、死亡、种群数量变动等整个生命周期的各主要环节，还采用现代的数学模型和产量方程等提高了资源评估及动态预测等的分析质量，同时总结了主要种类的渔情预报和渔获量预报，以及渔业管理等生产实践方面的研究成果与经验。进行了中国近海 13 种最重要的渔业捕捞对象的资源动态分析，包括：带鱼、大黄鱼、小黄鱼、绿鳍马面鲀、鲱鱼、鲅鱼、鲐鱼、鳀、蓝圆鲹、对虾、毛虾、海蜇和曼氏无针乌贼。

金显仕等（2005，2006）根据 1998—2000 年"北斗"号渔业科学调查船的调查成果，总结了主要渔业资源种类的渔业状况，并采用扫海面积法和声学方法评估了它们的资源状况，包括：带鱼、小黄鱼、白姑鱼、叫姑鱼、鳀、黄鲫、竹筴鱼、蓝点马鲛、银鲳、鲐鱼、斑鰶、青鳞沙丁鱼、玉筋鱼、沙氏下鱵、虾虎鱼类、鲅、鲆鲽类、凤鲚、方氏云鳚；中国对虾、葛氏长臂虾、鹰爪虾、戴氏赤虾、脊腹褐虾、三疣梭子蟹、毛虾、口虾蛄；太平洋褶柔鱼、日本枪乌贼、火枪乌贼。

金显仕等（2001）研究了黄海鳀的限额捕捞：根据在黄海中南部鳀越冬场进行了 10 多年的声学/拖网调查生物量评估结果，利用调谐有效种群分析（VPA）方法对黄海鳀资源种群动态进行了分析，提出了鳀限额捕捞工作内容和程序框架。并根据 2001 年鳀生物量情况推荐，$F_{0.1}$ 为 0.7 时，鳀总允许捕捞量（TAC）不超过 10 万 t。限额捕捞管理是一项复杂的系统工程，涉及渔业资源生物量的调查评估、渔业生产的监管、社会-经济因素综合评价等。在推荐某种渔业生物的 TAC 时，利用调谐 VPA 的方法进行逆算和预测，需要有长期的生物量、渔获量及其年龄组成等资料的积累。目前在我国黄海鳀具有 10 多年的资料，特别是利用声学方法评估的绝对生物量，为我国在黄海进行鳀限额捕捞奠定了基础。

徐汉祥等（2003）初步研究了东海区带鱼的限额捕捞：目前带鱼捕捞的管理主要是采用禁渔区、保护区、禁渔期等方法来控制捕捞强度、减轻捕捞压力，这种管理方法虽然实用，但无法与国际先进的渔业管理制度接轨。实行限额捕捞制度，既是新国际渔业管理的要求，也是修订后新《渔业法》的要求。根据 1990—2000 年带鱼资源的调查和监测资料，运用数理模式和以往带鱼研究成果，计算了东海区带鱼的资源量、可捕量、最大持续渔获量，分析了资源状况，确定了东海区带鱼的总许可渔获量，探讨了东海区实行带鱼限额捕捞的可行性。确定东海带鱼的许可渔获量，应以资源现状和可捕量为基础，以不超过最大持续渔获量为原则。目前东海带鱼的资源状况虽较 20 世纪 80 年代中后期好，但资源仍不稳定，资源基础尚未恢复到正常状态，资源结构尚不合理，受捕捞和环境影响后资源可能会剧烈波动，虽有伏季休渔等管理措施，减轻了一些捕捞强度，但捕捞压力仍然偏大。目前资源组成中，当龄鱼占绝大部分并已成为捕捞主体，产卵亲体数量不足，发生量未大量增加，资源利用中尚有诸多问题无法解决。因此，确定许可渔获量时，既要考虑资源存在的问题，在尚无法大量减少捕捞努力量的情况下，又要兼顾众多捕捞渔船的生产出路，不能定得过低使渔船无生产效益，也不能定得过高，以免资源重遭破坏。实行伏季休渔制度以来，东海带鱼的资源状况确实有一定好转，因此，确定 TAC 时，在不超过 MSY 的前提下，可以适当取高些，允许超过 MCY 但不突破用多种方法计算得到的最大的可捕量数值。

陈宁等（2018）评估了捕捞数据不确定下蓝点马鲛渔业管理策略：由于黄渤海传统渔业资源衰退严重，蓝点马鲛的捕捞压力逐渐增大，出现了捕捞努力量增加、作业方式多样化、渔场扩张等现象。高强度捕捞使蓝点马鲛资源特性发生了一定的变化，例如生长速率加快、性成熟提前、群体结构发生改变等。但蓝点马鲛的渔业产量目前仍然处于较为平稳的状态，近年来我国的蓝点马鲛渔获量维持在 45 万 t 左右。由于蓝点马鲛具有分布范围广、洄游距离远、生命周期长以及渔业数据统计不足等特点，目前对蓝点马鲛进行资源评估较为困难，相关研究较少。现有研究包括：叶昌臣（1987）使用 1980 年的统计资料，利用 Schaefer 模型，分别考虑了蓝点马鲛资源在有、无捕捞作用下的种群动态；邱盛尧（1995）根据 1988—1994 年蓝点马鲛的监测分析，利用 Pope 提出的股分析模型综合评估了蓝点马鲛资源在该年代的状况；孙本晓（2009）通过 2006—2008 年的调查，结合历史资料对黄渤海蓝点马鲛资源特性、栖息环境条件变化、资源变动状况及原因进行了研究。蓝点马鲛属洄游性鱼类，在自然死亡系数、世代补充量等参数上往往存在时空异质性，但由于估计方法较为困难，因此在对蓝点马鲛进行资源评估时通常将其简化处理。另外，由于历史研究资料的不足，相关模型参数如种群平均生物量和年增长率等也存在较大的不确定性；由于数据的缺乏，许多估计参数间存在的相关性会影响评估模型的质量。而我国目前的蓝点马鲛渔业缺乏相关的资源评估数据，这造成了该渔业在评估和管理上的障碍，其中由于相关研究和管理政策的关注不足，蓝点马鲛捕捞统计数据存在的问题更为明显，其数值和变化趋势均存在很大的不确定性，在统计上表现为观测数据的误差（error）和偏差（bias）差，对渔业评估和管理造成了障碍。

刘尊雷等（2019）研究了东海小黄鱼有限数据情况下的渔业种群资源评估与管理：传统的渔业资源评估方法需以翔实的调查和渔业数据为基础，而现有的大多数种类面临着渔获量、基础生物学、有效捕捞努力量等数据缺失问题，因此并不适合采用数据需求较高的模型进行评估和管理。面临着渔业资源衰退的严峻形势和渔获量限额管理的迫切要求，基于有限数据的评估方法和渔获量相关的管理方案正被越来越多的国家采用。以东海小黄鱼种群为例，根据渔获量、自然死亡、消减率、生物学参数、开捕体长等数据，采用 54 种有限数据评估方法，模拟 3 种捕捞动态，对小黄鱼进行管理策略评价和资源评估。考虑到降低捕捞强度为渔业管控的发展趋势，建议采用动态 F 比值法（DynF）为小黄鱼渔业管理方案，"下降型"捕捞强度情景下，过度捕捞概率（probability of overfishing，POF）为 37.84%，生物量低于最大可持续生物量的 50%（$B < 0.5B_{MSY}$）的概率为 38.63%，长期获得的相对产量为 84%，可接受生物学渔获量（acceptable biological catch，ABC）为 4.03 万 t。

（3）配额分配及建议的研究

徐汉祥等（2003）分析了东海区带鱼许可渔获量的分配：东海区目前主捕带鱼作业的捕捞努力量强大，渔获量和捕捞努力量均超过许可数，因此无法将许可渔获量转让他区或邻国。在本海区三省一市分配时，可参照近七年带鱼渔获量平均值，因此把 65 万 t 许可渔获量分配如下：浙江省 45.10 万 t，占 69.38%；福建省 11.26 万 t，占 17.32%；江苏省 8.37 万 t，占 12.88%；上海市 0.27 万 t，占 0.42%。若按作业类型分配，根据近三年各作业类型渔获带鱼比例，分配全海区主要作业类型带鱼许可渔获量为：对拖网 48.19 万 t；帆张网 15.55 万 t；单拖网 1.26 万 t。三种作业类型合计为 65 万 t，其他作业类型合计带鱼许可渔获量不超过 3 万 t。上述数值即为东海带鱼的年渔获量配额，若分汛分配，可以把冬汛和夏汛许可量按 3∶1 分配。无论是年配额还是汛配额，应当允许省、市及县之间相互转让。许可捕捞努力量的分配比较难，一是因为目前东海区生产带鱼的船只类型较多，主捕的有双拖和帆张网、部分钓船，兼捕的有单拖、部分光诱作业及流动张网等，而各种作业类型渔获比例不甚清楚；二是目前东海区仅对拖和帆张网作业船只已达 13 000 艘左右，若按 8 600 艘分配，减幅太大，无法安排船只转产；三是即使是对拖和帆张网作业船只，也可能转产，我国海捕实行的不是专捕制度，南北地区渔船捕获带鱼比例不同，各时段主捕对象不仅是带鱼一种。因此，仅就带鱼一种渔获种类实施许可捕捞，在渔获量上可以由各地控制，但捕捞努力量却难以兼顾。针对这些问题，提出一些建议方案。

制定公平公正的捕捞配额分配方案有助于实现渔业生态经济的可持续发展。丁琪等（2020）以渤海作为研究区域，从生物角度分析引起该海域渔业冲突的可能因素，并进一步从生物、社会、经济三方面构建多目标捕捞配额分配模型，探讨八种捕捞配额分配方案。研究表明，渤海渔业冲突主要由以下三个因素导致：①渔业生物资源量的大幅年间波动；②部分高资源量区域分布在捕捞省份管辖水域的边界；③渔业资源的有限性及过度捕捞。与单目标分配方案相比，多目标加权分配方案更稳定且更易于采纳。基于熵值法的多目标捕捞配额分配比重在辽宁省、河北省、山东省和天津市分别为 30.2%、21.0%、47.6%、1.2%。与仅基于生物因素（如历史捕捞量）进行渔获配额分配不同，此研究突出了在捕捞配额分配方案中加入社会经济因素的重要性。

课题组主要成员

组　长　王　俊　中国水产科学研究院黄海水产研究所
成　员　张　波　中国水产科学研究院黄海水产研究所
　　　　牛明香　中国水产科学研究院黄海水产研究所
　　　　左　涛　中国水产科学研究院黄海水产研究所
　　　　袁　伟　中国水产科学研究院黄海水产研究所

课题 II
东海渔业资源管理发展战略及对策研究

一、东海区渔业资源管理发展历程与现状

（一）东海区渔业资源利用概况

近海是众多渔业生物的关键栖息地和优良渔场，支撑着渔业资源的补充和可持续生产。近海渔业提供 90％以上的海洋捕捞产量，是我国优质蛋白的重要来源。长期以来，近海捕捞业是我国海洋渔业的主导产业。新中国成立初期，我国海洋渔业产量在低位徘徊，近海捕捞产量 1950 年 55 万 t，1960 年 175 万 t，1970 年 210 万 t。改革开放后，由于生产力的发展，渔业产量大增，到 1988 年近海捕捞产量已经超过 500 万 t；到 1995 年超过 1 000 万 t；随后近海捕捞业缓慢发展，产量最高值出现在 2011 年，为 1 242 万 t，2015 年后开始逐年下降，到 2020 年，近海捕捞产量为 947.41 万 t。随着对渔业资源的保护以及渔民转产转业政策的实施，我国渔业人口近 10 年逐年下降，截至 2020 年，渔业人口有 1 720.77 万人，其中传统渔民为 555.43 万人，渔业从业人员 1 239.59 万人。全社会渔业经济总产值 27 543.47 亿元，其中渔业产值 13 517.24 亿元。据对全国 1 万户渔民家庭当年收支情况的调查，2020 年全国渔民人均纯收入 21 837.16 元。2020 年全国海洋捕捞船 13.68 万艘，总吨位 795.07 万 t，总功率为 1 343.78 万 kW，海洋捕捞产量 947.41 万 t（农业农村部渔业渔政管理局等，2021）。东海是我国海洋渔业十分重要的开发区域，东海大陆架海域是我国近海最大的渔场，以舟山渔场和嵊泗渔场最为著名，其渔业资源在我国海洋渔业中占有举足轻重的地位。

1. 渔业资源种类及产量

东海主要渔业资源由暖温性和暖水性的鱼类所组成。渔业产量中底层和近底层暖温性鱼类占主要地位，占渔获量的 30％左右；其次是中上层鱼类，占 20％左右，然后依次是虾、蟹、头足类（中国自然资源丛书编撰委员会，1995）。东海是我国渔业资源生产力最高的海域，2019 年我国大陆在该海域的捕捞产量为 407.58 万 t，占当年我国海洋捕捞总产量的 40.75％；2020 年我国大陆在该海域的捕捞产量为 380.84 万 t，占当年我国海洋捕捞总产量的 40.20％。东海渔业区（22°—35°5′N）总面积为 572 900 km²，横跨温带和亚热带，沿岸海域分别隶属江苏省、浙江省、福建省和上海市管辖。东海区渔业资源丰富，有各种鱼、虾、蟹等可利用的水生生物 1 751 种，每年还有大量经济鱼类洄游到近岸和河口附近，进行生殖索饵，从而形成重要渔汛，带鱼、大黄鱼、小黄鱼、乌贼并称东海四大海产，闻名中外，是我国沿海几十万渔民、6 万多艘渔船赖以生存的作业渔场（钟小金等，2011；陈永利等，2004）。

海洋捕捞业具有供给食物、创造就业机会和维护国家海洋权益等功能。相比于其他产

业，海洋捕捞对渔业资源具有较强的依赖性，虽然海洋渔业资源是可再生的，但是其可再生能力又是有限的，因此，捕捞政策的发展历程与渔业资源的变化息息相关。东海区的海洋渔业捕捞发展迅速，其渔获总产量在 20 世纪 50 年代仅为数十万 t，之后缓慢增加，1990—1995 年，捕捞产量迅速增长，2000 年达到最高水平，为 550.6 万 t，之后开始逐渐下降，到 2019 年为 407.6 万 t，2020 年为 380.8 万 t（图 2-3）。70 年代初，由于捕捞强度的盲目增大，东海区主产的带鱼、大黄鱼、小黄鱼等渔业资源遭到严重破坏，产量急剧下降，1974—1978 年短短 4 年，带鱼产量从 57.7 万 t 下降到 38.7 万 t，大黄鱼产量从 19.7 万 t 下降到 9.3 万 t，小黄鱼产量也从 4.6 万 t 下降到 2.3 万 t，资源衰退趋势明显。

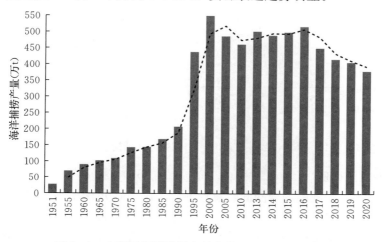

图 2-3 东海区海洋捕捞产量变化（1951—2020 年）

2. 捕捞力量变动情况

（1）捕捞渔船总量

截至 2020 年末，东海区上海、浙江、福建的国内海洋捕捞机动渔船总计 33 875 艘，总功率为 450.32 kW。其中，上海市共有海洋捕捞渔船 193 艘，总功率 2.75 万 kW；浙江省共有国内捕捞渔船 15 140 艘，总功率 282.81 万 kW；福建省共有国内海洋捕捞渔船 18 542 艘，总功率 164.75 万 kW（图 2-4）。

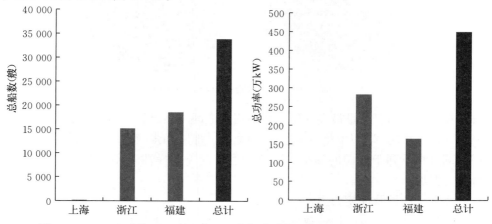

图 2-4 2020 年东海区三省（市）国内海洋捕捞渔船数量（左）和总功率（右）

2010—2020 年，沪浙闽的国内海洋捕捞渔船总数和总功率整体上呈下降趋势（图 2-5）。单从各省（市）情况来看，同样基本呈下降趋势。

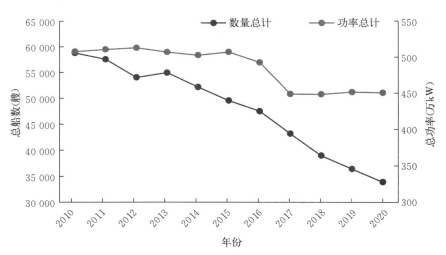

图 2-5　2010—2020 东海区三省（市）国内海洋捕捞渔船总量年际变动情况

（2）各作业类型比例

截至 2020 年末，沪浙闽的拖网渔船总计 8 753 艘，总功率为 257.07 万 kW；围网渔船总计 1 717 艘，总功率为 76.61 万 kW；刺网渔船总计 13 644 艘，总功率 96.92 万 kW；张网渔船总计 4 793 艘，总功率为 40.90 kW；钓业渔船总计 2 317 艘，总功率 87.29 kW；其他渔船总计 3 885 艘，总功率 31.92 万 kW。由图 2-6 可以看出，渔船数量最多的作业类型为刺网，而总功率最大的作业类型为拖网。

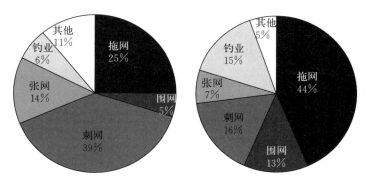

图 2-6　2020 年东海区三省（市）捕捞渔船各作业类型比例（左：数量；右：功率）

上海市和浙江省渔船数量最多的作业类型均为拖网，福建省渔船数量最多的作业类型为刺网，三省（市）总功率最大的作业类型均为拖网。拖网和张网均属对资源破坏较严重的渔具，使用比例过高不利于资源的养护，而节约型、资源选择性较强的围网、钓业等占比较小，有待大力发展。

（3）最大持续产量及捕捞力量

对东海的最大持续产量的评估数据随研究方法不同而有所变化，根据 20 世纪 80 年代以来该海域初级生产力和渔获物食物层次的变化，对渔业资源的生产潜力的评估表明，东海渔业区最大持续产量为 308 万 t，根据东海区鱼类平均营养级从 2.61 级下降为 2.46 级的情况，评估该海区渔业资源的持续渔获量约为 400 万 t，用剩余产量模型 Schaefer 模型估计的最大持续产量为 279 万 t。

如果以上述估计值中的最大者（即 400 万 t）为比较标准，则 1990 年东海的捕捞量仅为最大持续产量的 51.8%；1990—1995 年，随着市场经济体制改革的进行和东海渔区股份制改革进程的加快，渔船数量迅速增多，捕捞力增加，捕捞产量迅速增长，1995 年突破最大持续产量，达到 437.8 万 t；2000 年时达到最高水平，为 550.6 万 t，是最大持续产量的 1.4 倍；之后有所下降，但仍维持在该最大持续产量以上的水平。到 2019 年为 407.58 万 t，基本上与估算的持续产量最大值持平，这主要是受到两方面因素的影响，一是最近几年加大力度压减近海捕捞，减少捕捞渔船数量，通过减船转产减少一批，拓展外海转移一批，取缔"绝户网"和涉渔"三无"船舶打掉一批；二是近海渔业资源持续衰退，再生能力受到制约，导致海洋渔业资源出现衰退现象，海洋捕捞总产量不断减少。

按照 2019 年东海区总船数和总功率计算出的平均单船捕捞力 112 t，基于估算的最大持续产量的最小值（279 万 t）和最大值（400 万 t），对应的渔船数量应该控制在 24 895～35 692 艘。现在面临的重要问题一是小功率渔船数量越来越少，报废小船造大船，导致减船不减量；二是对资源破坏最严重的拖网作业类型的渔船功率最大，需要进一步压减产能；三是仍然存在大量的"三无"渔船，渔船减产转产的形势依旧严峻。

（4）涉渔"三无"船舶情况

涉渔"三无"船舶主要指无船名号、无渔业船舶证书、无船籍港的船舶。这些涉渔"三无"船舶对渔业资源的破坏力极强，大部分涉渔"三无"船舶是在伏休期出海捕鱼，这正是鱼类生长的关键时期，等到伏休期结束，正规渔船会出现捕鱼困难，甚至提前返港的情况。而且涉渔"三无"船舶使用的渔具基本上是规定禁止使用的非法渔具，即所谓的"绝户网"。

由于其没有固定停靠场所，躲避各种检查，目前涉渔"三无"船舶的数量并没有一个准确的数字，根据走访调查大概能够摸清一个范围。课题组于 2019 年走访调查了长江口附近港口码头的停靠渔船情况，经统计，长江口各码头停靠的渔船数量共计约有 856 艘（图 2-7），主要分布在绿华及其以西水域（33 艘）、南八滧（62 艘）、北八滧（85 艘）、长兴岛（32 艘）、三甲港（170 艘）、奚家港（195 艘）、团结沙（18 艘）、东旺沙（64 艘）、捕鱼港（197 艘），多数渔船集中在下游靠近入海口的三甲港、奚家港和捕鱼港码头，一是因为这里渔获物种类和数量比上游多，

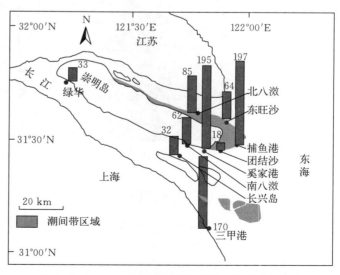

图 2-7　2019 年长江口渔船数量及主要集中分布点

二是方便出海捕鱼。

重点分析了三甲港码头所有停靠渔船的类型、数量、船籍、网具类型及主要渔获物类型（表2-2），发现在长江口停靠的各类渔船主要来自外省。功率在50马力以上的渔船占比73%。通过跟几位熟悉的渔民交流得知，这些渔船里面涉渔"三无"船舶数量是在册渔船的2～3倍。

表2-2 三甲港码头所有渔船类型及主要信息

渔船类型	渔获物类型	数量（艘）	船长（m）	船籍	网具类型	网具大小
单拖网	全部鱼虾	110	40	江苏洪泽	拖网	
双船拖网	鲫鱼	2	18	江苏常州	鲫鱼网	100 m 4 指网眼
抛虾网船	虾类	8	18	江苏常州 7 艘、上海三甲港 1 艘	直片网	4 组×500 m
泡沫船	底栖鱼类	15	10	江苏洪泽	深水刺网	3 m 高
挑网船	虾类	15	20	江苏南通	双侧挑网	8 m 网口，2.5 m 高
深水网船	鱼虾蟹类	20	13	浙江	深水张网	

在北八滧停靠的船只基本上全是涉渔"三无"船舶，主要来自江苏淮安、安徽滁州、湖南等地（图2-8）。这些船只聚集此地是非组织化的，彼此间无竞争关系，鱼价也非常透明，几家渔户共同供应一个鱼贩，打捞后渔获物以批发价出售。他们没有近海捕捞证，没有合法的居住证，没有合法的经营许可证。在2020年经过清理，一部分"三无"船舶被拆解，一部分去了其他地方，在这里目前已经没有聚集点。

图2-8 2019年长江口崇明北八滧停靠的涉渔"三无"船舶

（二）东海区渔业资源利用发展历程

我国70多年的渔业发展过程可分为四个阶段：①资源利用不足阶段；②加速发展阶段；③过度开发阶段；④加强管理阶段。在新中国成立初期，整个东海区及全国近海都处于渔业资源利用不足阶段。为了能够为国民提供充足的水产品，政府大力发展近海捕捞业，通过发放渔业贷款、建设渔港、避风港湾和渔航安全设施，使近海渔业捕捞生产得到迅速发展。20

世纪 50 年代初至 60 年代渔业生产得到快速恢复和发展，1951 年东海区的海洋捕捞产量为 27 万 t。到 70 年代，由于捕捞能力快速发展，捕捞力量迅速增强，渔业资源被充分开发，处于加速发展阶段。80 年代以后，随着先进设备的应用，捕捞能力迅速增长，市场也逐步放开，渔业经济效益上升，沿海各地开始大力发展海洋捕捞。渔业产量大幅度上升的同时，海洋渔业资源衰退的状况逐渐显现，进入过度开发阶段，这时开始陆续出台保护渔业资源、促进渔业捕捞健康发展的政策措施。从 90 年代起开始重视渔业管理，正式进入渔业资源保护及加强管理阶段。

1. 利用不足阶段——摆脱饥饿

新中国成立初期，虽然我国沿海渔业资源丰富，但是渔业生产一直处于停顿状态。为了尽快恢复生产，满足全国人民对鱼类蛋白质的需求，全国各地将物力、财力和人力资源集中起来开始大力发展海洋渔业捕捞。20 世纪 50 年代，政府建立了生产资料集体所有制基础上的渔业合作经济体制，鼓励渔民积极生产。1950 年 2 月，第一届全国渔业会议在北京召开，会议确定了渔业生产先恢复后发展和集中领导、分散经营的方针，要求依据"公私兼顾、劳资两利、发展生产、繁荣经济"的原则，逐渐开始恢复渔业生产。据统计，从 1953 年到 1957 年仅仅四年的时间，我国的机帆船数量就由 14 艘发展到 1 029 艘，大大促进了捕捞业的发展。到 1957 年，我国渔业捕捞产量达到 243 万 t，占水产品总产量的 78%，成为水产事业发展的支柱。在捕捞业发展的同时，沿海各地先后建立了一批国营海水养殖场、海水养殖公司，养殖业开始发展，但整体规模很小，仅占水产品总产量的 15% 左右（卢素红，2011）。

2. 加速发展阶段——突飞猛进

在引入市场经济体制前，渔业生产和农业一样完全按照政府的计划进行。进入 20 世纪 60—70 年代，近海有限的渔业资源很快被开发殆尽，加上当时国内处于"大跃进"与"文化大革命"的特殊政治背景之下，渔业生产几乎停滞。当时出海打鱼用的都是木船，渔船归村集体的公社所有。个人不允许投资渔船，捕捞的时间和计划也由公社统一安排。那时，中国近海的捕捞业规模完全无法和现在相比。据联合国粮农组织统计，到 70 年代中期，中国的近海捕捞年产量还只有约 300 万 t，远低于 800 万～1 000 万 t 的最大可捕捞量。1978 年党的十一届三中全会以后，我国的渔业管理步入正轨，渔业进入了快速发展的时期。1985 年国务院发布的五号文件和 1986 年颁布的《渔业法》成为中国海洋捕捞业的转折点。其中，五号文件要求加快本国海域内的海洋渔业发展，鼓励渔船私有化，促进水产品的市场流通；而《渔业法》则以法律的形式明确，"国家鼓励、扶持外海和远洋捕捞业的发展，合理安排内水和近海捕捞力量"。在法律和行政力量的鼓励之下，从图 2-9 可以看出，从 1978 年到 1995 年，中国海洋渔船的产能（总功率）和渔业产量双双经历了一段为期约 17 年的连续增长。

3. 过度开发阶段——资源衰退

渔业产量随着渔船总功率的增加而增加，一段时间后不再增加，1999 年后，中国的海洋捕捞产能（总功率）和产量逐渐背离（图 2-9），前者依旧保持着几乎一致的增长速度，而后者进入一个明显的平台期，说明单位投入获得的产出日渐下跌，不得不靠增加捕捞能力来维持捕捞量。近年来，东海区各类渔业资源陷入持续衰退中。大黄鱼资源持续减少，20 世纪 90 年代年产 20 000 t 左右，近年产量一直较低，到 2020 年产量仅为 3 895 t（图 2-10）。带鱼资源虽还维持一定的产量，但渔获物中成鱼数量减少，幼鱼的比例上升。小黄鱼产卵场产卵的亲鱼

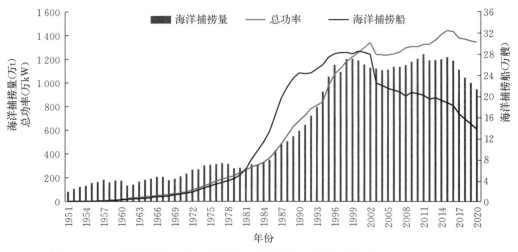

图 2-9 中国海洋捕捞产量、捕捞渔船数量及总功率变化情况（1951—2020 年）

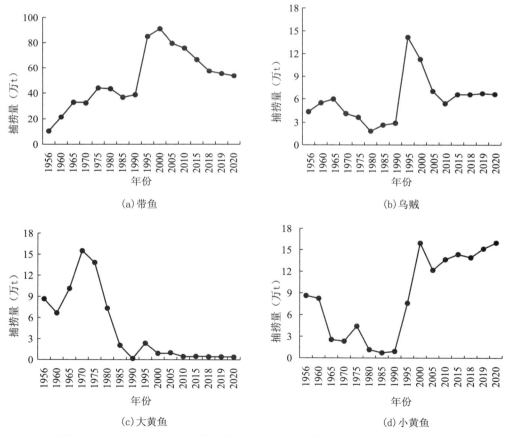

（a）带鱼 　　　　　　　　　　　　　　（b）乌贼

（c）大黄鱼 　　　　　　　　　　　　　　（d）小黄鱼

图 2-10 1956—2020 年东海区带鱼、乌贼、大黄鱼和小黄鱼的渔业捕捞量

数量已很少，基本上不能形成渔汛。传统的商业价值较高的东海四大海产，大黄鱼、小黄鱼、带鱼和乌贼的数量逐渐减少，鲐鲹鱼类、马面鲀、虾蟹类等商业价值较低的鱼种的比例却逐年增加。虾蟹类、鲳鱼、马鲛鱼、鲷科鱼类和海鳗等资源尚有捕捞潜力。可见，东海生态系统已被认为具有营养结构单一、营养级降低、生长率提高和繁殖率加快的特点，是生态系退化的特征（王冠钰，2013）。

（三）东海区渔业资源管理政策

1. 伏季休渔
（1）概况介绍

休渔具体是指禁止渔业从业人员在渔业资源繁殖季节与繁殖海域进行捕捞生产作业，以确保渔业资源顺利繁衍，即设立休渔制度是在时间和空间上给予渔业资源喘息的机会，从而有助于缓解捕捞强度在休渔期内或休渔海域内对渔业资源利用所产生的压力。该措施已在澳大利亚、芬兰、加拿大、冰岛等国家的渔业生产活动中进行了实践，并在增加资源量、提高渔获质量和削减成本等方面取得一定效果（朱玉贵，2009）。

为了保护东海近海渔业资源与渔民长远利益，20 世纪 70 年代末，浙江省率先提出并实施休渔措施，随后在浙江省实施休渔经验和取得效果基础上，经有关部门同意后，在东海区推广实施，由于休渔时间正值"三伏"季节，因此也被称为伏季休渔。东海休渔措施的执行，对于减轻伏季捕捞强度，尤其是降低带鱼资源的捕捞强度，保护绝大多数经济渔业生物资源产卵、索饵行为和渔场环境，延缓海洋渔业资源急剧衰退趋势发挥了重要作用，对于发展渔业生产有着重要影响（岳冬冬等，2015）。

通常情况下，东海区在伏季休渔期间，为了最有效地促进资源恢复，会在长江口、杭州湾等重点水域举行大规模的增殖放流活动，品种包括大黄鱼、黑鲷、梭子蟹、青蟹、对虾、海蜇等。这也意味着休渔有了更丰富的内涵。从 1995 年开始大规模实施的伏季休渔制度已得到越来越多渔民的认同。伏季休渔虽然只是短短几个月，但由于恰逢鱼类生长的关键时期，因而鱼类资源得到了有效养护。伏季休渔期间的增殖放流，更是加速渔业资源恢复的有力措施。

海洋伏季休渔制度实施 25 年来，经过不断发展和完善，已经成为我国养护海洋生物资源、建设海洋生态文明、促进海洋渔业可持续发展的重要举措，更是保证沿海捕捞渔民生计需要和实现渔区社会稳定的重要制度。自东海实施伏季休渔制度以来，国内学者主要从三个方面进行了研究探讨：一是定性分析伏季休渔制度的实施效果，即从生态效益、经济效益和社会效益等角度进行总结阐述，实施伏季休渔制度为近海渔业资源提供了休养生息的时空条件，在索饵、产卵及洄游等方面提供了良好的环境，有助于提高生物资源数量及质量，生态效益得到好转，进而在伏季休渔结束后，渔民可以收获更多渔获物，提高经济效益，其间对于提高渔政执法能力和渔民生态保护意识等社会效益也有显著影响，如对东海伏季休渔制度实施 7 年的效果分析评估结果表明，其效果主要体现在捕捞产量明显增加，单位捕捞力量渔获量（CPUE）提高，东海渔场的资源状况、生态效益有了相对好转等（徐汉祥等，2003）。二是通过资源调查与监测数据分析伏季休渔制度实施效果，如对我国东海海洋渔业资源1990—1998 年的动态监测资料分析结果表明，伏季休渔对东海渔业生态改善具有明显促进作用，其中产卵群体和经济幼鱼数量、相对资源密度、个体规格等生态指标均有好转（程家骅等，1999，2004）。三是对调整完善伏季休渔制度的探讨，如研究认为延长东海伏季休渔期可进一步改善繁殖群体栖息地生态环境等，对于带鱼、小黄鱼渔获量的增加和渔获质量的提升效果均较为明显（林龙山等，2009；严利平等，2010；岳冬冬等，2016）。

伏季休渔制度是结合渔业资源状况和渔业生产情况，为实现海洋渔业可持续发展而采取的一项措施。东海区自1995年实施该制度以来，在生态效益、经济效益和社会效益等方面均取得了较好的效果，主要表现在以下几点：①有效地保护了近海经济鱼类资源，给渔业资源以生长繁育的时间和空间，提高了资源量；②提高了渔获质量，节约了生产成本；③促进了作业方式调整，加强了对渔业资源的合理利用；④利用伏休时间进行"三修"（修船、修网、修机）和开展渔民技术、法规及安全培训，提高生产安全水平和渔民素质；⑤渔民保护渔业资源的意识增强，思想观念有了明显转变；⑥渔政管理的地位和工作水平得到提高，渔业行政执法队伍得到锻炼；⑦提高了我国在保护渔业资源方面的国际影响力（郁明，1996；齐景发，2001；徐汉祥等，2003；张秋华等，2007）。东海伏季休渔制度实施以来产生的最为显著的效果是对东海渔业资源的"暂养"功能以及社会各界对完善伏季休渔制度所做出的积极努力（岳冬冬等，2015）。

（2）发展历程

1）伏季休渔制度雏形

20世纪70年代，由于对渔业资源开发利用的科学认识不足，在短期内捕捞强度迅速扩大，致使传统经济鱼类资源不断恶化，表现为传统渔场、渔汛消失，经济鱼类渔获质量严重下降等，为了缓解这一趋势，有关部门开始构建实施东海伏季休渔制度（岳冬冬，2015）。

1979年，浙江省内开始实践。浙江省水产局于1979年提出并在当年8—10月实行拖网休渔，此次伏季休渔仅在浙江省内进行了实践。

1980—1986年，集体渔船休渔，在肯定1979年浙江省实施拖网伏休的基础上，国家水产总局〔1980〕渔总（管）字第14号文关于"集体拖网渔船伏季休渔和联合检查国营渔轮幼鱼比例的通知"中规定了自1980年开始，集体拖网渔船7—10月实行4个月的伏季休渔，国营渔轮虽不休渔，但必须执行机动渔船底拖网禁渔区线外生产和接受幼鱼比例检查。

1987—1992年，功率在186.5kW以内的群众渔船休渔。1987年，为协调国营渔业公司渔轮伏季线外生产与集体渔业渔船伏季休渔的矛盾，又下达了国办发（87）19号文，规定在7—10月，仅对功率在186.5kW以内的东海区群众渔船实行伏休，允许集体渔业186.5kW以上的拖网渔船同国营渔船一样线外生产并实行幼鱼比例检查。

1993—1994年，国营渔船与群众渔船同时执行伏休。根据《农业部关于东、黄、渤海主要渔场渔汛生产安排和管理的规定》（〔1992〕农［渔政］字第10号），在27°—35°N，以机动渔船底拖网禁渔区线为西线、向东平推30 n mile为东线，每年8月1日至10月31日禁止在这一海域内进行底拖网生产。

2）东海伏休制度与完善历程

随着渔业经济体制的改革和渔业生产的不断发展，为了进一步保护海洋渔业资源，1995年，我国对伏季休渔制度进行了改革，每年的7—8月实行底拖网和帆式张网渔船在27°—35°N海域全面休渔，9—10月机动拖网渔船必须在禁渔区线向东平推30 n mile以东海域生产并接受幼鱼比例检查，这也这标志着新的伏休制度开始实施。2017年调整的伏季休渔制度被称为"史上最严"。农业部 2017 年 2 月 20 日对外发布《农业部办公厅关于做好 2017 年海洋伏季休渔工作的通知》，对调整后的休渔制度的开展作出具体安排。与以往相比，此次调整力度之大，被外界评价为自中国休渔制度实施 22 年来的"最严"休渔制度。调整后的休渔制度规定，包括渤海、黄海、东海及 12°N 以北的南海（含北部湾）海域的中国所有海区休渔开始时间统一为每年的 5 月 1 日。此前最早的休渔时间为 6 月 1 日，即以后休渔开始时间提前了 1 个月，调整后的休渔制度对各类作业方式休渔时间均进行了延长，最少休渔期为 3 个月，以前最少休渔期为 2 个月。

3）东海伏季休渔制度历次完善特点

东海伏季休渔制度是禁渔区、禁渔期技术措施在东海渔业管理长期实践中产生的一项重要规定，其目标是通过在海洋生物繁殖和生长期设定休禁渔期（区），从而有效保护海洋生物的产卵群体和幼体，提高海洋渔业资源的数量和质量。自 1995 年开始实施以来每隔一段时间，农业农村部都会根据当时的国内渔情和资源状况的变化，出台新的政策不断对伏季休渔制度进行调整和完善。截至 2020 年，该制度已连续实施长达 25 年。历次伏季休渔制度的修改也都是为实现渔业资源保护和可持续利用而努力。每次主要是针对休渔时间、作业网具类型及海域范围进行管理措施的调整，主要表现出以下特点。①休渔时间逐渐延长。从 2 个月逐渐调整到 3 个月，再到 4.5 个月。②对作业类型的限制增加。1995—2000 年规定的伏季休渔作业类型包括拖网和帆张网作业、定置作业，2001 年纳入灯光围网，2003 年纳入桁杆拖虾，2009 年规定除单层刺网和钓具外的所有作业类型均纳入伏季休渔范围，2011 年则规定除钓具外的所有作业类型全部休渔。③对限制海域不断细化。从 1995—2012 年历次调整东海伏季休渔制度的结果来看，除定置作业的休渔海域范围由各省份规定外，其他休渔海域范围不断得到细化。④针对特定生物资源和区域的休禁渔安排。浙江省根据海洋生物资源的生态习性，分别制定了保护抱卵梭子蟹或幼梭子蟹和海蜇的休禁渔期；另外还在保护区进行禁渔安排，分别在东海产卵带鱼保护区和东海带鱼国家级水产种质资源保护区核心区执行休禁渔。

（3）实施效果

海洋伏季休渔制度自 1995 年全面实施以来，伏休时间、作业方式、海域范围等内容进行了不断的调整。经过 25 年的发展，到 2020 年，休渔时间已经延长到每年四个半月，多数海区休渔作业类型扩大为除钓具外的所有作业类型，休渔范围扩展到黄海、东海、渤海、南海四大海区近海海域，覆盖沿海 11 个省（自治区、直辖市）和香港、澳门特别行政区，休渔的海洋捕捞机动渔船达到十几万艘，休渔渔民近百万人，该制度的实施取得了显著的成效。毫无疑问，海洋伏季休渔制度为我国海洋近岸和沿海渔业资源的繁衍生息提供了一定的时间和空间，对渔业资源养护有着积极作用，特别是在当前近海渔业资源几近枯竭的情况下，这一制度对保障渔民的生计与渔业经济的发展具有较强的积极意义。海洋伏季休渔效果主要体现在以下几个方面：

1）生态效益

从生物栖息环境角度分析，伏季休渔对海域生态环境起到一定的保护与改善作用。休渔禁止了拖网作业，限制了渔具及捕鱼方式，使得人为破坏渔场的因素得到控制，一些曾遭受环境破坏海域的渔业生物群落的物种多样性指数逐年提高，群落结构趋于稳定。例如，伏季休渔禁止了拖网等对环境迫害严重的作业方式，减少了人为因素对生态环境的扰动，阻止了对底栖生物群落的破坏，使海洋生物能量可以在自然条件下转换和流动。在保证饵料充足的同时，保护了海洋生物的多样性，使渔业资源群落结构得到一定的改善。并且，为主要经济鱼类繁衍及幼鱼生长提供了较充足的时间和空间，因而使种群得到休养生息，渔业资源得到恢复性增长（陈艳明等，2010）。保护区、海洋牧场及其周边海域通过环境治理、生态修复，净化了水质环境，水域生态环境得到改善。

从生物学角度分析，伏季休渔制度有效地缓解了渔业资源的衰退，使部分资源得以恢复。东海区的重要品种带鱼多年来一直保持在较高的资源水平，小黄鱼、大黄鱼、曼氏无针乌贼等曾经严重衰退的重要品种在近两年也出现了复苏的迹象，局部海域的渔业资源有所好转，维持了东海区海洋捕捞较高的渔获量。产卵群体、仔稚鱼生长发育得到保护。伏季是绝大多数海洋生物的繁殖期和幼体的生长期，这一时期实行休渔，避免了对产卵群体的破坏，保证其正常产卵、孵化，能够最有效保护海洋生物的产卵群体和幼体，增加和补充这个群体的数量。同时，夏季海水温度较高、饵料充足，鱼类摄食力强，是多种传统渔业资源补充和索饵的快速生长期，适于鱼类个体生长。调查表明，伏季休渔前后相比较，幼带鱼和小黄鱼均增大了 8 mm 以上，增重约 10 g，小黄鱼在渔获物中的比例也增加了几倍，对恢复和增加资源量发挥了极大的作用（陈勃，2007）。

渔业资源密度增加，渔获率有了明显的提高。伏休前后相比，当龄带鱼的个体增重率超过 50%（卓友瞻，1996），渔获个体的生物学特征值具有转好的趋势（程家骅等，1999）；浙江省普陀乌沙门张网点的监测资料显示，伏休执行后 7 年的平均值与伏休之前 5 年平均值相比，幼带鱼比例增加 35.5%、小黄鱼和鲳鱼的比例增加数倍（徐汉祥等，2003）；东海带鱼平均资源量比休渔制度实施前提高了 40% 以上（刘立明，2009）。根据 2007—2009 年舟山沿岸定置张网作业渔业资源调查资料，对休渔前后（5月和9月）张网作业渔获物组成进行比较分析。结果表明：休渔前优势种为鳀、矛尾虾虎鱼、带鱼、银鲳和黄鲫，渔获重量占总渔获重量的 96.2%。休渔后以龙头鱼、带鱼、黄鲫和小黄鱼为优势种，渔获量占总渔获量的 77.6%。5月平均每网每天共损害带鱼、小黄鱼和银鲳幼鱼 1 030 尾，9月平均每网每天损害带鱼、小黄鱼和银鲳幼鱼 587 尾，比5月减少 75.5%。休渔后，舟山近岸张网主要经济种类渔获个体和重量均较休渔前有大幅增加，表明休渔对经济种类的资源养护确实有一定效果（张龙等，2011）。

从上述结果可以看出，伏季休渔制度的实施，对于保护东海渔业资源和提高渔获质量产生了积极作用，但这种资源好转效果仅仅是暂时的，一般在当年秋冬汛过后就会被强大的捕捞强度吞噬，通过伏季休渔恢复渔业资源的长期功效很难得到显示（程家骅等，2004；严利平等 2010；岳冬冬等，2015）。从亲鱼量的年间变动来看，每年伏季休渔结束，开捕后，超强度的捕捞压力使东海区渔业资源数量迅猛下降，冬季的资源密度急剧降至全年的低水平。冬汛生产几乎消失，翌年的生殖群体数量维持在较低水平。秋冬汛以带鱼和小黄鱼为主的捕捞群体近年来以当龄鱼为主，反映出资源群体亲鱼量处于相对缺乏的状态，生长型过度捕捞现象依旧十分明显。从带鱼和小黄鱼生殖群体的生物学性状来看，小型化依然存在，生物学性状未见好转。

从渔获种类组成来看，主要经济鱼种的渔获比例近 3 年变化不大，且自 1996 年以来，主要经济渔获比例保持相对稳定，其他渔获仍然占很高比例，产量的获取还是依赖于营养级层次较低的低值鱼和小杂鱼等，渔获群落组成结构没有得到改善。从单位捕捞努力量渔获量的年间变动趋势来看，近年来单位捕捞努力量渔获量处于历史的新低，充分说明了渔业资源仍然处于严重过度捕捞的状况。现有东海区海洋渔业的捕捞力量投入与渔获量产出仍然大大地超过资源的承受能力（周井娟，2007）。

总之，伏季休渔制度的实施在一定程度上降低了捕捞强度，同时，资源群体得到了有效的补充和养护。从表面上看，目前东海区产量有所增长，但产量的增长主要是靠超强的捕捞力量、降低捕捞对象的营养级、增加捕捞利用对象达到，以及实施伏季休渔制度使资源群体得到了暂时的养护、渔获个体增重所致。在东海区捕捞强度居高不下和网囊网目偏小的情况下，东海区的渔业资源衰退之势依旧存在，渔业生物群落结构仍趋于简单化。以东海北部为例，主要表现在：优势种群的转变，鱼类生物多样性指数呈现逐渐降低的趋势；鱼类群落长度谱呈现小型种类及小个体增多、大个体减少的趋势；渔业生物的营养级水平与 1985 年相比有了很大程度的下降，如小黄鱼、蓝点马鲛、海鳗等的营养级由 1985 年的 4.3、4.6、4.6 分别降至 2008 年的 3.61、3.41、3.61（程家骅，2008）。因此，伏季休渔对渔业资源和生态环境的保护还是有限的，渔业资源生物群落结构与资源基础仍不够稳定，仅靠伏季休渔措施尚难以实现恢复资源的目标（周井娟，2007）。

2）经济效益

从经济学角度来看，伏季休渔给渔业带来了一定的经济效益，表现在两个方面：一是渔获产量和产值均增加。伏季休渔为海洋生物资源提供了休养生息和成长的机会，休渔期结束后渔场鱼类资源密度增加，渔获个体增大。无论是渔获产量、还是渔获质量都有不同程度的提高，休渔期间损失的产量，通过开捕后的秋冬季生产，可以得到补偿，有效促进了渔民增产增收。以带鱼生产为例，休渔之前捕获的仅是平均体重 50～75 g 的幼带鱼，经过 3 个月休渔的养护，幼鱼的平均体重可增加到 90 g 左右，不同时间出生的带鱼群体都可以有平均20 g 以上的增重。渔获鱼体规格的变大，增加了经济效益（刘子藩等，2000）。二是生产成本降低。伏季休渔期间，休渔渔船不出海生产，减少了海上作业时间，节省了大量人力、物力和财力。相关资料显示，伏休期间节省了大量柴油、水、冰等物资，减少了渔船、机器、网具、助渔设备与仪器的损耗，估计周年生产成本降低在 20％以上（刘子藩等，2000）。降低了捕捞成本，增加了单位能耗成本，提高了捕捞生产效益。

虽然伏季休渔制度对提高经济效益确实具有一定的成效，但不容忽视的问题也有不少。首先，海洋捕捞产量总体呈上升趋势，但根据渔船数量和渔船功率的增长幅度及单位捕捞努力量渔获量（CPUE）的下滑来看，单位资源利用率在不断地下降，渔业生产效益逐步下滑。其次，休渔带来的短期渔业生产经济效益的提高致使渔民增加投入或更多人加入了捕捞行业，最终使总捕捞能力增加。再者，对部分渔民来说，休渔后上市量的增加导致价格下降，而休渔期因闲置所减少的收入并没有得到完全的补偿，导致收入与产量不成正比，短期捕获量增加并不如预期那样带来收入的增加（陈艳明，2010）。

3）社会效益

伏季休渔所带来的社会效益也在多方面得到体现：

① 渔民素质得到提高

休渔期间广大海监、渔政、港监、船检干部利用空闲时间，广泛地、系统地帮助渔民接受渔业法规、生产业务技术技能培训以及文化的学习和安全教育，从而使渔民的综合素质得到了提高，也使遵纪守法成为渔民群众的自觉行为。经过技术培训，船务人员的生产技术和素质有了进一步提高，持证上岗率大有上升，为安全生产和提高捕鱼效率创造了条件。

② 社会对渔业资源保护意识增强

休渔制度实施以来，经过新闻媒体的大力宣传和渔业管理部门的严格执法，资源保护的理念逐渐被社会各界所接受，渔民、广大干部群众和社会各界保护渔业资源的意识增强。特别是广大渔民切实认识到休渔能有效保护渔业资源，他们从刚开始的不理解、抵触到理解并支持这一制度，态度有了极大的转变（史赟荣等，2008）。休渔给广大渔民带来了实惠，极大地提高了渔民休渔的自觉性。并且现今越来越多的干部群众认识到，渔业资源是有限的，酷渔滥捕的落后生产方式必须改变，否则我们的下一代就要面临资源枯竭的困境。广大渔民从被动接受管理，到自觉遵守渔业法律法规，甚至主动建言献策，要求延长禁渔时间、扩大禁渔对象，倡议保护幼鱼资源，举报违规作业等，由休渔之初被动的"要我休渔"逐渐转变为主动的"我要休渔"；社会各界自觉保护资源环境的意识得到进一步加强，主动加入保护资源环境的工作中来。

③ 在国际上展示中国负责任渔业大国形象

伏季休渔在国际上产生了良好反响，展示了我国是负责任渔业大国的良好形象，维护了我国爱护海洋环境的国际形象，促进了我国与周边国家渔业合作的良好关系，受到有关国家和国际社会的好评。总之，伏季休渔制度的组织实施过程，也是渔业法律法规以及保护渔业资源和生态环境的宣传教育过程，不仅仅使渔民群众受到教育，对社会各界群众也是一个提高资源环境保护意识和守法意识，不断学习、提高认识的过程（陈艳明，2010）。

④ 渔政管理水平得到提高

锻炼了广大渔业行政执法队伍，提高了渔政管理水平。

2. 限额捕捞

（1）概况介绍

限额捕捞是指渔业资源的利用要以资源监测和科学评估为依据，以确保资源的再生量与资源利用的平衡为前提，对某一水域，在一定时限内，对所有可利用的渔业资源或某一品种的渔业资源确定总允许捕捞量，并采取有效的监控手段保障其执行的一种渔业管理制度（黄金玲等，2002）。其本质上属于产出控制的一种管理方法，改变了以往投入控制以捕捞要素投入的种类和数量作为直接管理对象（如伏季休渔），而是以渔获量作为直接管理的对象（何志成，2001）。

实施限额捕捞的目的在于合理、负责任、持续地利用渔业资源；保持捕捞能力与渔业资源的动态平衡；对捕捞活动进行严格的控制。严格施行限额捕捞制度是保护和合理利用渔业资源，控制捕捞努力量，促进渔业可持续发展最有效的措施之一，堪称理想状态下的管理措施（倪世俊等，2000）。根据相关捕捞品种的资源状况，以最大持续产量（MSY）或最大经济产量（MEY）为标准，通过对资源进行综合的评估，确定总允许捕捞量（TAC），一旦捕捞量超过了设定的数量，渔业生产就会被控制（方芳，2009）。对实现渔业资源的可持续利用，促进资源优化配置具有重要的理论意义和现实指导意义。

在我国近海渔业捕捞中对渔业资源实现限额捕捞，是一个全新的可持续管理方式。虽然我国2000年修订的《渔业法》中明确规定将实施限额捕捞制度（方芳，2009），但是直到2017年才组织启动了浙江省浙北渔场梭子蟹限额捕捞试点和山东省莱州湾海蜇限额捕捞试点，积极探索渔业产出管理新模式。

（2）发展历程

2000 年我国对 1986 年实施的《渔业法》作出修正并新增加一些内容，其中，第三章第二十二条明确规定，实行限额捕捞制度。然而由于我国是多鱼种渔业且存在渔船数量庞大、执法管理措施难以匹配、配额分配对渔业经营体制的改变等方面的困难，一直对这一制度进行积极探索而没有较好的实施。直到 2017 年 1 月 12 日，农业部印发《农业部关于进一步加强国内渔船管控实施海洋渔业资源总量管理的通知》（农渔发〔2017〕2 号），决定在部分省开展限额捕捞试点，实施海洋渔业资源总量管理：根据海洋渔业资源状况对年捕捞产量实行限额管理。浙江和山东 2017 年作为首批开展限额捕捞试点省份。2018 年试点工作增加了辽宁、福建和广东三省。2019 年又扩大限额捕捞试点范围，有江苏、河北等省份加入试点。

东海区作为首批试点海区，在 2017 年开展了浙江临海浙北渔场梭子蟹限额捕捞试点，2018 年福建龙海开始了梭子蟹限额捕捞试点，2019 年又在江苏南通开展了海蜇限额捕捞试点。试点工作尝试了总允许捕捞量的确定、捕捞配额的分配，建立了捕捞日志填报制度、渔获物定点交易制度、限额捕捞试点渔船检查流程、渔业观察员制度、海上监管制度、渔船奖惩制度和捕捞限额预警机制（陈森，2017）。2018 年浙江将限额试点品种扩大到丁香鱼；福建选取厦门漳州海域的梭子蟹为试点品种。按计划，到 2020 年，沿海各省份应选择至少一个条件较为成熟的地区开展限额捕捞管理。这些试点工作是推进限额捕捞制度在中国实施的具体步骤，为在中国实施限额捕捞破解难题，为切实养护渔业资源寻找可行之路，为中国渔业资源的合理利用探索新的模式（黄硕琳等，2019）。

（3）主要内容

试点工作主要有以下内容：

1）渔民宣传教育，依托社区、渔村、渔业协会和合作社等基层组织进行广泛宣传动员，利用电视、广播、微信、培训班等各种形式宣传限额捕捞的各项规章制度；

2）科学制定总允许捕捞量，根据试点水域历史捕捞产量，结合资源调查和捕捞信息采集情况综合分析确定总允许捕捞量；

3）合理分配捕捞配额，组建渔业合作社，依据渔船大小、数量等将总允许捕捞量分配至各个合作社；

4）制定完善工作方案，包括建立渔捞日志填报制度、渔获物定点交易制度、限额捕捞试点渔船检查流程、配额捕捞渔船的检查监督方法；

5）加强渔业生产监管，实施专项特许捕捞许可证制度，推行渔区空间网格化管理，开发具备监控生产渔船离、返港状态和每日作业位置、产量及统计分析等功能的限额捕捞通报软件；

6）完善捕捞信息采集，要求生产渔船按规定填报渔捞日志，依托渔业协会成立护渔协管队伍，并做好交易数据和渔获量统计上报等工作；

7）建立捕捞限额预警机制，每天统计分析各合作社捕捞产量，合作社配额接近完成时发出预警、完成后合作社全部渔船退出试点区域；

8）实施渔业观察员制度，派出渔业生产观察员，海上现场监督渔船生产日志数据填报和渔获物转载，监督捕捞配额执行；

9）强化捕捞渔获物监管，要求渔获物必须由渔业运输船海上现场收购、渔政船现场监督执行，渔获物实行定点交易，由渔业协会对渔船返港渔获进行监督和检查。

3. 建立渔业保护区

我国已经开始分批次建立水产种质资源保护区。《水产种质资源保护区管理暂行办法》已于 2011 年 3 月 1 日施行。东海带鱼国家级水产种质资源保护区于 2009 年建成，位于东海中北部近海的中间海域，包括核心区和实验区，总面积约 225 万 hm^2。主要保护对象有带鱼、大黄鱼、小黄鱼、鲐鱼、鲹、灰鲳、银鲳、鳓、蓝点马鲛等重要经济鱼类，以及其他38 个保护物种。与之前建立的海洋保护区相比，它是我国迈向基于生态系统的渔业管理方法的重要一步。

目前，东海区共设有各类海洋水生生物保护区 12 个，总面积约 5 万 km^2，保护大黄鱼、小黄鱼、带鱼、银鲳、中国对虾、文蛤、泥蚶等几十种主要经济品种及其生存环境。其中，国家级水产种质资源保护区 6 个（东海带鱼国家级水产种质资源保护区、吕泗渔场小黄鱼银鲳国家级水产种质资源保护区、海州湾中国对虾国家级水产种质资源保护区、蒋家沙竹根沙泥螺文蛤国家级水产种质资源保护区、官井洋大黄鱼国家级水产种质资源保护区、乐清湾泥蚶国家级水产种质资源保护区，2007 年以来相继设立），幼鱼保护区 2 个（大黄鱼幼鱼保护区、带鱼幼鱼保护区，1981 年设立），海洋特别保护区 4 个（马鞍列岛海洋特别保护区、中街山列岛海洋特别保护区、象山鱼山列岛海洋特别保护区、乐清西门岛海洋特别保护区）。加强了对珍稀水生动物的保护和救助工作，在东海区相继建立了中华白海豚、文昌鱼、中华鲟等自然保护区，为濒危水生野生动物提供了繁衍生息的场所。近年来，东海区每年放流中华鲟、海龟等国家级一级、二级保护水生动物，2005—2008 年，仅上海、福建等省份就放流了中华鲟 10 多万尾（钟小金等，2011）。

渔业资源保护区是利用季节性空间性规定采取对渔具进行限制来保护特殊的重要的经济鱼种的主要生命阶段。产卵带鱼和幼鱼保护区的建立是为了保护和管理单一鱼种以及克服具体的影响（如产卵聚集的过度捕捞）。尽管如此，管理目标尚未满足。对于大多数的移动性鱼类，特别是外海鱼类而言，相对于其他热带、珊瑚礁鱼类，空间保护区没有那么的有效。

4. 渔船清退与渔民转产

2017 年农业部出台了"十三五"海洋渔船"双控"管理、海洋渔业资源总量管理和伏季休渔三项重大改革制度。渔船"双控"是指控制海洋捕捞渔船数量和功率总量，实现零增长、负增长，由农业部报请国务院同意对沿海各省份下达阶段性控制和压减指标。渔船清退和渔民转产是确保"双控"制度有效落实的关键措施。一是补贴渔船压减。"十三五"期间，中央财政拟安排 75 亿元专项资金用于渔民减船转产的补贴，重点压减老旧、木质渔船以及资源破坏性大的作业类型的渔船，补助标准大幅度提高，准备由每千瓦 2 500 元提高到每千瓦 5 000 元，并要求地方在此基础上进一步加大政策支持和财政投入。二是扶持渔民转产上岸。扶持退捕上岸的渔民参加社会保险，加大减船上岸渔民就业培训的力度，引导发展水产养殖、水产品加工、休闲渔业等渔业二、三产业以及其他非渔产业发展，努力确保转出去的渔民收入不下降、生活有改善、退出不回流。三是落实地方责任。进一步完善渔船管理制度，强化渔船分级分区管理，按照渔船大小和作业区域实施差别化管理。海洋大中型渔船船网工具控制指标由农业农村部制定并下达；海洋小型渔船及其船网工具控制指标由各省份人民政府制定，报农业农村部核准后下达。四是创新经营方式。鼓励创新捕捞业组织形式和经营方式，扶持、培育渔民专业合作经济组织，引导渔船公司化经营、法人化管理，提高渔民的组织化程度，实现管理重心下移。

5. 渔业生境修复措施

东海区在进行渔业捕捞严格管理的同时，还积极实施渔业水域生态修复，改善水域生态环境。东海区渔业生境修复与资源恢复措施主要包括投放人工鱼礁建设海洋牧场，以及配套的增殖放流工作。东海区的海洋牧场以投放人工鱼礁为主体，辅以贝、藻类养殖等，从1986 年开始起步，经过实验、改进，到目前累计投放了 140 多座人工鱼礁，形成了约 20 万空方人工鱼礁群，初步形成了温州平阳南麂列岛海域人工鱼礁、舟山朱家尖海域人工鱼礁、连云港海州湾海域人工鱼礁、宁波鱼山列岛海域人工鱼礁等 4 个海洋牧场。根据跟踪调查监测，上述海洋牧场效果良好，初步发挥出了修复生态、改善环境的功能（钟小金等，2011）。近年来，东海区大力开展水生生物增殖放流工作，增加水体的渔业资源量，推进渔业生态的逐步恢复。2009 年，东海区各地在近海海域增殖放流大黄鱼、黑鲷、三疣梭子蟹、贝类等十几个品种共计 17.9 亿尾（只、粒），投入资金 1.02 亿元，分别比上年增长 65％和 20％。

6. 东海带鱼资源管理与效果评估

（1）东海带鱼生产及渔业概况

带鱼是东海区最重要的渔获对象之一，主要为底拖网（包括单拖和双拖）的捕捞对象，也是其他作业的兼捕对象，其产量多年来一直居我国海洋捕捞鱼类产量的首位，在渔业生产中占据重要地位。东海区的带鱼资源自 20 世纪 50 年代起逐渐得到了开发利用，其渔获量自新中国成立以来提高很快，1974 年达到 53 万 t 的产量，随后有所减少。带鱼最高年产量出现在 2000 年，达 90 万 t，比 50 年代后期增加了 3 倍多，此后一度下降到 63 万 t，现在维持在 70 万 t 水平上下。带鱼的产量约占东海区海水鱼类总产量的 20％，是全国及东海区海洋渔业的支柱。虽然与其他传统的、高开发强度的经济鱼种相比，带鱼仍然维持相对高的丰度，但由于捕捞努力量的快速增加，捕捞的带鱼日趋低龄化、小型化和低营养级化，带鱼已经呈现过度开发状态。

自 20 世纪 80 年代带鱼的肛长组成出现了小型化趋势，90 年代夏秋汛和冬汛的年均肛长分别为 179 mm 和 197 mm，而在 1960 年，夏秋汛和冬汛的肛长分别为 245 mm 和 232 mm。带鱼的年龄组成也由 50—60 年代的 0～7 龄（8 个龄组）下降为 90 年代的 0～4 龄（5 个龄组），主要群体由 0 龄（当龄）鱼和 1 龄鱼构成。东海带鱼的初届性成熟年龄为 1龄。90 年代以来，几乎所有的 1 龄鱼已性成熟，带鱼的最小性成熟体长、体重进一步减小。带鱼捕捞量中幼鱼的比例已经出现逐年增加的趋势，超过 95％的渔获量都是 1 龄鱼和幼鱼，而性成熟年龄和渔业系统的平均营养级都在降低。带鱼生长迅速，当年（0.5 龄）即成为补充群体开始被捕捞，几乎所有的补充量在当年都被捕捞。带鱼的产量随着当年或第二年带鱼的补充量趋势而改变。这种情况可能导致渔业的不可持续发展，因为这与我国的《渔业法》规定的可捕标准应少于渔业资源增长量的原则相悖。由于 80 年代中后期采用底拖网方式捕捞带鱼的渔船数量剧增，捕捞强度已经大大超过了带鱼资源的承受能力（王冠钰，2013）。

（2）东海带鱼资源管理制度

东海区最初的伏季休渔制度是为保护和合理利用带鱼资源而制定的（严利平等，2006）。1995 年开始实施的新伏季休渔制度，由于休渔范围广、限制作业种类多、休渔比较彻底，在亲体数量为增加的前提下，补充群体数量大幅度增加，带鱼资源的繁殖效果显著（徐汉祥等，2003）。之后为期更好地养护和合理利用海洋生物资源，又经历了四轮调整。最初从

1995年到1997年实行2个月（7月1日至8月31日）的伏季休渔制度；1998年又在原有基础上进一步扩大东海区休渔范围至26°00′—35°00′N海域，休渔时间延长为每年6月16日至9月15日的3个月，且在此期间还陆续禁止定置网和桁杆拖虾网作业，取得了显著的生态效益、经济效益和社会效益，且被广大渔民接受；到2009年又增加到3.5个月（6月1日至9月16日），限制作业类型为除单层刺网和钓具外的所有类型，也是从这一年起，伏季休渔制度作为"我国管理捕捞努力量实现可持续发展的具体有效的措施"。严利平等（2010）利用拖网监测资料对此进行分析，结果表明6月上半月禁止拖网作业，在一定程度上保护了带鱼的产卵亲体，对带鱼资源起到了增殖作用。但是仍然没有覆盖带鱼的幼鱼生长阶段，东海产卵带鱼保护区的禁渔时间是5月1日至6月30日，为了更进一步加强渔业资源尤其是幼体补充群体资源的保护，在2017年发布了最严的海洋伏季休渔制度，休渔时间再延长1个月至4.5个月（5月1日至9月16日），在此期间仅允许钓业入渔。尽管这样，带鱼资源不合理利用的主要方面是捕捞的幼鱼占总捕捞量的比例太高。伏季休渔并没有减少渔船的数量，也没有减少总捕捞量，密集的捕鱼竞赛现象仍然存在。

（3）东海带鱼资源保护效果

为论证2017年发布实施的最严海洋伏季休渔新制度延长拖网休渔期的渔业资源养护效应，严利平等（2019）利用2015年至2017年5月的拖网调查资料，从渔获结构特征层面分析伏季休渔的渔业资源潜在养护效应，并利用Ricker综合动态模型估算以带鱼为代表种的年资源增殖效果，比较延长休渔期前后休渔效果的变化。分别估算了2017年4.5个月休渔期和2016年3.5个月休渔期带鱼单位补充量资源量、单位补充量渔获量和平均渔获重量，并用这些指标值的变化来评价带鱼年资源增殖效果。结果表明，2015年至2017年5月拖网带鱼渔获量占总渔获量的43.38%～45.25%，小黄鱼渔获量占总渔获量的7.76%～12.86%，两种鱼类每年5月连续稳定性地占有高渔获比例，是拖网的利用主体，而其他种类波动性地占有一定比例，这意味着5月在东海区禁渔主要养护的优势种类为带鱼和小黄鱼。通过对性腺发育特征观察分析，发现在5月小黄鱼和带鱼性腺发育达Ⅲ期以上的性成熟个体比例分别为13.82%～29.55%和92.04%～95.57%，说明这两个种类在5月都处在繁殖期，尤其是带鱼处在繁殖高峰期。表明2017年拖网伏季休渔政策提前1个月的调整，可有效地保护带鱼和小黄鱼的产卵群体，对带鱼和小黄鱼资源起到了增殖作用。另外，调查结果显示，5月带鱼的幼鱼（肛长小于150 mm）比例高达74.94%～88.90%，表明5月的休渔在很大程度上保护了带鱼幼鱼资源。应用Ricker动态模型估算结果表明，与2016年3.5个月休渔期相比，2017年实施4.5个月休渔期使带鱼年平均资源量增加7.04%，渔获量增加8.96%，平均渔获质量提高20.78%，说明提前并延长休渔时间对带鱼具有资源增殖的效果。

已有研究表明，东海区拖网等作业的3个月或3.5个月伏季休渔期均能有效保护带鱼的产卵群体以及幼鱼的自然生长（程家骅等，1999；严利平等，2007）。提前并延长拖网的伏季休渔期对带鱼等资源的繁殖补充和生长具有更长时段的保护功能，东海区延长拖网休渔期对渔业资源具有潜在养护效果，带鱼年资源增殖潜力随休渔期的延长而增加，因此对于保护和合理利用带鱼资源意义而言，提前至5月施行拖网休渔在休渔时间的跨度设置上更趋合理。

尽管东海区的伏季休渔已经执行了 25 年，其间也进行了不断的调整和完善，但是从东海区长期资源动态监测来看，带鱼资源衰退的态势仍然没有得到根本性遏制（岳冬冬等，2016），现有休渔制度仅起到短期暂养的养护作用。究其原因，可能是①伏季休渔仅是一个长期延续的制度单一的管理形式，而其他配套管理措施没有严格贯彻执行（张秋华等，2007），如实际生产中拖网的囊网网目尺寸普遍在 23～25 mm，低于法定的 54 mm 拖网囊网网目尺寸，造成开捕年龄严重偏低，接近补充年龄；②在产出控制管理上，包含幼鱼在内的所有渔获均能上岸交易，开捕后的带鱼与小黄鱼渔获仍以当龄鱼为主。这也许是在东海区仅依赖于单一的伏季休渔制度难以实现资源恢复预期目标的关键原因之一。因此，为了东海区渔业资源合理利用，确保伏季休渔制度主导下的渔业资源养护效果能真正得到巩固，渔业资源的种群结构能够得到切实好转与不断合理化，在休渔制度主导下严格执行现已颁布的最小网目尺寸和开捕标准应是必须采取的措施（严利平等，2019）。

（四）东海区渔业资源调查现状

我国对渔业资源的调查主要有两个主体，一个是国家部委（农业农村部、科技部等）以及地方科委，通过各种科研项目的形式给相关科研院所资金支持，进行目标水域的渔业资源调查，涉及的内容比较全面，既有初级生产力、渔业资源种类的调查，也有渔业资源总蕴藏量和可捕量的评估，还包括一些特定渔业种类的资源养护，而对于渔民实际的捕捞产量一般没有比较全面的调查；另外一个是地方渔业渔政部门进行数据统计，涉及的内容比较单一，主要是渔业生产方面，更多地关注渔业资源的捕捞产出，例如，我国每年公布的《中国渔业统计年鉴》《全国渔业经济统计公报》等，都包含有大量的渔业资源统计数据，而对于总的渔业资源量、可捕量不会去关注。因此，这两个方式具有一定的互补作用，不过渔业资源的评估方面主要还是依赖研究机构。

1. 管理部门

东海区涉及江苏、浙江、福建和上海三省一市，渔业管理部门较多。主要有：①农业农村部渔业渔政管理局。主要职责是起草渔业发展政策、规划；保护和合理开发利用渔业资源，指导水产健康养殖和水产品加工流通，组织水生动植物病害防控；承担重大涉外渔事纠纷处理工作；按分工维护国家海洋和淡水管辖水域渔业权益；组织渔业水域生态环境及水生野生动植物保护；监督执行国际渔业条约，监督管理远洋渔业和渔政渔港；指导渔业安全生产。②各省（市）行政主管机构，包括浙江省海洋与渔业局、福建省海洋与渔业局、上海市农业农村委员会、江苏省农业农村厅等。这些涉及渔业的行政主管机构，除了渔政执法外，还承担渔业资源的保护管理和合理开发利用；组织实施休渔禁渔制度，指导水生生物资源增殖；组织开展水生野生动物资源调查和评估等的相关工作。③江苏省海洋渔业指挥部。江苏在行政改革中已取消海洋渔业局，一部分职能并入农业农村厅，关于海洋渔业相关的部分就放入江苏省海洋渔业指挥部，指挥部成立于 1958 年，为江苏省海洋与渔业局直属参公事业单位。是江苏省内调查全省海洋捕捞生产情况，组织实施全省近海渔业资源增殖放流，开展海洋环境监测，修复近海海洋渔业资源的主管单位；还承担海洋渔政监督，组织海洋渔政执法检查，落实国家海洋伏季休渔政策的职责；参与国家 200 n mile 专属经济区渔政维权巡航及中日、中韩渔业协定海域的渔业管理，打击涉海、涉渔"三无"船舶和禁用渔具，查处违法违规捕捞作业，保障海洋渔民的合法权益，维护海上生产秩序，促进海洋渔业资源的可持续发展。

2. 调查主体

在东海区进行渔业资源调查与评估的单位主要为科研院所，包括中国水产科学研究院东海水产研究所（以下简称东海所）、浙江海洋水产研究所、浙江海洋大学、上海海洋大学、江苏省海洋水产研究所、上海市水产研究所、福建省水产研究所、集美大学等。

在东海区有专门的"东海区渔业资源与环境监测网"，该监测网是在原"东海区渔业资源动态监测网"和"东海区渔业水域环境监测网"基础上，经农业部渔业渔政管理局批准后于2014年7月重组成立，监测网秘书处设在东海所。重组后监测网的主要目标是组织实施好东海区渔业资源与环境监测任务，对东海区渔业资源状况和主要经济种群数量变化进行跟踪评估，及时了解、掌握、分析渔业资源信息，准确判断渔业资源的变动趋势，提出渔业资源可持续利用的有效管理建议，为东海区的渔业资源有效管理提供技术支撑。

农业部渔业渔政管理局2014年组织实施了调查专项，计划通过5年时间开展全国近海渔业资源同步调查，摸清我国近海渔业资源及其主要经济种群的数量动态分布与渔场形成规律，为今后科学设定海洋水产种质资源保护区、资源量化管理、海洋牧场建设和制定其他资源养护管理措施提供科学依据与技术支撑。东海所承担了"东海渔业资源与栖息环境调查"，通过5对底层双拖网渔船进行相关调查工作，涉及126个调查站位的生物资源、理化环境和生态环境等基础资料。

3. 调查主要内容

（1）常规调查内容

目前对东海区进行渔业资源调查评估的内容已较全面，包括了鱼类种类、初级生产力、渔业资源总蕴藏量和可捕量的评估，捕捞作业类型、捕捞力量、捕捞产量等的调查。进行渔业资源调查根据不同的内容有不同的调查方式，对于种类、数量、资源量等的时空分布基本以实地调查为主，研究机构通过调查船按照调查站位和时间的差异进行野外采样分析得出结果，如东海所的科研调查船"蓝海201"于2020年5月进行了东海区渔业资源断面调查任务，完成了50～1 000 m水深的渔业资源和环境调查。对于捕捞作业类型、产量等的研究主要是通过渔民走访、座谈和查阅渔业统计文献的形式进行，如《东海区渔业资源调查和区划》《东海大陆架生物资源与环境》《中国渔业统计年鉴》等资料都具有较高的利用价值。在东海区，渔业生产作业类型主要有拖网类（单拖、双拖、桁杆拖虾等）、张网类（帆式张网、定置张网、海底窜、张毛虾等）、围网、刺网、敷网、延绳钓等种类。

（2）渔业资源评估

通过渔业资源评估模型对渔业资源进行科学的评估，估算渔业与种群相关参数，以回溯种群和渔业捕捞历史，评估渔业活动、渔业管理对资源的影响，并对渔业资源发展趋势进行预测和风险分析，能够帮助制定合理的渔业管理计划，实现渔业资源的可持续利用。近年来渔业资源评估模型得到了快速发展。随着渔业资源评估模型日益复杂、多样化，模型的选择、使用难度也相应地增加，而模型的不恰当运用则可能导致渔业资源管理的失误。在东海区的渔业资源评估中已经进行了最大持续产量（MSY）和总允许捕捞量（TAC）的评估研究。张魁等（2018）基于产量数据的Catch MSY模型对东海带鱼、小黄鱼和大黄鱼的最大持续产量以及可捕量进行了评估，Catch MSY模型需要较少数据，评估结果与其他方法的评估结果较为一致，可以考虑作为中国近海渔业资源评估的方法之一。凌建忠等（2006）通过数理统计上的主成分分析方法研究了东海区 11 个主要捕捞种类的资源变动特征、资源利用状况及其变动趋势；并且在渔业资源调查数据的基础上，根据渔业资源的变动特征把不同的渔业种类划分为不同的类型，包括过度捕捞已严重衰退的资源、充分利用并开始衰退的资源、尚有潜力的资源等，然后针对不同的类型提出不同的渔业管理建议。

4. 调查评估存在的问题

在农业农村部的支持下，东海区建有专门的"东海区渔业资源与环境监测网"，对东海区渔业资源状况和主要经济种群数量变化进行跟踪评估，具有全面、长期的渔业资源调查发展规划，能够保证东海渔业资源调查的连续性，同时因为聚集了科研院所的的专家人员，也能够保证资源调查的方法先进性和数据可靠性。然而，渔业资源的调查仍然存在一些问题，主要表现在以下几个方面。

（1）协调机制不完善

渔业资源调查监测网的设立让各单位之间有了一定的沟通协调能力，但是由于调查监测单位较多，运作相对独立，从调查监测计划的制定、任务的设置到资料的使用仍然按照分块模式和各自的需求独立组织实施，缺乏集中统一的协调和管理。各部门之间缺乏有机联络和合作，技术方法也可能会有差别，也会发生同一水域重复调查和监测的现象。

（2）调查力量不足

目前在东海区进行渔业资源调查的力量仍然不足：科研人员数量较少，人员素质参差不齐；专业调查船数量严重不足，不能保证调查方法的科学有效执行。

（3）标准规程不统一

调查船的大小、调查网具结构和规格、站位的布设、调查监测的时间和频次、取样方法等对调查结果有显著的影响。目前，各调查单位往往根据各自的历史经验设置调查站位，自由选择调查监测的时间和频次，任意使用自制或特殊的调查网具和不同大小的调查船，这样获得的监测数据可比性较差，往往难以全面客观地评价海洋渔业资源状况。另外，方法和标准的不统一，使得各调查监测单位间在资料分析和评价结论上存在差异。

（4）调查经费缺乏

近年来国家对渔业资源调查逐渐重视，依托增殖放流、生态修复等专项工作，对近海渔业资源调查投入也不断加大，项目有所增加。但总体上看，与广阔的东海区相比仍然是不足的，仍然缺乏长期稳定的资金投入渠道。制约了渔业资源的基础性调查，造成常规性、基础性的监测数据的缺失，严重影响了渔业资源评估以及渔业管理决策的科学依据和理论基础，可能会造成渔业生产管理的盲目性，不能科学、合理、有效地利用海洋渔业资源。

（5）数据资料难以共享利用

由于开展渔业资源调查监测工作的单位分属于不同的系统或管理部门，并且在不同来源的资金支持下主要以科研项目的形式开展工作，造成了调查资料的获取者把调查资料视为专属物，不轻易转交或与他人共享，造成调查数据相互封锁、资料分散、难以综合利用。

（五）存在的主要问题

东海区虽然已经采取了入渔许可证制度、伏季休渔期和禁渔区制度以及渔具渔法管理等措施，但仍难以从根本上抑制酷鱼滥捕导致渔业资源衰退、生态系统恶化的状况。总结当前东海近海渔业资源管理中存在的现实问题，主要包括以下几个方面：

1. 发展理念跟不上，难以实现步调一致

海洋渔业资源管理是个系统问题，涉及海洋渔业资源的再生能力、捕捞力量、渔民生产生活、生态环境协调发展等诸多方面。目前，海洋渔业管理重具体轻宏观，重实施轻研究，重形式轻实质。当前，渔业资源破坏的最大原因是生境破坏，生境破坏造成的影响是无法量化的，尤其在涉海工程的管理方面需要进一步加强研究和管理。宏观管理很难，科学家提出或研究的往往都是微观或中观的东西，要加强从微观、中观和宏观进行问题梳理，分轻重缓急，加强宏观规划，系统提出切实可行、符合我国国情的海洋渔业管理政策。

现行的渔政管理体制是双重领导体制。以农业农村部渔业渔政管理局为上级领导，同时全国各地的省、市、县各级政府所设的渔政机构由地方政府领导，接受农业农村部渔业渔政管理局的业务指导。农业农村部渔业渔政管理局在各海区还有专门的派出机构，渔业行政受到的地方行政干预多，难于独立行使职能。尽管从20世纪80年代起我国对渔政体制进行了多次改革，但目前仍呈现"分级管理有余、统一领导不足"的特点。由于渔业资源具有流动性、共有性和再生性的特点，"分级管理"极易造成地方保护主义，使地市渔政机构以局部利益为重，管理流于形式，如造成地方渔船管理不到位，"双控"指标控制不严等问题。

由于管理力量薄弱，一些渔民置国家法律于不顾，违反休渔禁渔规定的现象仍时有发生，使得原本脆弱的海洋渔业资源更加不堪重负，恢复难度不断加大。目前我国几乎所有的近海渔场依然存在过度捕捞问题。部分渔业种类资源枯竭，优质鱼类占总渔获量的比例已从20世纪60年代的50%下降到目前的不足30%，主要捕捞种类小型化、低龄化问题日益突出（刘景景等，2014）。

渔船管理难度加大，渔业设施装备落后。受经济利益驱使，违规建造捕捞渔船从事非法生产的现象屡禁不止。"三无""三证不齐"渔船和超出国家"双控"指标管理的渔船大量存在。大机小标、小机大标等多年沉淀的管理问题正在部分地区形成潜在的社会矛盾，渔船盲目增长未能得到有效控制，压减捕捞渔船的难度越来越大。此外，我国渔港建设和渔船装备水平落后，渔业防灾和安全生产能力亟待加强（刘景景等，2014）。

2. 法制建设不完善，难以适应新的需求

我国的海洋渔业法律体系还存在不完善之处。海洋渔业法律体系尚不完备，还未形成海洋渔业资源保护、海洋渔业资源开发利用、渔业管理、行政执法和队伍建设等多方位的法律规制，需要增加渔业立法数量；部分海洋渔业法律较为过时，需要及时清理或修订，以保证我国渔业法律体系的系统化；部分法律法规没有相关的配套条例以匹配，导致执法困难，需要加快相关配套法律法规的立法；缺乏全面的、强制性的区域性渔业管理法律制度来提高资源利用者的互相协作与合作精神，需要尽快明晰渔业产权并建立科学合理的配额制度（王冠钰，2013）。

科学审慎的渔业资源评估结果，必须通过长期不间断的出海调查，获得较为可靠的数据资料，掌握翔实的渔业资源生物学特征，运用科学合理的模型或数据分析方法，对资源的最大可持续产量进行评估。然而我国的渔业管理面临监测站点分布较为稀疏、渔业监测时间间隔过长、渔业信息系统难以实现数据的流通和共享等不足（褚晓琳，2010）。应扩大渔政执法覆盖范围、完善渔船进出港检查制度、健全数据流通与共享的信息系统，以维护我国渔民的合法权益和推进渔业的可持续发展（王冠钰，2013）。

3. 科技支撑不充分，难以做到精准施策

我国的渔业管理缺乏科学的渔业资源评估基础。改变生态动力学过程的因素有自然因素、人为因素和生态系统本身的内在波动（夏章英等，2008），比如环境要素对渔业资源的影响，这些变化都会直接或间接对渔业生产海区的产量产生影响，进而导致渔业资源种群的剧烈波动。生态系统所有组成要素的复杂种群关系模型对于指导基于生态系统的渔业管理是必须的，但这些研究目前只限于学术领域，仍无成熟的模型纳入管理决策的环节。

传统的渔业管理措施通过调整捕捞网目大小和监控捕捞力量来实现最大持续产量的目标，其前提是长期保持渔船等环境条件的基本稳定。然而，海洋生态过程是动态过程，环境要素的变化可能会增加鱼类种群生产力的不确定性，导致鱼类洄游路线、营养级交互作用和应对捕捞压力的脆弱性的改变。因此，当环境因素发生大规模变动时，假设稳定的环境条件伴随着随机或没有年际变化的种群评估模式变得不现实。如东海带鱼渔获量与长江径流和黑潮暖流等水文环境的变化有密切的关系（陈永利等，2004），还有研究指出环境的影响（而非捕捞）是导致 20 世纪 90 年代早期大西洋底层种群的变化的主要因素（Halliday et al.，2009）。虽然气候因素对渔业资源变动和生态系统退化的决定性一直颇受争议，但我们无法否认其对渔业资源可持续发展的影响（王冠钰，2013）。

现代渔业管理要求我们通过收集长期时间序列的渔获量、捕捞努力量、捕捞死亡率和非目标鱼种的兼捕比例等渔业统计资料，据此掌握鱼类种群资源的变动，从而通过配额制度的制定对单鱼种进行精细化的管理。我国的海洋渔业属于典型的多鱼种兼捕渔业。我国的渤海、黄海、东海和南海都属于半闭海，受外界海洋环境因素的影响相对较小，主要鱼类资源都在半封闭海域内产卵、洄游、越冬。目前我国实行的针对渔船数量与功率的"双控"制度，是一种对捕捞投入要素的控制制度，无法通过明晰的产权制度来合理分配公共资源，会产生捕捞盲目竞争，最终导致捕捞能力超过资源承受能力。

如何恢复已经衰退的渔业资源、养护正在利用或已经过度利用的渔业资源成为现代渔业管理的一项重要任务。传统的渔业管理方法仅关注单一鱼种的渔业管理，而忽略了其赖以生存的相关鱼种的变化，不可避免地会造成对非目标鱼种的兼捕等破坏生态系统平衡、影响渔业可持续利用的局面。尽可能地保证渔民利益最大化并满足渔业资源的永续使用，使海洋渔业管理需要权衡取舍。为此，我们需要不断检视和完善渔业管理方法，以避免因管理方法的疏忽和落后而对生态系统产生不可逆的影响。

4. 保障措施不健全，难以确保政策落实

虽然农业农村部渔业渔政管理局每年都会发布渔业统计资料，但管理机构在对渔船作业的监督和对渔获量的监测方面缺乏完整、科学、有效、及时的监督监测体系（程和琴，2010）。我国渔业信息的获取主要通过收集渔业捕捞日志的数据，记录捕捞的详细鱼种组成，测量重要经济鱼种的生物状况，但在执行过程中遇到很多困难。由于经常有渔船不正确履行通报义务、不如实填写捕捞日志或不上交捕捞日志，使渔政执法检查和信息收集工作很被动。

渔业决策需要渔业资源评估资料，这些评估资料大多由国内科研机构提供，还包括一些国际性组织的渔业资源评估报告。我国的渔业资源研究和决策所需的渔业资源评估资料由黄海、东海和南海三个海区水产研究所和沿海各省份水产研究所提供。虽然我国的渔业决策会征求渔业专家的建议，但由于未通过法律规定渔业专家参与的实施步骤和环节，尚不具有法

定性和强制性。

我国从 20 世纪 90 年代起对海洋捕捞业实施"双控"制度，由农业农村部依据海洋捕捞业的历年统计数据决定捕捞渔船和功率总数，对其实施总量控制。由于忽视了捕捞许可证的物权属性，未制定相应的经济激励制度保障措施，在一定程度上加大了执法难度，"八五""九五"期间的控制指标未能实现。

渔业公共服务不仅有利于渔业生产活动，也有利于提高政府渔业管理的效果和效率，促进渔民群众自觉遵守渔业法律法规，提高政府的权威和公信力（唐议等，2009）。在我国渔业资源被过度开发利用、渔业水域环境恶化的现状下，政府在渔业资源养护和生态环境修复等基础保障方面的服务能力有限，渔业安全生产保障、渔业信息和科技服务与渔业发展需求还有不小的差距。

二、欧盟渔业资源管理体系及对我国启示

欧盟作为一个集政治与经济实体为一体的具有重大影响力的区域性组织，有效的控制体系是确保欧盟渔业得到可持续管理的关键。欧盟委员会通过不断的改进措施，完善欧盟监测和遵守捕鱼规则的方式，既能够保证和促进欧盟渔业的可持续发展，又能够保证欧盟渔业部门的长期生存能力，保护渔民的生计。欧盟渔业管理体系对于我国渔业发展、渔民生计的保障有着重要的借鉴作用。

（一）欧盟共管水域渔业管理政策与执行

1. 欧盟共同渔业政策

欧盟共同渔业政策（common fisheries policy，CFP）在 1970 年萌芽，制定共同渔业政策的初衷是减少成员国之间的海域争端。1982 年《联合国海洋法公约》允许各国将海洋经济权利拓展到领海之外 200 n mile 的专属经济区。由于欧洲各国面积都普遍较小，又相对比较密集，如果盲目地将海洋专属经济区扩张，将会导致很多潜在的冲突爆发。为了避免冲突，欧盟国家在渔业方面采取了结盟措施，于 1983 年正式设立共同渔业政策，并作为欧盟共同农业政策的一部分。制定欧盟共同渔业政策的另一个原因源于对资源开发的考虑。海洋捕捞资源的开发最终依赖于鱼类种群的可利用水平，为了实现渔业资源的可持续利用，缓解海产品消费需求增加和过度捕捞之间的矛盾，实现欧盟成员国之间的共赢，欧盟共同渔业政策应运而生。

CFP 主要由养护政策、结构政策、管制政策和共同市场组织四个部分组成，其中养护政策和结构政策直接影响了北大西洋捕捞死亡率的管理。目标渔获物捕捞死亡率是养护政策关注的焦点，实际上结构政策对资源养护也有直接影响，尤其是养护政策下总允许捕捞量（TAC）制度在实施过程中有很多问题，使 CFP 极易受渔船产能过剩的影响。欧盟在 TAC 制度实施中遇到的最大问题包括 TAC 核定高于科学建议的标准、惯性的渔获物丢弃，以及措施的管理和实施不力等。

（1）养护政策

养护政策旨在确保种群资源维持在健康水平，主要的管理措施包括为大多数重要鱼种设立 TAC 以及技术性养护措施。TAC 制度的年度配额由欧洲执行委员会根据渔业科学技术和

经济委员会（Scientific Technical and Economic Committee for Fisheries，STECF）（由欧盟成员国的鱼类生物学家、经济学家和捕捞技术专家组成）及负责资料收集与分析的国际海洋开发理事会（International Council for the Exploration of the Sea，ICES）的渔业管理咨询委员会（Advisory Committee on Fisheries Management，ACFM）等研究机构的专家建议，向欧盟理事会中的农业与渔业部长理事会推荐，每年12月再由后者做出最终决定。经批准后，根据"相对稳定"原则在成员国之间分配，虽然每年的 TAC 额度不同，但成员国获得的比例相对稳定，可以自由交换其拥有的配额。如何在 CFP 的框架下将总允许捕捞量合理分配是成员国政治谈判中最敏感的问题。国家配额确定后，国内的分配由各国政府自行决定。

TAC 制度的实施同时得到一些技术性措施的支持，主要是防止幼鱼和非目标鱼种的捕捞（兼捕）。与养护政策配套的控制和执行政策可以确保 CFP 的有效实施。当然，无论采取怎样的养护政策，高效的控制/实施体系是保障 CFP 有效实施和管理的前提。欧洲执行委员会2001年发布的共同渔业政策改革绿皮书中大致阐述了共同渔业政策执行以来，欧盟水域内多数渔业资源呈现下滑状态，其中，深海鱼种濒临绝种。而造成渔业资源匮乏的原因主要在于每年制定的总允许捕捞量配额永远超过执行委员会依据科学建立的提案，导致总允许捕捞量措施无法发挥效用，鱼群种类并未恢复至生态安全值内。

（2）结构政策

结构政策主要是为了强化养护政策所要达到的目标，目的是处理渔业资源与捕捞能力之间的矛盾，由于渔业资源很难改变，结构政策在实践中主要是削减渔船，同时提供必要补偿。确保产业有能力应对国际竞争、提高生产效率，为生计捕捞的渔民提供生活保障；通过适应和管理捕捞产业的结构发展以及渔获的处理和销售，保障渔产品市场的有序供应，为消费者提供价格合理的产品。实现这些目标需要采取一系列结构政策措施。对于船队结构的管理而言，减船计划主要是通过多年期指导方案（multi-annual guidance programmes）进行，即由渔船总吨位、渔船功率与捕捞能力之间的关系，解决渔船数量多于渔业资源的问题。方案中渔船资料的信息包括：渔业对成员国经济的重要性、渔船类别、捕捞方式与作业渔区、船籍资料与评估渔船捕捞能力、评估当前渔业资源与未来发展趋势、渔业发展趋势对渔业部门的影响、估计减少的目标值与预期达到的目标值等内容。其执行期为1983—2001年，共分四期，其中第四期减船计划延长至2002年底完成。2002年改革后，渔业指导财政援助办法取代已经到期的多年期指导方案，欧盟委员会通过重新调整资金用途来削减捕捞能力的设想占据了重要地位。按照渔业指导财政援助办法，对渔船的补助只能用在增进工作条件安全性以及渔业产品卫生和品质方面，增加捕捞能力的内容不在补助范围内。共同体鼓励减船，补助资金更多地转向由于减船而导致的经济与社会问题上。2007年起，欧洲渔业基金（European Fisheries Fund，EFF）又取代渔业指导财政援助办法。欧洲渔业基金执行期为2007—2013年，共提供了38.5亿欧元财政援助金，其中3/4用于发展落后地区。首要目标是支援共同渔业政策，达成政策目标，更加强调促进捕捞能力与渔业资源之间的平衡，对削减捕捞能力内容加大了补贴，保护欧盟环境与自然资源；加强渔业竞争力与经济发展，在发展渔业的同时促进男女平等。例如，对永久注销或报废船只、提早退休或有意改行的渔民，给予财政援助；降低沿海地区对渔业的依赖，鼓励沿海地区经济体系向多元化方向发展。

欧洲海洋与渔业基金（European Maritime and Fisheries Fund，EMFF），是欧盟在2011年12月提议建立的一个金融工具，是改革后共同渔业政策的资金来源，目的是推进共同渔业政策改革顺利进行和为欧洲综合海洋政策的实施提供支撑。作为欧盟多年度金融框架的一部分，该基金取代原先的 EFF 和其他系列金融工具，执行期限是 2014—2020 年。在分配的 57.49 亿欧元中，43.4 亿欧元用来实现渔业可持续发展，5.8 亿欧元用来进行渔业管制与政策执行，5.2 亿欧元用来搜集数据。结构政策大部分基金用来养护渔业而不是扩大捕捞能力，政策目标与手段更加契合。新基金也对渔船回收与更新换代、捕捞休整等作出更严格规定，其核心也是削减捕捞能力。值得注意的是，欧洲海洋与渔业基金对成员国渔业补贴行为有了发言权。在共同渔业政策执行中，成员国也会对已国渔业进行补贴，共同体无法插手，这就加剧了过剩的捕捞能力。现在，如果委员会认为成员国补贴与欧洲市场不相容，它可以要求成员国改变或停止补助（刘明周，2018）。

(3) 管制政策

为了彻底执行养护政策，欧盟制定了管制政策，主要是监督海上作业船只以及在港口卸货船只是否有违规现象。该政策由各成员国执行，各成员国可以检查在该国管辖范围内的其他成员国渔船，监督成员国渔获量是否超过 TAC 配额。明确了成员国与执行委员会之间在管制政策与执行上各自分担的责任，成员国必须负责共同渔业政策执行及管制，执行委员会则负责贯彻共同渔业政策执行以及监控各成员国执行政策的效果。由于各成员国各自拥有管理与监督系统对管辖范围内渔船进行管理，导致各国执行状况并不一致。某些成员国甚至将管理权限交给海关、警察局或海岸巡防队等非专职渔业管理机构，造成管理政策执行困难。2003 年 3 月，执行委员会向理事会提案成立共同体管理机构，主要目的是整合成员国与欧盟检查监督系统，成立统一管理机构。欧洲执行委员会于 2004 年 4 月向理事会递交提案，完善共同渔业政策执行要点及规则；欧盟理事会于 2005 年 4 月正式通过条例，成立欧洲共同体渔业管理机构（Community Fisheries Control Agency，CFCA），并于 2008 年在西班牙维哥港（Vigo）设立总部，该机构主要是协商各成员国渔业管理与监控行动，协助各成员国履行共同渔业政策的义务与责任，此外，必须将各成员国的渔业活动、管理与监控行动汇报至欧洲执行委员会，同时汇报非法捕捞行为。共同体渔业管理机构为超国家组织机构，负责协调非部署各国管理制度与监控行为；并按照各成员国需求，协助各成员国培训监察员。在第三国水域方面，由执行委员会代表欧盟，加入其他国际渔业组织，管制并监控在第三国水域作业的欧盟船队（岳冬冬等，2015）。

(4) 共同市场组织

欧盟是世界上最大的渔获消费市场，自身生产根本无法满足需求，因此，欧盟每年都要进口大量的水产品以满足消费者需求。为了平衡欧盟市场渔获价格，稳定市场，保障供给和需求平衡，维护消费者和水产品生产者的利益，并促使各成员国遵守共同的水产品贸易规则，共同市场组织得以建立。共同市场组织（Common Organization of the Markets in the Fishery and Aquaculture Products）成立于 1970 年，主要包括 4 项工作内容，即在产品的品质、规格、登记、包装和标签等方面执行共同的营销标准，生产者组织，通过干预而稳定水产品价格机制，以及与第三国贸易。其中，生产者组织是渔民自愿结成的互助性组织，但是要得到成员国政府渔业管理部门的认定。在其成立最初 3 年可以申请到逐年递减的欧盟财政扶持补助金，数额取决于组织的运行费用以及其产品市场价值。生产者组织被欧盟和各国渔业部门赋予了很多权利，可以申请欧盟及成员国财政补贴用于制定和实施市场营销策略、生产计划及提高产品品质计划等，并且只有生产者组织会员才可以申请到财政补助，发展生产。市场干预机制，意味着在水产品价格低于撤出价格（withdrawal price）时由欧洲执行委员会每年确定该项鱼种价格，欧盟可以向生产者组织提供财政补贴，进而会员再向生产者组织申请补贴，以此来稳定市场，保护渔民的最低收益（岳冬冬等，2015）。

2. 欧盟其他管理政策

在欧洲，渔业处于人类活动对生态系统影响的核心位置，在许多方面无疑威胁到生态系统的稳定。渔业对挪威、西班牙这两个最大渔业国以外的欧洲沿海社区也至关重要。在欧盟内部，欧盟委员会已经通过欧洲渔业区网络（FARNET）体系对此加以确认，并推动渔业地区内的替代性经济活动。除了欧盟共同渔业政策，在过去几十年中也出台了许多与海岸带和海域管理有关的法律和政策，如推动经济社会平衡和可持续增长的《欧洲空间发展展望和可持续发展战略》。这些庞杂的法律文件包括需要采取国家措施的指令，在已有法律框架下实施的规则，以及促进新的实践和方法的、相对"软"一些的非正式的建议。这一复杂、分阶段的法律框架以及相关法律制定过程，给综合海洋管理和规划的制定提出问题。然而，虽然这种复杂而困难的局面与通过将指令转化为国家法律的欧盟简政放权政策有关，欧盟仍然是改进国家海湾层面环境管理和规划的主要推动力量。目前的政策希望通过管理规划，将环境因素纳入渔业管理，建立基于自然海区的区域咨询委员会来扩大利益相关者的参与，缩小船队规模，从而常年指导计划中的日间作业条款为代表的技术管理措施，通过限制渔业捕捞强度等手段实现长期的管理。尽管政府提供长期援助和补助，并承担渔业管理全部支出，欧盟委员会发现该政策本身存在缺陷，如船队的规模长期过大、政策目标模糊、决策短视、对产业自身管理决策的授权不够、缺乏政治意愿。

在20世纪70—80年代，欧盟早期环境法律局限于污染控制和废物管理等几个领域，仅关注点源污染和保护公众健康，而接下来几十年中增加内容有所扩大。随后下一阶段的政策逐渐转向应对更为复杂的环境问题，处理污染扩散，实施污染综合控制、制定过程标准以及通过《栖息地指令》（92/43/EEC）和《生物多样性公约》（1992）保护生态群落。这一阶段也引入了环境影响评价（86/337/EEC指令和97/11修正案）和战略环境影响评价（2001/42/EC指令）。

1990年以后，伴随着法律修订和规则完善，环境立法的范围更加宽泛，这其中以颇有新意的《水框架指令》（2000/60）为代表，此外还有在欧洲农业、渔业和航运政策中逐渐增加的环境条款。新的规则、标准和优先事项标志着环境和部门管理体制的形式、过程和目标都发生了重大改变，这反映了与可持续发展和生态系统方法相关的新的范例，从而激发了更为全面的、系统的规划和管理方法。1999年的《阿姆斯特丹条约》要求将环境保护引入社区政策和活动，进一步推动了这一进程。然而对欧洲法律实施的最新评估表明，纷繁复杂的法律和政策体系对地方海岸带的综合管理和规划造成了明显阻碍。

在过去几十年中新出现的政策，特别是与洪涝、气候变化、空间规划、海岸带综合管理（ICZM）相关的政策中，海洋环境和海洋事务内容已经纳入政策框架，从而给传统的环境管理思维和方法以及部门管理带来挑战，要求改变传统上相互分离的现象，强调政策要相互一致、彼此衔接。在海洋空间规划领域，《关于实施海岸带综合管理的建议》（2002/413/EC）、《海洋战略框架指令》（2008/56/EC）、《欧盟综合海洋政策》特别值得一提。虽然不具有法律约束力，但《关于实施海岸带综合管理的建议》对欧洲海岸带管理仍具有影响，为实施有效海岸带管理提供了原则，并在《欧洲空间发展愿景》内容中得到体现。《欧盟综合海洋政策》强调不同海洋领域的商业机遇，同时通过一系列旨在提高欧盟海洋管理效率和效果的海洋行动，形成管理框架。这些行动包括：《欧洲无障碍海运空间》《欧盟海洋研究战略》、成员国将制定的国家海洋综合政策、欧盟海洋监察网络、成员国的海洋空间规划路线图、降低气候变化对沿海影响的战略、船舶二氧化碳和污染减排、消除非法捕捞和公海破坏性底拖网、对欧盟劳工法有关航运和渔业部分的评价。

《海洋战略框架指令》对于促进以区域为基础的欧洲海洋环境评价和环境管理意义重大。实施环境评价说明，自然环境和资源管理正在发生潜移默化的转变。这一转变是基于如下重要的前提：①经济可持续发展和人民生活水平不可避免地倚赖于健康的生态系统；②人类是生态系统的一员而非游离其外；③分部门的管理经常难以应对现实世界复杂的关系和众多利益相关者。这反映出对自然环境更为全面的认知、评价和预测，国家-市场-个人之间的联系以及用于理解自然环境对全社会之价值的必要的制度和干预形式是十分重要的。

近年来，欧盟更加注重采取措施，以增强渔业的透明性和海产品的可追溯性。欧盟渔业控制联盟（EU fisheries control coalition）要求所有欧洲渔船对所有渔获物都进行汇报，包括敏感和受保护的物种，全欧洲超过 4.9 万艘小型船只均须提供渔业可追溯数据。另外，欧盟船只必须安装电子监控设备，欧盟市场上的海产品将实现从捕捞到餐桌的数字化追溯，欧盟成员国还要秉持透明的原则汇报有关的管控措施。有分析称，部分欧洲渔船在捕鱼过程中可能会丢弃一些非需要的渔获物，此举违反欧盟共同渔业政策。因此，所有全长超过 12 m 的渔船必须安装电子监控设备，包括视频监控器。未来，欧洲海产品将实现从捕捞到零售端的数字化可追溯应用的全面覆盖，非欧盟国家的产品也要遵守相同的要求。

（二）欧盟的共同渔业政策面临的问题

欧盟委员会资料显示，欧盟地区 88% 的渔业资源被过度捕捞，30% 的渔业资源濒临灭绝，并指出现行的共同渔业政策执行效果不佳。为了应对 2012 年的渔业政策改革，欧盟已经对成员国的渔业管理政策调整提出了建议，如减少渔船数量、制定更加清晰的管理目标、渔业发展的长期目标应该是负责任的和与各方利益协调一致。实际上，以考虑生态系统为基础的渔业管理模式早已存在。然而，生态管理的目标并未实现，这也是欧盟再次强调这一管理的原因所在。因为只有实施考虑生态系统的海洋渔业管理模式，才可能取得良好的海洋环境状况，也才能够实现海洋政策框架协议确定的目标。

英国的海洋渔业传统渔场主要包括苏格兰的设得兰岛、斯卡拉布斯特和彼特海特，英格兰西南部的布里亚瑟姆和普利茅斯，以及北爱尔兰的阿德格拉斯等。十年间，英国全职和兼职渔民数量减少了 1/4，即从 1999 年的 16 900 人减少到 2008 年的 12 800 人。到岸捕捞产量从 1930 年达到峰值的 110 万 t，减少到 2008 年的 40.9 万 t。因为过度捕捞导致渔业资源量减少，进而导致尽管水产贸易和渔业经济波动不大但仍然饱受争议。渔船数量减少、渔获量相应减少的情况并没有出现，反倒是由于渔具和渔船技术进步使得渔获量不减反增。因为过度捕捞，渔获物多是未长到成熟期就被捕捞上岸。例如，在北海地区 93% 的鳕鱼在繁殖前就已经被捕捞。

持续的渔业发展需要行政管理部门寻找到渔业捕捞经济效益和对于未来资源、环境影响之间的平衡。随着捕捞活动的增强，捕捞产量增加，但达到峰值后即开始下降。捕捞活动影响着鱼类的数量和规格，并对生态系统造成更加深远的影响，一些弱势品种就会成为濒危品种。捕捞强度较低时，捕捞总量达到峰值的 90% 左右，对于可捕资源影响较小，同时，对鱼类经济价值有效体现和生态损失影响较小。当然，这也会有短期的经济和社会影响，例如一些渔业生产者可能会失去工作机会。但是，从长期来看，较低的捕捞强度既有利于弱化对生态环境的影响，也有利于渔业经济效益的增长。

欧盟渔业管理政策的目标是平衡三方面的关系，即保护环境、促进社会公平和谐和推动经济发展。为实现这样的目标，共同渔业政策的措施之一就是设定不同鱼类的最大可捕量，并以配额的方式分配到欧盟成员国。然而，实践上这样的政策并不是非常有效。例如，2008年欧盟理事会制定的可捕量比科学家们认为可达到持续发展的可捕量高出 48%。

欧盟委员会及渔业生产者、科研专家和动物保护组织等共同认识到，现行的共同渔业政策有至少 5 个方面的问题：一是成员国实施共同渔业政策的政治意愿不强烈；二是捕捞船只过多；三是政策目标不准确导致政策执行效率低下；四是政策制定往往带有短期性；五是政策框架既对产业发展不负责，也与产业发展自身规律不相符。

利益各方达成共识，如果不对现行管理政策实施改革，渔业资源和渔业效益下降的趋势难以改变。只有改革现行的政策，施行以考虑生态系统为基础的海洋渔业管理政策，才能最大限度地保护海洋环境，才能保证渔业产业效益。

（三）英法在英吉利海峡的渔业管理

英国已于 2020 年正式脱离欧盟，本文所探讨的相关渔业管理均为英国"脱欧"之前的共同政策。事实上，无论英国"脱欧"与否，在渔业管理和渔业资源保护方面进行国际合作是必不可少的。欧盟不会允许英国单方面设立自己的捕捞量。进入欧盟市场的水产品仍然需要确保符合欧盟的质量要求和可持续发展的要求，这意味着只要英国还想与欧洲保持贸易关系，即使脱欧，也必须遵守欧盟的规则。

1. 文献调研与分析

利用 web of science 核心数据库，分别利用 UK 并含 France 并含 fishery 或 fishing 并含 policy 进行主题词检索，删除重复选项后，共得到 871 篇文献。利用 citespace 进行关键词共现分析。

根据文献计量学理论，词频分析法能够揭示某一学科的研究热点、发展动态与发展趋势。从图 2-11 和图 2-12 可以看出，基于生态系统的管理是近 20 年来英法渔业政策研究

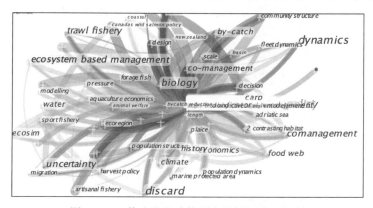

图 2-11　英法渔业政策研究关键词共现图谱

Keywords	Year	Strength	Begin	End	2000—2020
recruitment	2000	5.287 2	2002	2008	
fisheries management	2000	3.261 8	2005	2008	
strategy	2000	3.359 4	2008	2015	
habitat	2000	4.228 9	2008	2012	
performance	2000	3.760 7	2011	2016	
catch	2000	3.739 4	2012	2014	
stock assessment	2000	3.851 1	2012	2015	
quota	2000	3.476 7	2013	2014	
selectivity	2000	3.428	2014	2015	
sea	2000	3.515 3	2014	2016	
by-catch	2000	3.808 6	2014	2018	
food web	2000	3.118 4	2014	2016	
discard ban	2000	3.714 4	2017	2018	
landing obligation	2000	3.463 9	2017	2020	

图 2-12　2000—2020 年被引用次数最多的 14 个关键词及其突现度图谱

领域最热门的关键词之一。此外，兼捕（by - catch）、丢弃物（discard）、合作治理（co - management）等词也是渔业政策研究领域的热点。

关键词突现度主要反映在一段时间内影响力较大的研究领域。可以看出，战略研究"strategy"影响周期是最长的，近年来，"by - catch""discard ban""landing obligation"突现度较高，这与欧盟的共同渔业政策的改革内容有关。

2. 主要管理措施

英吉利海峡的捕捞活动很多，且渔获种类繁多。在英吉利海峡内大约有 4 000 艘船在运营，其中约 50% 来自英国、45% 来自法国、5% 来自其他国家（大多数来自比利时）。船队的作业方式包括了以下的一种或多种：桁拖网（beam trawl）、网板拖网（otter trawl）、中上层拖网（pelagic/mid - water trawl）、采捕（dredge）、线钓（line）、笼网（nets and pots）。在英吉利海峡运行的船只的上岸渔获物有 92 种，但是，约 30 种物种占着陆重量和价值的大部分。

英吉利海峡舰队主要由小型船只组成。2/3 以上的船只长度不到 10 m，其中约一半不到 7 m。7 m 以下的船只中有很大一部分基本上是兼职作业，通常捕鱼时间少于预期的全职作业天数的一半。

这些船在大多数情况下是多用途的，他们一年内使用不同的渔具，在某些情况下，同一个月内使用不同的渔具。根据所使用的渔具和捕鱼范围，捕捞活动分为多个等级，每个月可能有所不同。

英吉利海峡扇贝资源的管理存在诸多挑战。在海峡内（在法国近海 12 n mile 以外），该资源没有排他性。在英国海岸的 6 n mile 以内，只有英国船只可以进入，数量没有限制。6 n mile 以外，来自英国、法国、比利时、荷兰和爱尔兰的船只将扇贝资源作为目标，没有特定的航道限制欧盟整体许可数量。欧盟西部水域努力量管理制度严格限制了 15 m 以下捕捞扇贝的船只，但这些限制不能缓解生物资源衰退的现状。

拉姆西湾（Ramsey Bay）是马恩岛（英国）领海内的一个小海湾，该海湾在当地有很重要的经济地位。马恩岛对其拥有 3 n mile 的专属权，并且能够在管理层和产业界的合作中做出相对较快的决策。由于该海湾中扇贝的过度开发，2009 年决定将其关闭。尽管在该海湾以外运营的许多小型船舶受到限制，许多船舶仍要求关闭该区域以恢复资源。随后，该地区被划为海洋自然保护区（marine nature reserve，MNR）中的渔业管理区（fisheries management zone，FMZ）。在实施了关闭 5 年扇贝采捕的政策后，马恩岛鱼类生产者组织（Manx fish producers organisation，MFPO）被分配了租赁权在 FMZ 进行采捕活动。

5 年间，渔民、班戈大学的科学家与政府部门进行了广泛的合作，该区域的资源得到了严格的控制。5 年后，该区域的采捕业重新开放。MFPO 采用了一种新的方法，即与组织内少量拥有渔船的船东签约，他们捕捞全部允许的渔获量后与其他成员分享利润。这种方法意味着，不是让整个船队瞄准该区域（由于高昂的燃油费和每艘船的回报率低而造成经济效率低下），而是 2 艘船负责在 2 d 内在该地区作业。每年的 12 月另外安排了特殊的作业时间，目的是获得圣诞节水产品市场中最高的扇贝价格。

由于该区域重新开放后的调查数据提供了扇贝的分布密度，捕捞活动仅影响了海洋自然保护区中 3% 的海床。如果没有产前的调查，在缺乏数据的情况下，渔民不得不"猜测"扇贝在海底的位置，这就使生产活动对海洋保护区内的底栖生物造成很大影响。另外，减少了与一年中大部分时间无限制进入该海湾的手工渔民之间的冲突。

该管理成功的关键在于，租赁制度使生产者组织在该地区拥有了所有权，从而可以做出战略决策，以最大限度地提高价值并减少"竞争捕捞"对渔获物的影响。值得注意的是，由于其成员的压力，生产者组织在第二年改变了其管理策略，使更多的船只进入该地区，造成其经济效率下降。

造成这种变化的原因有很多，例如渔民希望自己了解资源的变化。尽管该海湾在之后几年的收益均不如第一年，但与海湾关闭之前的情况相比，当前的系统有了很大改进，并且与之前的"全盘规划"策略相比，具有显著的经济和环境效益。

（四）欧盟共同渔业政策对我国的启示

欧盟共同渔业政策是目前国际上较为完善的渔业政策体制，虽然该政策在实际执行过程中产生的效果并没有达到预想目标，其中，88% 的渔业资源被过度捕捞，30% 的渔业资源濒临灭绝，但作为一个系统性的渔业管理制度是值得借鉴的，对于完善我国近海渔业管理制度具有重要启示。

1. 区域联动协调共管

欧盟 27 个成员国，能够对共管水域施行 TAC 的分配管理，首先要基于共同的标准，满足各方的利益的综合平衡。我国在进行限额捕捞管理时，要充分考虑不同海区的差异及不同物种的生活史状况，如东海带鱼，如果在部分海域实行限额捕捞，而在其他地方不限额，由于其洄游属性必然造成对遵守规定区域的不公。东海各省（市）在近海渔业管理的策略和政策上不完全一致，缺乏同步协调执法，导致监管难度很大。因此，我们在制定限额捕捞政策时要科学评估，要基于公平的原则差异化管理。

2. 管理政策不断改革完善

欧盟共同渔业政策自 1983 年正式实施，近 40 年来，随着渔业的发展和新问题的出现，共同渔业政策也经历了多次调整和改革，在 1992 年、2002 年和 2012 年进行了三次比较大的修订，另外也有一些小的补充和调整，如 2008 年应对燃油危机的措施，2010 年的 IUU 法规，2014 年的 5 项丢弃计划，2015 年开始实施上岸义务，2020 年升级渔业监管、实施数字化可追溯制度等。虽然欧盟的渔业管理体系在不断地修订和调整后已经日趋成熟，但是另一方面，连续大幅度的改革也说明了最初目标及执行过程中共同渔业政策及其改革经历了很多的"失败"。其改革与优化的过程也是我国在制定政策时要尽力避免去重走的相似的弯路。

3. 重视科学支撑

就实现渔业资源与捕捞能力之间平衡的核心目标而言，共同渔业政策效果确实非常有限，经过差不多 30 年的时间，欧盟削减捕捞能力的工作很难让人满意，在欧盟大部分海域，捕捞过度都极为严重，某些海域甚至达到 93%（European commission, Directorate - General for Maritime Affairs and Fisheries，2016）。换言之，共同渔业政策改革失败了，它的失败与其本身性质有关。欧盟渔业治理看起来是一个经济问题，然而，经济学关注的是如何提高效率，其性质是经济理性，但渔业治理与经济理性不同，它的实质是降低效率。因而，从经济层面分析共同渔业政策失败的尝试很可能有误导性。作为一项专业性很强的活动，欧盟渔业治理又似乎是一个技术问题。然而，共同渔业政策改革表明，欧盟委员会每次提出的设想都有很多可取的技术因素，然而，这些在技术上可取的方案在现实中被改得面目全非。1995 年，共同体任命了一个专家小组拟定多年度指导计划，在由其完成的报告中，专家指出，为实现资源与利用之间的平衡，欧盟必须削减 40% 的渔船数量。但代表成员国利益的理事会对专家的建议做了很大调整：对濒临灭绝的鱼种，削减捕捞能力 30%；对已经捕捞过度的鱼种，削减能力 20%；对于捕捞极度的鱼种，捕捞能力不增加。同时，根据该计划规定，欧盟为渔船退役、渔船变卖或者废弃渔船处理提供资金支持（Lequesne et al.，2000）。这种修修补补的方案取得的效果有限，减船计划中吨位仅减少 3%，功率只减少 2%（European Commission, Directorate - General for Maritime Affairs and Fisheries，2016）。按照委员会 2001 年的评估，欧盟捕捞能力仍然超过现有资源的 40%。

渔业补贴方案为在渔业资源与捕捞能力之间充当协调工具，然而在现实中，结构政策主要表现为对渔船的资金补助，通过资金补助渔船来解决渔业资源与捕捞能力之间平衡的想法一定是缘木求鱼。在后续减船计划中，每当欧盟委员会根据较为科学的建议主张大幅度削减渔船时，代表成员国的理事会都会大幅度调整委员会的目标，这就使得结构政策完全难以达到削减捕捞能力的目标。在认识到结构政策的深层问题时，委员会试图从方向上改革结构政策，停止对渔船补助，但成员国很快形成一个反对改革的联盟，理事会最终也大幅度修改了委员会的原初设想。再次，养护政策也体现了委员会受到理事会压制的事实。作为养护政策的核心内容，总允许渔获量设定过程中委员会与理事会之间争斗不断。委员会根据国际海洋开发理事会中渔业管理咨询委员会（Advisory Committee on Fishery Management）以及共同体自身咨询机构渔业科技和经济委员会（Scientific, Technical and Economic Committee on Fisheries）的建议提出比较科学的总允许渔获量，但总允许渔获量的决策掌握在理事会手中，每一次的最终数字都与委员会建议数字大相径庭。这体现出来的是，某些政治因素歪曲了原本科学的总允许渔获量，最终导致共同渔业政策失败。虽然委员会最终通过了多年度管理方案，理事会作为共同渔业政策最终决策的常规仪式被废弃，但理事会仍然保留了最终发言权。

三、东海区限额捕捞与定点渔港案例分析

（一）浙北渔场梭子蟹限额捕捞

1. 试点基本情况

为探索出一条符合中国国情的限额捕捞道路，浙江为此前期做了大量的准备工作。2016年4月，农业部在台州组织召开了限额捕捞专题研讨会，研究浙江提出的捕捞对象分别为梭子蟹、方头鱼、带鱼的三个方案。在经过充分听取渔民意见、多次召集专家进行可行性论证后，最终选择梭子蟹进行限额捕捞试点。

限额捕捞种类为梭子蟹，2017年全国梭子蟹产量49.8万t，其中浙江产量为17.6万t，占全国产量的35.34%。浙北渔场梭子蟹专项捕捞浙江管辖水域位置固定、边界清晰，梭子蟹产量集中，捕捞渔船数量可控，作业方式固定，长期以来又实行网格化管理，有较好的监管基础。

试点水域位于30°—31°N、122°47′—123°E，面积约2 300 km²，其中涉及嵊泗马鞍列岛国家海洋特别保护区的海域除外。试点期间，将海域用网格划分，让渔民以抽签的方式认领捕捞。

参照每年专项特许证发放的时间，确定试点时间为当年9月中旬至翌年2月底（2017年9月16日至2018年2月28日）。试点渔船为多年来一直持有该渔场《专项（特许）渔业捕捞许可证》的定刺网渔船和捕捞辅助船，共108艘，其中捕捞渔船93艘、定点销售渔运船15艘。

2. 试点实践主要内容

为有序推进限额捕捞试点工作，围绕限额捕捞总量确定、配额分配和配额执行三个环节，制定了《浙北渔场梭子蟹限额捕捞试点工作方案》《限额捕捞试点资源监测方案》《限额捕捞试点定点交易及配额管理办法》《限额捕捞试点海域入渔渔船监督工作方案》等多个试点工作方案、办法，明确了试点工作方向。同时重点就配额执行环节具体实施了定点交易、渔捞日志、渔获通报、观察员上船、海上监管和奖惩等六项制度。

（1）总量确定

由于前期对试点水域的生产情况和资源状况家底不清，2017年根据试点水域入渔渔船的2011—2016年捕捞数据，采用数据有限的评估方法，确定试点水域捕捞限额总量为3 200 t。2018年基于2017年生产情况和2018年资源调查评估结果，2018年限额捕捞海域梭子蟹最大可持续产量约为2 844 t，确定2018年限额捕捞总量为2 800 t。

（2）配额分配与执行情况

根据历史作业情况，将配额分配至合作社，合作社综合考虑每艘渔船的大小、主机功率等因素，将配额分配到每艘渔船，社内分配由自身决定（图2-13）。2017—

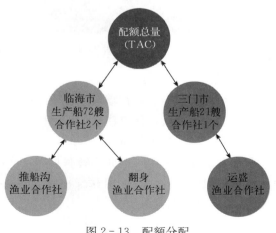

图2-13　配额分配

2018 年，实际配额分配纳入 3 个合作社管理，其中临海 2 个合作社（推船沟渔业合作社和翻身渔业合作社），生产渔船 72 艘；三门 1 个合作社（运盛渔业合作社），生产渔船 21 艘。2017 年共完成配额 1 842 t，完成率 57.6%。

（3）运行管理配套制度

为确保限额捕捞配额规范、有效执行，分别制订并实施了六项制度：

1）渔获物定点交易制度

明确试点渔船的渔获物必须在渔业主管部门指定的渔港或配套的渔运船进行交易，同时，分别要填写渔捞日志和转载日志，没按规定交易或填写相应日志的，一旦发现，一律取消入渔或经销资格。

2）渔捞日志手机填报制度

开发了一个手机 App 上报产量系统，通过强化培训，要求渔民在如实填写纸质渔捞日志的同时，通过手机 App 上报当日产量数据（图 2-14）；数据通过北斗终端传送至后台管理系统，管理部门通过系统将渔船的每日生产情况累计汇总后，对捕捞量达到一定配额量的渔船进行预警。单船电子渔捞日志每月汇总，打印留档备查，并作为下一年度入渔申请材料。

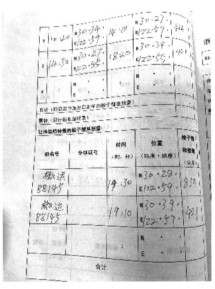

图 2-14　渔捞日志 App 及纸质渔捞日志

3）渔获物通报制度

渔民在海上捕捞后，在填写渔捞日志的同时，必须通过电话向合作社通报每日生产情况。合作社通报人员接到电话后，将渔民的每日生产情况录入通报软件，最后由台州市涉外渔业协会对通报数据进行审核。同时，限额捕捞试点通报软件也设立了配额预警功能。

配套渔运船也需填写渔获物转载日志，渔捞日志记载的产量、转载情况将与北斗终端的航迹进行比对（图 2-15），并接受渔政船的现场核对。

4）观察员上船制度

在入渔渔船上派遣观察员，观察周期为半个月，每期 2 名，共 6 期。观察员在船上与渔民同吃同住，详细记录渔民捕捞梭子蟹的放网、起网、转载等各阶段的情况。同时，通过观

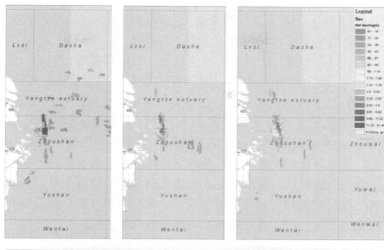

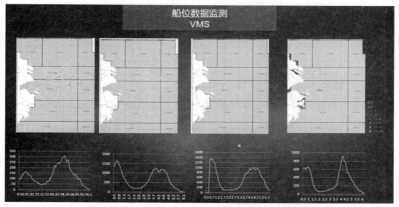

图 2-15　船位数据监测（VMS）

察员工作记录同渔民纸质渔捞日志的对比，详细了解渔捞日志记载的真实性、完整性情况。

5）现场执法监管制度

入渔渔船必须持有专项许可证，并在规定的位置悬挂专门的船名牌。入渔渔船的具体作业场所，实行网格化管理。依托专门设立的浙北渔场管理办公室协调限额捕捞执法管理；临海市海洋与渔业局还派出工作组进驻嵊泗，专门负责限额捕捞管理工作，组织渔政船开展专项执法行动，加强现场监督，对违反作业场所、未如实填写渔捞日志、超配额生产等行为进行查处。

6）奖惩机制

设立试点补助资金，对参与捕捞限额试点的渔船进行一定的补助。凡发生瞒报产量及违规销售、收购渔获物等行为的，扣减该入渔渔船的配额和补助资金，已超出当年配额的，扣减下一年度配额，严重的取消入渔资格。鼓励渔船之间相互监督，违规行为举报经查证属实的，则将被举报渔船扣减的配额和补助资金转调给举报渔船。例如：以农业部拨的 30 万补助经费和配额扣减为抓手，制定了《浙北渔场梭子蟹限额捕捞试点奖惩办法》，鼓励渔船之间相互监督。

3. 扩大试点范围

浙江省在全面总结 2017 年试点工作的基础上，2018 年扩大试点范围，在瑞安将限额品种扩大到丁香鱼。丁香鱼是鳀科和鲱科鱼类的幼鱼，在东海、黄海沿岸广泛分布，是沿海一带居民餐桌常见的食物，成鱼多被加工成水产养殖饲料。瑞安有捕捞、加工、食用丁香鱼的传统，拥有成熟的产、供、销一体化产业链，从 2017 年开始，因提前 1 个月进入全面禁渔期，造成近 50 艘配套渔船、300 多名渔民减收，也给丁香鱼加工企业的正常经营带来巨大困扰。与此同时，丁香鱼的渔汛期在每年 4 月中旬至 6 月中旬，其生命周期短（通常为 1～2.5年），资源存量丰富，如不及时捕获和充分加工利用，将随着其生命周期的终结而消亡，造成资源浪费。因此，渔民对在瑞安进行丁香鱼的限额捕捞试点具有较高的积极性。另外，瑞安采用"合作社＋渔民"的模式，即渔业专业合作社组织渔船出海生产，瑞安市华盛水产有限公司利用海上加工母船配置的自动加工流水线、冷藏冷冻和补助救援等设施，对丁香鱼等渔业资源实行"海上加工"生产，具有较高的可操作性和示范性。

（二）上海市海蜇限额捕捞

1. 试点基本情况

根据《农业农村部关于 2019 年伏季休渔期间特殊经济品种专项捕捞许可和捕捞辅助船配套服务安排的通告》（农业农村部通告〔2019〕3 号）要求，2019 年上海市认真研究部署，决定以海蜇专项（特许）捕捞作为试点开展限额捕捞工作；在 2019 年的基础上，2020 年上海市继续开展了海蜇限额捕捞试点工作。

限额捕捞种类为海蜇。试点水域为许可作业海域：161、162、168、169、175、176、177 渔区以内的上海市管辖海域（图 2-16）。历史调查显示，海蜇一般在 6—7 月集中分布

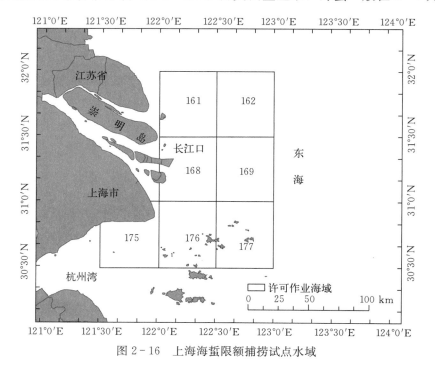

图 2-16 上海海蜇限额捕捞试点水域

于杭州湾水域，因此，上海市限定特许捕捞时间为 7 月 15 日 12 时至 7 月 25 日 12 时。如遇台风等不可抗因素，可重新办理特许捕捞证书，但实际时间总计不超过 10 d。全市共有 21 艘本地渔船申请了海蜇专项（特许）捕捞许可证；渔船类型为张网类海洋渔船，最小网目尺寸不小于 90 mm。按照"依港管船"要求强化渔船进出港的动态管控，渔船实行定点卸货，安排渔政执法人员进行现场管控，配合科研单位对渔船渔获物数量进行统计，如实填写渔捞日志。

2. 试点实践主要内容

上海市海蜇专项限额捕捞方案中明确捕捞水域为上海市管辖的杭州湾水域，持有上海市《专项（特许）渔业捕捞许可证》的张网类海洋渔船作为限额捕捞的试点渔船。专项捕捞渔船的作业位置按照网格化要求管理。

（1）总量确定

根据历史数据、资源调查评估，并结合社会调查，确定 2019 年总量为 551.3 t，2020 年总量为 461.8 t。

（2）配额分配与执行情况

专项捕捞渔船捕捞配额量根据申请专项捕捞的渔船船数确定（单船配额＝最大可捕捞量/船数），并在专项捕捞许可证中载明。2019 年，设定单船配额为 26.3 t，2020 年设定单船配额为 22.0 t。

2019 年，实际出海生产捕捞作业渔船 14 艘，海蜇总产量 107.8 t（总产值约 97.1 万元），达到捕捞限额的 19.56%（表 2-3）。其中浦东新区 11 艘、产量 102.03 t，奉贤 3 艘、产量 5.81 t。2020 年，实际出海捕捞作业渔船 16 艘，完成配额 48.06 t，达到捕捞限额的 10.41%。

表 2-3　2019 年海蜇专项许可渔船总体生产情况信息

序号	船名	定点码头	海蜇产量（kg）	达到配额比例（%）	其他渔获（kg）	其他渔获占比（%）
1	沪浦渔 48668	大治河	8 624.0	32.85	30	0.35
2	沪浦渔 48901	芦潮港	308.0	1.17	0	0.00
3	沪浦渔 48951	芦潮港	66.0	0.25	0	0.00
4	沪浦渔 49976	芦潮港	2 332.0	8.88	0	0.00
5	沪浦渔 48604	芦潮港	132.0	0.50	0	0.00
6	沪浦渔 48529*	芦潮港	0.0	0.00	0	0.00
7	沪浦渔 48973*	芦潮港	0.0	0.00	0	0.00
8	沪浦渔 49554	芦潮港	66.0	0.25	0	0.00
9	沪浦渔 48615*	芦潮港	0.0	0.00	0	0.00
10	沪浦渔 49524**	大治河	25 212.0	96.04	410	1.60
11	沪浦渔 48509	大治河	21 428.0	81.62	600	2.72
12	沪浦渔 48565	大治河	11 121.0	42.36	675	5.72
13	沪浦渔 48920*	大治河	0.0	0.00	0	0.00
14	沪浦渔 49627	大治河	10 208.0	38.88	90	0.87

（续）

序号	船名	定点码头	海蜇产量 （kg）	达到配额比例 （%）	其他渔获 （kg）	其他渔获占比 （%）
15	沪浦渔 49614**	大治河	22 528.0	85.81	285	1.25
16	沪奉渔 61037*	中港	0.0	0.00	0	0.00
17	沪奉渔 61038*	中港	0.0	0.00	0	0.00
18	沪奉渔 61058	中港	1 524.7	5.81	0	0.00
19	沪奉渔 61118*	中港	0.0	0.00	0	0.00
20	沪奉渔 61158	中港	1 708.6	6.51	0	0.00
21	沪奉渔 61188	中港	2 573.0	9.80	15	0.58
合计			107 831.3	19.56	2 105	1.91

注：* 表示这些渔船在整个专项试点期间未开展生产活动；** 表示这些渔船在专项试点期间收到了单船配额预警通知。

（3）运行管理配套制度

1）定点上岸

专项捕捞渔船指定卸货点为芦潮港、大治河、中港 3 处（图 2-17），渔船须在指定卸货点进行卸货交易（每艘渔船只能选择一处卸货点），同时由上海海洋大学记录渔获物上岸量（即配额的使用情况）。2019 年 14 艘开展海蜇生产的渔船均严格遵守定点上岸制度，其中有 1 艘渔船因生产实际情况变更靠泊码头。靠泊浦东芦潮港、浦东大治河和奉贤中港的生产渔船分别有 5 艘、6 艘和 3 艘。

图 2-17　定点上岸与渔获物上岸统计

2）渔捞日志

每艘专项捕捞渔船须按规定填写渔捞日志，由属地渔政部门对渔捞日志、航行轨迹等进行核对。

3）配额预警

属地渔政部门要对配额完成 90% 的渔船出具预警通知单，对完成配额的渔船要指令退出捕捞作业。当整体配额达到 95% 时，由市渔政部门向所有渔船发出预警通知。待所有专项捕捞渔船捕捞量完成配额或捕捞期结束后，由渔政船巡航检查，清空捕捞水域。沪浦渔 49524 和沪浦渔 49614 于 2019 年 7 月 19 日累计上岸渔获分别达到单船配额的 96.0% 和 85.8%，下达 "海蜇限额捕捞配额预警通知单"，其中沪浦渔 49614 因其配额完成量非常接近90％的预警值，故也对其下达了预警通知单（图2-18）。

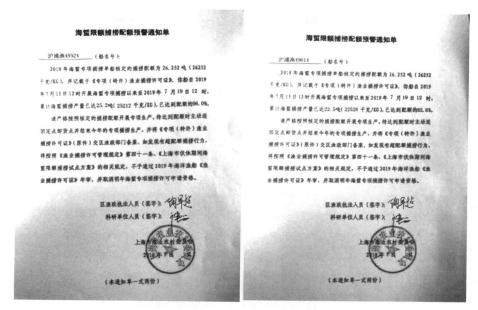

图2-18　预警通知单

4）进出渔港（集中停泊点）报告制度

市、区两级渔政部门要掌握各渔船生产动态，结合定点上岸、渔捞日志制度，共同实施对渔船配额完成情况的动态监管。定点靠泊渔船均能遵守进出定点渔港报告制度主动报告进出港口情况，工作组根据原定码头监管工作方案对渔船靠泊、离泊、装卸和水产品交易等活动进行了码头监测，14艘渔船靠、离泊时间如图2-19所示。海蜇渔获上岸和交易通常发生在靠泊后的1～2 h。

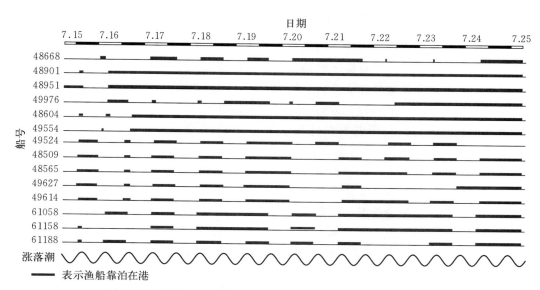

图2-19　海蜇限额捕捞试点期间许可生产渔船的靠、离泊活动

5）船载信息系统全天候监控船位

专项捕捞期间，专项捕捞渔船的船载信息系统必须处于开机状态，并及时报告动态。渔船确因设备故障或中途回港的，需事先报告属地渔政部门备案。

6）一线执法巡航监管

市、区两级渔政部门要组织专项执法行动，查处违法捕捞、瞒报产量、超配额捕捞、未按规定填写渔捞日志、违反定点上岸、实际未出海捕捞等行为，并取消违规渔船翌年申请资格。

7）试行限额捕捞观察员制度

由上海海洋大学派驻观察员随部分渔船出海，进行生产记录、采集生物学数据、观察渔民生产情况。2020年试行，覆盖渔船3艘，占实际生产渔船的18.75％。观察内容包括渔船作业位置、使用的网具、网囊的最小网目尺寸，均需符合相关规定和要求（图2-20）。

图2-20 随船观察与测量

（三）渔获物定点上岸渔港制度

定点上岸，是我国正在进行的"渔船渔港综合管理改革"的一部分，也是实行限额捕捞政策的关键抓手。不同以往"重海上轻港口"的监管模式，改革试图通过提升渔港信息化程度、加强渔船进出港报告监督和渔获物上岸核查等，将捕捞量、捕捞合法性和渔船安全管理收拢聚焦到渔港这个人、船和鱼最为集中的地方，最终实现可持续捕捞管理。

国家发展和改革委员会同农业农村部在2018年组织编制了《全国沿海渔港建设规划（2018—2025年）》，明确指出了依港拓渔、依港管渔的基本思路。完善渔港配套设施和基本服务功能，发展水产品加工、冷链物流、市场交易等渔区二三产业，延伸渔业产业链条，促进渔业供给侧结构性改革和产业融合发展。加快建设智慧渔港，全面提升渔港管理的信息化水平，促进依港管港、依港管船、依港管渔、依港管人，推动渔业科学管理。

为加快实施渔获物定点上岸，强化捕捞产出管理，推动渔业高质量发展，农业农村部2020年9月发布公告，明确了第一批66座国家级海洋捕捞渔获物定点上岸渔港。审核通过的定点上岸渔港能满足所有12 m以上大中型渔船的定港靠岸需求。这些渔船的数量虽不及小型渔船的一半，但总功率却是小型渔船的近7倍，是国内海洋捕捞的主力。

1. 浙江台州渔港建设

台州是全国渔业大市，全市共有渔业乡镇28个、渔业村241个、渔业人口24.64万人，拥有机动渔船5 675艘、总吨位85.75万t、总功率125.4万kW，共有渔港44处，渔港水域总面积4 573万m²。渔业是推动台州乡村振兴的传统产业、特色产业、优势产业，目前已初步形成了捕养加一体、渔工贸结合、一二三产业融合发展的现代渔业新格局。管好渔港，是建设国家渔船渔港综合管理改革试验基地的一个关键环节，也是台州进行渔业综合管理改革试点的重要抓手。

在第一批国家级海洋捕捞渔获物定点上岸渔港名录中，浙江省有嵊山渔港、椒江渔港、温岭渔港（图2-21）等13座渔港入选，其中台州市有8座。台州市还明确了椒江中心渔港等13座渔港为定点上岸渔港，禁止伏休期间渔获物在定点名录以外的渔港上岸，有效杜绝了伏休期间不符合最小可捕标准及幼鱼比例管理规定的渔获物上岸。

图2-21　渔获物定点上岸渔港（温岭市石塘港区）

根据项目组的要求，针对东海区渔港管理的实际情况，课题组于2021年3月22—23日走访调研了台州市港航口岸和渔业管理局、温岭石塘渔港管理站（为2020年国家渔船渔港综合管理改革现场会的所在地），听取了台州市在渔获物定点上岸渔港制度方面的管理经验和存在的问题。

2. 主要内容

（1）渔港综合管理信息系统

海洋捕捞是台州渔业的传统产业，对于渔业渔港的综合管理一直在进行改革探索，最典型的是"渔港通"渔港综合管理信息系统（图2-22），是台州市政府数字化转型重点项目，融合公安海防和港航等部门涉船系统，实现信息共建共享。作为改革试点的"大数据中心"，"渔港通"有效推进了渔船动态管理、限额捕捞、定港上岸和可追溯管理等渔船安全管理和渔业资源管理新制度实施试点，实现了渔船、渔港、渔业管理精细化、规范化、信息化。

台州所有的渔获物定点上岸渔港全部都采用了渔港综合管理信息系统，主要功能：①渔船进出港管理，实施进出港电子报告，实现"一次都不用跑"；②渔船安全管理，推动定人联船、渔船监护人、动态编组等安全管理；③海洋渔业资源总量管理，实行渔捞日志、渔获交易/转载日志报告，开展渔获物海上与定点上岸溯源管理；④支撑渔船安全管理记分制度实施，推进船东船长征信建设；⑤支撑渔船闭环管理，实现渔船一处违规，处处受制；⑥支

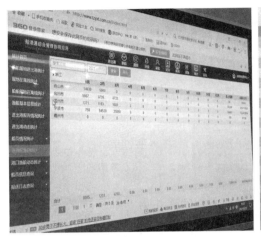

图 2-22 渔港综合管理信息系统

撑渔船应急管理,提高对海上渔船应急预警干预和突发事件处置能力;⑦支撑气象海况、电子商务、政策法规等信息化服务,促进渔民增收、便捷办事;⑧支撑渔业行政执法,推进标准化、流程化、精细化执法。通过"渔港通",港长管港、管船、管渔、管人有了坚实的信息系统支撑。

温岭石塘渔港管理站是第一个试点运行的渔港,通过信息化手段,有效解决了一线管理存在的人手不足、覆盖面窄、管理方式滞后等问题。在温岭渔港,"渔港通"手机 App 普及率达 90% 以上,每年进出港报告 4 300 多次,船东船长进出港系统操作报告率达 93%,有效推动了渔船监管关口前移,为渔船精细化管理打下坚实基础。

(2) 渔港管理实施"港长制"

温岭中心渔港位于石塘镇(图 2-23),是国家级中心渔港,由箬山港区、石塘港区、钓浜港区三大港区组成。箬山港区位于中心渔港西侧,隘顽湾东南侧,东接石塘港区,西连东浦滩涂,南临大海,海岸线长约 100 km,为温岭最大的渔业港区。位于温岭中心渔港中部的石塘港区,自然岸线曲折,整体呈"中部大,两端小"的葫芦状,可为 700 艘渔船提供避风停泊之所。位于石塘镇东北角的钓浜港区,有隔海山(隔海岛)、腊头山和牛山等海岛

图 2-23 台州温岭中心渔港示意图及港长制公示牌

掩护，渔港岸线长度约 9.1 km。

石塘渔港作为第一批渔获物定点上岸渔港，实施的是双港长制，由市政府分管领导担任市级港长，温岭石塘镇党委书记担任镇级港长。按照职责分工、各有侧重的方针，共同负责依港管理工作。以港长统揽全局，构建渔港管理的"县域统筹、分级运行、综合管理、全域覆盖"新构架。港长制可协调推动渔政、公安、边防、乡镇等管理要素向渔港集聚，统筹强化渔业资源管理、渔船安全管理、渔港生态保护和渔港经营管理，实现依港管船、依港管人、依港管渔。

（3）渔船专业化精细化管理

实行渔船公司化经营、法人化管理是夯实石塘渔船安全管理基层基础的关键一招。石塘镇将原 54 个行政村所辖的渔船整合到 22 家专业渔业管理公司，并进行专业化管理，实现从以前村级"不愿管、没人管"到现在的专业公司"主动管、积极管"的转变。22 家渔业公司管辖着石塘镇 1 500 多艘渔船，原本分散在石塘各个区域的渔业公司现如今集中办公，强化了海上生产应急响应，从以前的分散实现了联动。使渔业公司成为渔船渔港综合管理改革的桥头堡。对基层渔业公司进行整合，政府购买服务形式，配备安全管理人员，使管理水平、服务能力得到全面提升。

台州出台了全省首个渔船安全管理记分办法。跟机动车辆的管理一样，《台州市渔船安全管理记分办法（试行）》围绕船东船长的主体责任和渔业基层管理组织协管责任，有扣分记录者必须通过参加公益服务等方式消分清零，对记满 12 分的渔船，实施扣证、停航整改等惩戒措施。

（4）渔获物可追溯报告制度

渔获物溯源管理是渔业资源总量管理的重要措施。台州市温岭中心渔港石塘港区、礁山渔港等试点渔港，选择了 110 艘试点渔船，开发了渔获物可追溯绿色标签管理系统，试点渔船在海上直接张贴二维码（图 2-24），通过渔港通手机 App，录入二维码溯源信息，并将信息扫描上传到溯源管理系统，只要运用具有扫码功能的 App 扫描这些二维码，就可以获取渔获物的信息。渔船在海上过驳、交易和进港前均及时通过系统上报渔获物来源、数量、品种等信息，验证了渔获物溯源管理可行性，摸索出了渔获物溯源管理的有效处置流程。

图 2-24　试点渔船上的二维码

渔获物报告包括渔捞日志、海上交易/转载日志报告和港口交易日志报告。渔捞日志报告内容为作业时间段、下网次数、渔获物品种、渔获数量等。海上交易/转载日志报告内容为渔区、时间、方式、对方船舶、渔获品种、渔获数量等。港口交易日志报告内容为时间、港口、渔船名称、交易方、交易方式、渔获品种、渔获数量等。

除了渔民，我们还调研了积极进行捕捞水产品渔获物溯源的加工企业（温岭金太水产），该企业与台州市港航口岸与渔业管理局合作，基于捕捞水产品的溯源管理系统，将二维码喷涂在产品包装上（图2-25），扫描二维码就能够对生产出的每一箱产品进行溯源信息的检索，一直追踪到捕捞产品出自哪个渔区。

图2-25　捕捞水产品加工企业产品包装上直接印刷溯源二维码

不仅在温岭，玉环有1艘被誉为"虾航母"的海上加工船（船号：浙玉渔加99999）也开展溯源管理试点。该船是集加工母船、过驳子船、生产船为一体的海捕虾全产业链海上加工中心，在全国开了先河。加工中心创建了全国首个一站式综合海洋捕捞水产品可追溯平台，整个加工流程全程记录在案，扫扫二维码，全程追溯信息，实现了虾米"从海洋到餐桌"的全程透明。企业之所以积极配合溯源工作，是因为能够通过溯源展示出自己产品的优质，进而获得较高的市场价格。

3. 存在问题

渔获物定点上岸渔港制度规范了渔船进出港管理，尝试了渔获物的上岸追踪管理，目前从技术上看渔获物定点上岸、溯源管理已经不存在任何问题，但是通过与管理部门、相关企业以及渔民的交流，试行下来发现仍然存在一些问题。

（1）渔民积极性不高，数据不准确

渔船的进出港已经能够全部实现电子化报备，对渔获物的填报要求目前还不是强制性的，只是针对部分试点渔船进行填报，其他渔船可以填也可以不填，在信息系统中还没有主动去填报的内容。

由于缺乏相应的核实标准和奖惩措施，数据填报时存在严重的随意性，与实际渔获物情况有较大出入。渔港管理站虽然对数据填报的渔民有一些补助性质的报酬，但是这点钱对于他们的捕捞收入来说九牛一毛，目前的补助标准是拖网类1 875元/月，其他按照1 666元/月，鱼运船按照2 500元/月。另外，船上的工作非常辛苦，时间很紧张，渔民也来不及进行非常细致的填报工作。2018年最初进行试点时有110名渔民参与渔获物的填报，后来由于数据填报不规范以及部分渔民退出，到2021年还有61名渔民在继续进行填报。由于渔港通App是在线填报，船上的信号网络成本较高，有一些渔船采用了码船分离的填报方式，在岸上通过App输入数据，而渔获物还在船上，造成渔获物和二维码不能吻合。

在渔获物可溯源中最愿意配合的是相关企业，在跟企业交流时发现，他们也很想把溯源做准确，来提升自身产品的附加值，但是能做的也只是从渔民那里获得捕捞相关信息后填入系统，而如果渔民提供的信息不准确，企业也无法进行核实查证。

（2）管理力量有缺口，经费不充足

本次调研的温岭渔港有 10 人左右的编制，基本上为乡镇里的工作人员，渔政执法人员也能够按照要求配备，但是对于渔获物的定点上岸缺少专门的人员进行监督管理。私下和渔港管理站人员沟通得知，他们的工资收入较低，普遍在 1 500～2 000 元/月，而工作强度却非常大，渔具合规检查、渔船进出港、渔船海上安全、渔船工作人员的检查等都需要大量的人力。

（3）责任意识不够强，落实不到位

虽然渔港名义上为渔获物定点上岸渔港，但是现在的管理没有把渔获物放在重点，只是顺带去进行，还是在探索尝试阶段。从上至下所有的工作力量都盯着渔船安全生产管理，没有力量再去专门从事渔获物的管理。无论对管理部门还是基层渔政人员，渔业生产的安全永远是排在第一位的，在人员力量不充足的情况下只能优先处理安全生产和渔政执法的问题。温岭渔港虽然有一人在负责渔获物的填报系统，但也只是其工作的部分内容。现实的情况是渔船一般在下半夜进港，管理站的工作人员白天还要上班，没有精力去及时查看渔获物的真实情况，只有白天再跟船长进行问话或者问卷形式的数据收集，然后录入信息系统。

（4）法规制度不完善，奖惩无依据

与基层执法人员交流时，他们普遍反映对渔获物的填报没有约束性，渔民想填就填，不填没有任何处罚措施。现在是想让渔民做一件事，但是又没有说如果不做怎么惩罚，可想而知就不会有什么效果。如果想要规范化渔获物的定点上岸管理，就必须进行法律的修改完善，明确相应罚则，否则执法人员无法进行强制性要求。而且要明确两点，一是进行渔获物的填报，二是要对数据的准确性提出要求，核查如果发现是随意乱填写，也要有对应的惩罚规定。

四、东海区限额捕捞存在的问题与建议措施

（一）存在的问题

1. 缺乏广泛的社会认知

通过对渔民的走访调研发现，很多渔民和渔业相关的管理者并不是很了解限额捕捞管理政策的内容和意义。有些基层的渔业管理者只是听说过，并不了解具体内容，有一些船长甚至都没有听说过，因为限额捕捞政策目前还没对其产生影响。因此，关于限额捕捞政策的知识需要被广大利益相关者及相关工作人员了解和熟知，才能不断地引起重视，并进行下一步的开展。

2. 缺少完善的法律规定

限额捕捞制度的实施需要各方面的配合，尤其离不开相关的法律作为保障。然而我国《渔业法》规定实施限额捕捞制度已近 20 年，其内容主要是渔业行政管理方面的立法，而该制度的性质、特征、内容、分配的形式和方法的规定比较模糊，对于限额捕捞管理中总量确定流程、分配中涉及的配额的转让等诸多法律问题也不明确。在配额的转让问题上，《渔业法》第三十二条第二款和《渔业捕捞许可管理规定》第三十一条都规定"渔业捕捞许可证不得转让"。对于限额捕捞管理制度中的配额权并没有明确的规定，由于限额捕捞配额权是在

捕捞许可证的基础之上，也就是说在持有相同捕捞许可证的情况下，为限额捕捞管理过程中配额的转让在法律上设置了阻碍。此外，《物权法》的相关规定中明确了捕捞权的物权属性，用益物权的可流转性也可理解为配额的可流转性，但是这与《渔业法》的规定又是相反的。因此，法律、法规对限额捕捞管理的规定需要进一步完善和改进，从而保障限额捕捞管理的顺利完成（顾玉姣，2018）。

3. 渔业资源本底不清

当前提出的限额捕捞试点，因为对于资源本底不清，限额总量控制基本是基于既有的捕捞产量而定，达不到预期的效果。限什么（对象）、在哪里限（区域）、限多少（总量），对于这些基础问题相关的资源本底调查还相当缺乏，基本还停留在"经验"的基础上。实施的渔船"双控"制度，也是因为对资源本底不清，导致渔船越控越多，最终出现"三无"渔船清退后再重新被收编。今后，应进一步加强渔业资源长期连续调查，同时开展专项调查，摸清我国近海渔业资源家底，掌握资源动态及其与环境变化之间的相互关系。

4. 渔业执法监管困难

渔船管理是渔业资源管理的重心，在执法监管方面的问题有：

（1）渔船过多，监管力量不足

截至2019年末，上海、浙江、福建的国内海洋捕捞渔船总量还有36 368艘，总功率达4 511 746 kW。与前几年相比，渔船压减取得了不错的成绩，但渔船数量还是太多，尤其是"三无"船舶屡禁不止，个体渔船、小型渔船难以监管。课题组2019年对长江口部分渔港码头的实地走访调查发现停靠在码头的"三无"渔船占总数的60%～70%。2020年对部分渔港码头"三无"渔船进行了清理，一些"三无"渔船无固定聚集点，造成监管更加困难。

（2）各自为政，执法同步性差

东海各省（市）在近海渔业管理的策略和政策上不完全一致，缺乏同步协调执法，导致监管难度很大。

（3）海上实时监管难度大

限额捕捞管理的关键在于及时掌握捕捞生产作业的情况。从梭子蟹的试点情况来看，小范围的海域面积还有一定的执行能力，如果扩展到更大的范围，就会出现实时监管困难。东海区尤其是浙江舟山海域海岸线长，各类渔船众多，渔民来自四面八方，渔民可能不按照规定进行生产作业，出现多捕捞或者偷捕的不良行为。如果在舟山海域实施限额捕捞管理，渔民的社会规范较低，渔民的管理也相对比较难以控制。除此之外，三疣梭子蟹渔获在海上的渔运船上进行交易，虽然可以安排观察员进行监管，但是渔政管理不管是在技术设备还是人力方面都是不足的，不能实时地进行海上的监督管理工作。

5. 科技支撑严重不够

浙北渔场梭子蟹和上海市海蜇限额试点是基于特定水域、特定渔船和特定品种形成的限额，而东海海域多为复合渔场，很难明确区分主捕与兼捕品种，加上复合作业类型、捕捞网具种类较多，无法实现总额控制。目前试点工作中，尚未形成一套合理有效的管理体系，无法大范围或全部种类推广。问题表现在：

（1）资源评估和总允许捕捞量确定的科学性不足

试点种类资源量和总允许捕捞量是制定限额捕捞的根本依据，然而由于试点种类特殊生物学特性和作业方式特点，加上资源本底不清等因素影响，限额总量确定不合理，未达到限额管理的目标。如浙北梭子蟹 2017 年限额总量为 3 200 t，而完成率仅 57.6%；上海 2019 年和 2020 年海蜇限额完成率不足 20%。

（2）配额的分配和使用不尽合理

浙北梭子蟹和上海海蜇捕捞均采取了"双限"的管理办法，但略有不同。浙北梭子蟹试点实行了总体限额和各市限额的管理办法，具体单船配额由基层渔业组织自行协商分配；而上海海蜇试点实行了总体限额和单船配额的管理办法。这两种"双限"管理办法体现了所有渔民对海洋可再生渔业资源具有共同所有权，得到了渔民和渔业执法单位的认可。但由于作业渔区位置不同，市县或单船捕捞量会产生差异，可能会造成单船或某一个市县的配额完成率不足或超额，在经济刺激下容易引发违法捕捞风险，增加执法难度。

（3）捕捞渔船的准入与监管体系不完善

目前浙北梭子蟹和上海海蜇试点工作中，入渔渔船未有明确的准入标准，对捕捞渔船、运输接驳船只及其携带网具、渔船标识，以及渔捞日志填报、观察员接收等未做出明确具体的要求，增加了监管难度。渔业监管方面除了例行巡航、举报查证、码头管理等，现代电子化、数字化管理手段不足，配合限额管理的管理体系不完善。

（4）渔获上岸管理基础不够

尽管试点工作中均指定了渔获定点上岸码头，但实际上有些渔船不按照或不愿意接受定点上岸码头，主要原因是有些码头并非专业的渔获上岸码头。另外，还可能是定点码头间渔获价格差异所导致，一方面地域存在固有价格差异，另一方面，定点上岸给鱼贩压低价格创造条件。

（5）观察员队伍建设不足

试点工作中，主捕与兼捕渔获物的统计、渔捞日志填报等是限额捕捞制度有效运行的基础和保障。而当前由于捕捞渔民文化水平、年龄结构及其个人主观因素等影响，对于渔获尤其是兼捕渔获及其渔捞日志填报等均与实际有所差异，这就需要培养一批观察员上船指导渔民科学合理填报渔捞日志，并起到一定的监督作用。现有观察队伍数量不足，且观察员的水平也参差不齐，难以胜任该任务。

（二）建议措施

1. 加强宣传教育力度，扩大认知范围

限额捕捞管理对促进渔业资源的可持续发展、保护生态环境和优化资源的配置具有重要意义。一方面应该在相关海域广泛宣传限额捕捞政策，向管理者、渔民及其他利益相关者进行宣传和指导，宣传内容要简单易懂，以便广泛理解和接受，从而提高利益相关者对限额捕捞管理制度的了解，让他们感受到限额捕捞管理有利于他们的长远利益而不是剥夺其财富，增加限额捕捞管理的影响力。另一方面也要进行法制宣传，通过执法典型案例宣教、组织渔民培训等不同形式，对海洋渔业管理政策、执法监管、渔业资源保护等方面进行科普宣教，增强广大基层渔业组织和渔民的法制观念，增加对保护和合理利用海洋渔业资源的认识。

2. 加强资源调查评估，提供科学支撑

（1）科学制定调查规划，完善调查网络

1）资源普查

按《国务院关于促进海洋渔业持续健康发展的若干意见》，每五年开展一次渔业资源全

面调查。现有调查监测多为常规性调查，全面性不够，如调查水域多为禁渔线以外，禁渔线以内的近岸水域少涉及；调查方法多为底拖网，张网、围网等调查方法较少。导致对近海渔业资源现状调查不够全面。

2）专项调查

常年开展监测和评估，重点调查濒危物种、水产种质等重要渔业资源和经济生物产卵场、江河入海口、南海等重要渔业水域。现有调查多为四季的航次调查，较少有针对重要经济种类的专项调查。应根据调查对象的生物学特性，专项调查其丰度和生物量分布、体长体重组成、年龄结构等资源现状及产卵场、索饵场、越冬场等关键栖息地的时空分布特征。

3）合理设置调查位点

现有调查区域多集中于禁渔线以外、40 m以深的海域，河口、近岸岛礁等重要渔业水域较少涉及，应增加相应调查位点。

（2）充分利用现有条件，提升调查能力

1）发挥现有资源调查船功能。在原有"北斗""蓝锋"等专业调查船的基础上，近年来新增了"蓝海""中渔科"一批海洋渔业综合科学调查船。应在完善调查评估体制的基础上，充分发挥现有渔业科学调查船的功能，提升渔业资源调查科学水平。

2）资源调查新技术的应用。原有调查监测多采用网具直接调查，且缺乏栖息地环境，尤其是地形地貌等的调查。应充分利用现有渔业科学调查船的科研条件，利用北斗导航、卫星遥感、影像扫描、声学评估等资源调查新技术，提高渔业资源调查监测水平。

3）在科学调查和评估近海渔业资源和渔业捕捞力量本底的基础上，查清近海渔业资源资源衰退主因及其动态，制定合理的可捕资源量，以此为基础进一步压减和控制捕捞力量及捕捞时间，实现渔业资源可持续产出。

（3）构建信息共享平台，完善保障措施

结合地理信息系统技术和数据库技术，建立全海区渔业资源调查数据库和地理信息平台，为近海渔业资源的综合分析提供技术平台。强化区域间沟通协调，成立限额捕捞管理专班，落实领导主体责任，建立沟通协调机制，制定科学合理的限额捕捞管理政策和策略，落实限额捕捞配套管理经费。

3. 完善执法监管体系，提供管理保障

（1）渔船准入管理

建立入渔渔船准入标准及详细操作规程，详细设定渔船许可证的申领条件、渔船吨位及其输出功率控制规定，对申报专项捕捞的渔船进行筛选，以鼓励对可捕资源的合理利用、减少部分渔民的投机行为（为了海域使用补偿）、维护生产渔民的权益。例如，对上年度专项捕捞中存在管理问题的或连续2年获得许可但均未开展实际生产等问题的，下一年度不再发放专项捕捞许可证。

（2）强化协同合作

针对执法力度不足、职能受限短板，大力推进联合执法，建立统一管理机制。一方面开展跨省区、跨部门联合执法行动，另一方面市县执法部门不断探索同海警、公安部门的合作机制。建立科学有效的监管和奖惩制度，发挥渔业合作社、渔业协会等基层组织力量，实现自我监督、和谐发展，补充渔业执法监管力量。继续培育壮大渔民专业合作社，鼓励渔民以各种形式创办渔业合作社或渔民协会等专业合作组织，引导其规范管理并积极参与到限额捕捞试点中，形成政府、合作社和渔民共同管理的模式。

（3）规范捕捞渔具

现有海洋捕捞准用渔具和过渡渔具选择性差，兼捕渔获物多，导致单一品种的限额捕捞难以实施；同时，某些网具如帆张网等对幼鱼资源破坏严重。应进一步规范准用渔具，减少兼捕渔获物比例，同时禁用对资源破坏大的渔具，保护渔业资源。

（4）严格管理渔捞日志

渔捞日志是实施限额捕捞的重要考核数据，也是渔业资源评估数据的重要来源和有效补充。一方面，应对渔民进行专门培训，提高渔捞日志的数据质量，同时也应制定相应的奖惩措施，保证渔捞日志数据的可靠性和准确性。另一方面，科学设计渔捞日志，提高渔捞日志的针对性和便捷性，同时也可借鉴利用电子影像技术手段，配合验证渔捞日志填报的真实性（如采用渔船加装摄像头和影像实时传输、数据储存与分析技术，以西班牙 Satlink 公司开发的监测系统为实例）。

（5）观察员制度和队伍建设

观察员制度是保证限额捕捞实施的重要措施。一方面，观察员除对捕捞作业进行监督管理外，也应提高专业素质，加强职业技能培训，提高专业技术能力。开展海上分类鉴定、生物学测量等相关科学调查，丰富调查评估数据来源。另一方面，在现有体制的基础之上，探讨志愿者（如相关专业研究生、渔业从业人员等）充实观察员队伍数量的新途径，还要进一步研究观察员身份定位及其职能，完善观察员制度。

（6）渔获物定点上岸管理

渔获物定点上岸除常规的抽检、核定等流程外，还应结合进行渔获物抽样分析，增加调查评估数据的来源。实现电子化交易记录、进出港管理记录。宏观管控上岸点的市场价格，严厉打击扰乱市场秩序的行为。

4. 深化限额捕捞试点，创新管理模式

（1）扩大试点

进一步选择便于管理、捕捞人员不多、作业方式单一、针对性强的物种进行限额试点，扩大试点种类，探索试点经验，形成可推广的限额管理体系。探讨拓展大宗捕捞对象的限额捕捞，例如东海带鱼、小黄鱼等。

（2）配额使用

在单船限额基础上，试行"个人可转让配额"制度，即高产渔船在达到单船限额以后，在渔业专业合作社平台下，渔民间本着"自愿、公平"的原则进行捕捞限额转让，让高产渔船用一定的生产收益补偿低产渔船。

（3）控制兼捕

我国的海洋捕捞属于典型的多鱼种兼捕渔业，不同地区海域的主要捕捞经济品种差异也较大。针对捕捞品种多、捕捞类型多样的现状，单一品种的限额捕捞难以实施。可在明确主捕种类限额的基础上，实行兼捕品种总量限额或单船总可捕量的限额捕捞措施，避免渔业资源的浪费，尽可能地保证渔民利益最大化并满足渔业资源的可持续使用，在单个物种试点的基础上，逐步增加限额捕捞的目标物种种类，考虑兼捕的实际情况，同时要对捕捞渔具也做出限制。

五、扩大限额捕捞试点种类及其管理建议

限额捕捞管理作为渔业资源管理的手段之一，对于保护和合理利用海洋渔业资源、保障我国渔业绿色健康发展具有重要意义。但是，由于我国渔业资源及海洋捕捞业的独特性，国外现行的制度体系不能照搬，因此要进一步扩大限额捕捞试点，探索符合我国国情和渔业资源特点的限额捕捞管理措施。目前，东海区除了梭子蟹、海蜇试点外，在丁香鱼、毛虾等种类上也逐步开展了试点工作。下一步课题组拟对长江口鳗鲡苗种以及东海带鱼和小黄鱼进行限额捕捞试点探索。

（一）鳗鲡限额捕捞

1. 开展鳗鲡限额捕捞的意义

鳗鲡是我国主导养殖创汇品种，具有巨大的养殖产业需求，同时又是国际关注且已经列入 IUCN 红色名录的物种，目前国际上将鳗鲡列入 CITES 附录的呼声很高。2019 年起，农业农村部渔业渔政管理局牵头制定第一个非保护物种——鳗鲡保护国家行动计划，而且在当前长江全面禁渔的背景下，以长江口鳗鲡苗种作为长江禁捕后限额捕捞的特例进行试点探索具有十分重要的意义。

2. 开展试点探索的原因

（1）资源衰退严重

自 20 世纪 70 年代起，鳗鲡的资源量已呈显著下降趋势，全球鳗鲡捕捞量目前处于历史低位［从 20 世纪 60—70 年代的 3 000 t 左右下降至 150 t 左右（FAO，2016）］，我国鳗鲡资源可持续发展也面临着严峻威胁。而过度捕捞是鳗鲡资源量长期下降的主要因素。随着消费量的增长和养鳗业的发展，中国各地鳗苗捕捞呈现出"掠夺"式的发展模式，20 世纪 80 年代以前，我国几乎所有主要河口都能捕捞到大量的玻璃鳗，由于其他地方的玻璃鳗资源枯竭，现在仅福建省沿海水域和长江口水域能捕捞到大量的玻璃鳗，其中长江口捕捞量占我国玻璃鳗总捕捞量的 60% 以上。

（2）兼捕损害巨大

鳗苗捕捞作业网具有 3 种：单桩转网、三桩网、樯张网，单桩转网是目前在东海区的主要捕捞网具。2017—2020 年在长江口调查时，鳗苗捕捞渔民全部采用定置转网。由于我国目前捕捞的鳗鲡以鳗苗为主，这种"高效"捕捞网具对其他物种，尤其是幼鱼资源的兼捕损害十分巨大，直接影响我国近海渔业资源可持续发展。

（3）时间区域相对集中

每年鳗苗从南到北逐渐进入沿海各江河口，集中发苗时间相对集中，区域也相对集中，便于开展限额捕捞管理。

（4）监管比较成熟

近年来，国家高度重视鳗鲡的保护工作，先后通过制定并实施相关保护法规和规划计划、开展调查监测和科学研究、加强宣传教育和国际合作等工作，深入推进鳗鲡物种保护，并取得了一定的成效。1986 年发布、2000 年修订的《渔业法》第二十一条以及《渔业法实施细则》第二十四条规定，因养殖或者其他特殊需要，捕捞鳗鲡等有重要经济价值的水生动

物苗种或者禁捕的怀卵亲体的，必须经国务院渔业行政主管部门或者省、自治区、直辖市人民政府渔业行政主管部门批准，并领取专项许可证件，方可在指定区域和时间内，按照批准限额捕捞。这明确了鳗鲡作为我国重要水生动物，对其保护是我国生物物种资源保护和利用的重点领域和优先行动。

3. 下一步工作重点

将根据长江口鳗鲡生活习性和捕捞的特殊性，在借鉴其他物种限额捕捞管理的经验基础上，对以下几个方面重点探讨：

（1）确定限额总量

基于鳗鲡资源现状，以满足资源可持续发展和国内养殖产业需求为基本原则，调研近10余年长江口鳗鲡资源捕捞动态以及国内养殖产业的苗种需求，科学合理制定捕捞总量。

（2）限定捕捞地点和时间

历史上鳗鲡苗种的捕捞在长江口禁渔线（$122°15'E$）内外都有，捕捞季节为每年的1—5月，这给鳗鲡苗种捕捞的管理带来极大困难。课题组将根据历史资料并结合现场调研，探索将鳗苗捕捞限定在长江口沿岸且固定时间段内进行捕捞的可行性和具体方案。

（3）优化捕捞方法

现行鳗鲡苗种捕捞方式对长江口渔业资源尤其是幼鱼资源伤害极大，平均每网捕捞渔获中鳗鲡苗种的占比不足 1%。因此，课题组将在调研国外相关鳗鲡苗种捕捞方式和网具的基础上，结合捕捞地点特征，探索开展灯光诱捕的方式进行捕捞的可行性，减少兼捕渔获，作为限额保障措施。

（4）建立定点上岸的管理制度

鳗鲡苗种上岸后"渔霸"的强行收购和走私是影响定点上岸的关键因素。课题组将探索清除"渔霸"、建立统一的销售渠道和市场等定点上岸管理制度，并探索建立强化联合执法、打击走私的综合管理体系。

（5）加强价格管控

探索建立政府"指导价"制度，根据捕捞总量和养殖产业需求，结合国际鳗鱼市场价格制定长江口鳗鲡苗种的指导价格，超出部分由政府补贴，可参照油补及资源补偿费进行优化。

（二）带鱼和小黄鱼限额捕捞

1. 开展东海带鱼和小黄鱼限额捕捞的意义

带鱼是世界重要的渔获种类，主要分布在西北太平洋、印度洋和大西洋。带鱼分布区内，以我国产量最高，也是我国海洋渔业中的重要捕捞物种，其产量多年来一直居我国海洋捕捞鱼类产量的首位。小黄鱼主要分布于西北太平洋区，包括中国、朝鲜、韩国沿海。在中国分布于渤海、东海及黄海南部，是底拖网、围缯、风网、帆张网和定置张网专捕和兼捕对象，也是中、日、韩三国共同利用的主要鱼种。带鱼和小黄鱼在我国的海洋渔业中占有重要的位置。在20世纪50—70年代，带鱼和小黄鱼连同大黄鱼、乌贼被称为东海四大海产。70年代以后，由于受到过度捕捞和环境恶化等的影响，带鱼和小黄鱼资源步入衰退、严重衰退期。90年代之后，由于东海区伏季休渔制度的有效实施，资源数量有所恢复，产量明显上升。然而，产量的增加并没有使带鱼和小黄鱼资源完全恢复，渔获物利用以补充群体为主，可利用价值大大降低。

目前东海带鱼和小黄鱼的管理主要是采用禁渔区、保护区、禁渔期等方法来控制捕捞强度、减轻捕捞压力。伏季休渔已经执行了 25 年，其间进行了不断的调整和完善，但是从东海区长期资源动态监测来看，带鱼和小黄鱼资源衰退的态势仍然没有得到根本性遏制，现有休渔制度仅起到短期暂养的养护作用，仅依赖于单一的伏季休渔制度难以实现资源恢复预期目标。因此，为了东海区渔业资源合理利用，确保伏季休渔制度主导下的渔业资源养护效果能真正得到巩固，渔业资源的种群结构能够得到切实好转与不断合理化，在休渔制度主导下尝试限额捕捞的基础研究工作或试点工作具有重要意义。

2016 年浙江曾提出关于带鱼的限额捕捞试点工作，同时提出的还有梭子蟹和方头鱼的限额捕捞，在经过充分听取渔民意见、多次召集专家进行可行性论证后，最终选择梭子蟹进行限额捕捞试点。当时没有选择带鱼主要是考虑到带鱼的产量高、分布广、影响大，而且东海带鱼与小黄鱼、鲳鱼等传统经济鱼类具有产卵期和越冬期相近、洄游路线相似、常年混栖、食物竞争等特点，捕捞渔场、渔期和渔具渔法基本相同，对带鱼实施单鱼种管理缺少科学与实用基础。由于小黄鱼、鲳鱼等传统经济鱼类的资源状况尚不及带鱼，如果对带鱼实行限额捕捞，小黄鱼和鲳鱼的捕捞生产都会受到影响，捕捞生产受到限制，要顺利实施限额捕捞尚有较大难度。经过对梭子蟹 4 年的试点探索，以及渔业资源管理的需要，现在可以适时提出带鱼的限额捕捞管理。另外考虑到带鱼与小黄鱼的渔具渔法相同，也是共同的兼捕对象，所以本研究提出同时对带鱼和小黄鱼进行限额捕捞管理，既可以更好地保护渔业资源，也具有更高的可操作性。

2. 开展试点探索的原因

（1）资源衰退

东海带鱼资源从 20 世纪 50 年代起开始得到开发利用，渔获量表现出明显的年际变化：1956—1974 年为迅速增长期，1974 年达 53 万 t。1975—1988 年在波动中下降，1988 年仅 29 万 t。1988 年之后，由于捕捞能力的快速增长，带鱼渔获量又快速增长，2000 年达 91 万 t，之后开始呈下降趋势。2018 年和 2019 年较低，分别为 58 万 t 和 56 万 t（20 世纪 80 年代后我国带鱼统计数据中有时包含来自东南亚和西非沿岸国家底拖网的带鱼，因此产量统计数据可能会偏高）。

东海区小黄鱼资源与带鱼具有相同的变化趋势，在 20 世纪 50—60 年代比较丰富，1957 年年产量有 10.15 万 t，60 年代末开始下降，到 70 年代平均年产量仅为 2.97 万 t，80 年代下降到 0.87 万 t（柳卫海等，1999）。90 年代之后，由于东海区伏季休渔制度的有效实施，资源量有所恢复，产量明显上升。2000 年其产量创东海区小黄鱼历史产量的最高纪录，达 15.95 万 t，2001 年产量为 12.5 万 t，2002 年产量为 12.91 万 t，处于历史较高水平（林龙山，2004）。

虽然与其他传统的、高开发强度的经济鱼种相比，带鱼与小黄鱼目前仍然维持相对高的产量，但由于捕捞努力量的快速增加，捕捞的带鱼日趋低龄化、小型化和低营养级化，带鱼和小黄鱼已经呈现过度开发状态。

（2）具有资源保护基础

近些年来，为加强对带鱼、小黄鱼种群的养护与管理，减缓其资源衰退，已经陆续建立了东海产卵带鱼保护区、东海带鱼国家级水产种质资源保护区及吕泗渔场小黄鱼银鲳国家级水产种质资源保护区，并实施伏季休渔制度。

（3）研究基础较好

由于是重要的渔业物种，东海带鱼和小黄鱼的资源变动、时空分布、生物学特征、繁殖力、资源补充量、资源密度、空间分布及产卵群体的结构特征等都有较好的研究，为将来限额捕捞政策的开展提供了大量的参考数据和资料。

3. 下一步工作重点

根据带鱼的资源量变化、亲体、补充量以及捕捞情况，在借鉴其他物种限额捕捞管理的经验基础上，对以下几个方面重点探讨，制定带鱼种群限额捕捞动态管理与最优化开发策略：

（1）限额总量的确定

基于带鱼资源现状，以满足资源可持续发展为基本原则，调研近 10 余年带鱼资源捕捞动态，制定捕捞总量。徐汉祥等（2003）曾根据前期的资源和渔获状况，评估计算出最大持续渔获量为 75 万～75.7 万 t。然而最近几年缺少进一步的计算分析，下一步可以根据最近10 年的资源和捕捞数据，通过 Schaefer 和 Fox 模型计算最大持续渔获量，进行年渔获量、许可捕获量以及允许渔船数量和功率的计算分析。

（2）限额捕获量的分配

东海区目前带鱼的捕捞努力量强大，在进行东海区三省一市分配时，可参照近 10 年带鱼渔获量平均值，将确定的许可渔获量按比例分配到各省（直辖市）。捕捞限额指标应逐级分解下达，由国家直接下达到省（直辖市），省级以下由各省（直辖市）自行分解。

由于目前东海区生产带鱼的船只类型较多，主捕的有双拖和帆张网、部分钓船，兼捕的有单拖、部分光诱作业及流动张网等，需要首先调查清楚各种作业类型的渔获比例；另外，我国近海渔业捕捞实行的不是专捕制度，渔船捕获带鱼比例不同，各时段主捕对象不仅是带鱼一种。因此，仅就带鱼一种渔获种类实施许可捕捞，在渔获量上可以由各地控制，但捕捞努力量却难以兼顾。可以按现有捕捞努力量分配配额。根据许可渔获量，由各地分配给每船许可渔获量，分配时可根据作业类型、船只功率等区别对待。

（3）配额管理

参照梭子蟹限额捕捞的模式，建立捕捞日志制度，渔民每日向管理部门通报生产和渔获情况，便于管理部门及时掌握捕捞配额的使用情况，也利于分析各渔场的资源状况，及时调整许可渔获量和捕捞努力量。对于违反该制度的渔船应处罚甚至取消其许可捕捞资格。同时实行流动检查制度，随时抽查各许可渔船执行各项制度状况，了解渔获动态，分析渔获数量，保证许可捕捞各种规定的落实，并及时制止违规现象。

（4）信息统计体系的建立

由于带鱼捕捞涉及的面广人多，根据实际捕捞生产情况，建立从事带鱼捕捞生产、海上收购、港口和码头收购渔获的捕捞信息统计体系；建立渔船捕捞日志统计分析处理信息中心。

（5）定点上岸管理制度的建立

建立统一的销售渠道和市场等定点上岸管理制度，统计渔获上岸量，检查配额使用情况，保证统计渔获量的准确性，每天向有关部门上报各品种的收购量和交易量。规范海上船与船之间的过驳交易行为，对于船船交易，需开具发票或收据之类凭证，并每天记录收鲜的详细资料，定期通报和上缴管理部门；海上带货合并上岸交易需开具委托交易证明，使海上带货和交易总量与上岸渔获量基本相符。对于违反该制度的渔船应取消其许可捕捞资格，违反该制度的收购企业、交易市场或船只应取消其营业资格，并均给予处罚。

六、东海区渔业管理发展目标及重点任务

《全国渔业发展第十三个五年规划》、《"十三五"全国远洋渔业发展规划（2016—2020年)》、2017 年农业部发布的海洋捕捞业负增长计划和 2018 年《国务院办公厅关于加强长江水生生物保护工作的意见》已经为我国渔业管理的发展指明了方向。从长远的发展来看，结合我国渔业的实际创新或引进更先进的渔业管理理念，建立更有效的渔业管理制度，是今后相当长一段时期我国渔业管理研究的主要聚焦点（黄硕琳等，2019）。

（一）限额捕捞管理发展目标

1. 近期目标

到 2025 年，在全面试点的基础上，形成覆盖我国沿海各省（直辖市）的限额捕捞管理政策，确定各区域分物种的总允许捕捞量，形成捕捞配额分配制度，建立渔获物定点交易制度、海上监管制度、渔船奖惩制度和捕捞限额预警机制。切实养护近海渔业资源，实现渔业资源管理的多目标发展，保证水产品供给，满足人们的多元化需求。形成新时期我国渔业管理政策体系，渔业资源管理居世界先进水平。

2. 远期目标

到 2035 年，形成覆盖全国的限额捕捞管理政策，渔船数量和捕捞强度与渔业资源可再生能力大体相适应。近海渔业资源显著回升，种群结构平衡，生态贡献凸显。建立完善的渔业资源管理体系，居世界领先水平，成为世界渔业资源管理强国。

（二）研究确定亟待解决的科学问题

1. 限额捕捞实施的基础问题

要回答限额捕捞"在哪搞""限什么""限多少""配额如何分配"等问题，需要进行充分的渔业调查与科学分析，在充足数据的基础上提出科学的建议。加强对重要渔业资源的产卵场、索饵场、越冬场、洄游通道等栖息繁衍场所及繁殖期、幼鱼生长期等关键生长阶段等相关问题的调查，大力开展水生生物资源增殖放流活动的试点评估，为建设国家级和省级海洋牧场示范区进行调查评估。加强渔业资源调查和水域生态环境监测，摸清海洋渔业资源的种类组成、洄游规律、分布区域，以及主要经济种类的生物学特性和资源量、可捕量，为养护渔业资源提供科学依据。

2. 渔业资源的 TAC 管理

TAC 管理是通过限定渔业资源的允许总渔获量，来达到控制捕捞对象种群"捕捞死亡"水平的一种资源管理方法。TAC 管理要根据渔业资源的再生能力（也就是资源补充量），特别是当前资源量水平所能承受的捕捞强度，而限定允许捕捞的总渔获量。限定允许总渔获量，是控制捕捞力量的一种间接方法，它的原理是渔获量与捕捞力量成正比的基本假设。通俗地讲，TAC 管理只管"产出"这一头，限定出某个渔场捕捞对象种群的允许总捕获量。

而对于"投入"那一头，则不管你要盲目投入多少船网；不管你不惜因投入的船网过多，而即使单位捕捞力量捕获量下降，也仍然要强行野蛮开采，只要一达到渔场的允许总渔获量，就宣布关闭渔场，再有犯者，便给予制裁，不会让野蛮开采的行径得逞，而把必要数量的资源保护下来（林学钦，2002）。

中国渔业管理发展的一个主要趋势就是要实施海洋渔业资源总量管理，首先必须确定与渔业资源相适应的总可捕量，只有确定了适宜的总可捕量而且严格按照总可捕量进行控制，渔业资源才可能恢复到可持续发展水平。中国渔业大多是多鱼种渔业，因此，在确定总可捕量时存在着不少困难，是按鱼种确定可捕量还是不分鱼种按海区确定总可捕量仍需要研究。目前捕捞限额的试点大多是单鱼种渔业，要在多鱼种渔业中实施总可捕量控制，尚需要更多的理论研究和试点的实践。总可捕量确定之后，如何分配这些可捕总量，如何保证可捕量限额分配的公正合理，也是实施渔业资源管理总量控制的难点（黄硕琳等，2019）。

（三）优化管理捕捞力量和保护措施

1. 明确近海渔业资源管理和实施主体

建立适合中国国情的渔业权制度。引入渔业权制度是中国近海和内陆渔业管理的重要方向。国际上对基于权利的渔业管理十分重视，联合国粮农组织每年都组织开展这方面的研讨。在中国，引入渔业权制度将激励广大渔民保护渔业水域、保护渔业资源的内在动力，无疑对确保捕捞渔民和养殖渔民的合法权益及水产养殖的发展空间，提升渔业管理的效率大有好处。但是，如何构建具有中国特色的渔业权制度，需要加大研究的力度。根据其他国家和地区的经验，渔业权制度的实施需要渔民组织作为重要的载体，因此，中国还应把培育具有自我组织管理职能的渔民组织作为一项重要的渔业管理任务（黄硕琳等，2019）。

2. 完善近海渔业资源评估体系和捕捞许可制度

捕捞许可制度需要研究完善。根据1979年国务院颁布的《水产资源繁殖保护条例》，我国开始实施渔业捕捞许可制度，后来又相继颁布了《渔业许可证若干问题的暂行规定》《海洋捕捞渔船管理暂行办法》《渔业捕捞许可证管理办法》和《渔业捕捞许可管理规定》等，使我国捕捞许可制度不断完善。捕捞许可制度为规范捕捞渔船管理，控制捕捞强度，减缓渔业资源衰退，保障渔业可持续发展发挥了重要作用。捕捞许可制度的实施，使得渔业捕捞活动得以规范，同时渔业生产者按照规定缴纳资源增殖保护费，在一定程度上实现了渔业资源有序、有度、有偿开发。捕捞许可制度的实施还使捕捞强度盲目增加趋势得到一定控制。尽管捕捞许可制度已实施多年，并制定了相关实施细则和管理办法，但受经济利益驱使，仍有大批"三无"渔船和"三证不齐"渔船进行非法捕捞作业。该制度仅限制了海洋捕捞作业的个别内容，如捕捞许可证上通常只规定渔船主机功率大小、渔具数量、作业类型、作业区域和捕捞品种等，而没有明确核定捕捞限额数量，渔民仍然可以通过延长作业时间和改进捕捞技术等手段增加渔获量，因此还不能达到有效控制捕捞强度的目的。我国海洋捕捞产量总体还维持在较高水平（刘景景等，2014）。

3. 完善近海渔业资源捕捞总量和渔业配额管理制度

较大规模地持续压减捕捞产能。总可捕量制度实施的一个前提条件是捕捞能力的压减，即捕捞渔业减船转产，拥有太多的渔民及太多的渔船是无法实施总可捕量制度的。目前，政府减船转产回购的功率指标价格与渔船随船转移功率指标市场价格出现"倒挂"现象，建议适当调高减船转产补贴，用经济杠杆引导渔民自愿将指标上交国家，继续压减海洋捕捞产能，使海洋捕捞强度与渔业资源可再生能力相适应。持续打击取缔涉渔"三无"船舶，深化"船证不符"、不合规渔具整治成果，加强传统海洋捕捞渔民社会保障和转产转业，防止涉渔"三无"船舶反弹回潮，根治非法捕捞产能。认真落实按渔业捕捞证载明的渔具数量，加大渔具数量管控，减轻渔业捕捞压力（卢昌彩，2019）。今后一段时期，必须切实加强捕捞渔民减船转产的力度。如减船转产，向哪些行业转产、压减下来的渔船如何处置、如何保证转产转业的捕捞渔民不再重新加入捕捞的队伍等，这些问题都需要渔业管理的决策者认真研究，加以决断。中国政府向世界承诺，到 2020 年，将中国的捕捞能力降低 15%，其中渔船数量减少 2 万艘、渔船功率削减 150 万 kW；削减 309 万 t 捕捞产量，将捕捞总量控制在 1 000 万 t 以下（董峻等，2017；黄硕琳等，2019）。

（四）多措施相结合的渔业管理方法

1. 生态系统水平的渔业管理方式

海洋生态系统水平的渔业管理方法是目前被普遍认可的用来加快恢复过度利用的渔业资源，阻止生态恶化，实现渔业资源可持续利用的有效管理手段。海洋生态系统水平的渔业管理方法要求管理者不仅要保护目标种群，还要关注其赖以生存、息息相关的非目标种群，防止造成营养级下降、食物链破坏等影响生态系统平衡的危机。例如加拿大对银无须鳕的渔业管理中，就强调对非目标鱼种兼捕的控制。通过多次调整其栖息地保护区的界限与强制使用网囊分离装置来减少对其他物种的兼捕。同时，还对非目标鱼种的兼捕比例作出了明确规定，如对黑线鳕的兼捕比例要少于 1%，其他重要商业鱼类的比例要小于上岸总重量的 10% 等。对兼捕的控制措施，避免了因捕捞冲突而带来的资源不可逆的衰退，是有效的基于生态系统的渔业管理手段（王冠钰，2013）。

我国的海洋渔业属于典型的多鱼种兼捕渔业，底拖网和围网捕捞方式被广泛地应用在东海带鱼渔业，因此兼捕非目标鱼种的比例非常大。尽管我国采用了一些渔业管理措施，但减少非目标鱼种的兼捕问题还没有解决，如底拖网捕捞东海带鱼会造成对大黄鱼幼鱼等非目标鱼种的兼捕，影响大黄鱼资源的恢复。可以通过加快研发网囊分离装置并纳入管理规范予以强制遵守来避免我国渔业捕捞中所面临的兼捕困境。同时，由于近年来渔获量中的幼鱼比例不断增加，严重影响了渔业资源的养护，建议适当放大网目。

引入预防原则与适应性调整政策。传统的渔业管理方式并没有考虑到环境变化对资源状态的影响以及渔业管理对环境变化的响应。而基于生态系统的渔业管理要求我们在管理决策时考虑到生物与非生物因素，其中的非生物因素就包括环境因素、气候因素。因此作为响应环境变化的可能的管理措施，预防原则应在海洋渔业管理中给予重视，以防止对生态系统造成不可逆的损害。应当尽快使预防原则在我国的渔业管理政策中得以体现（王冠钰，2013）。

2. 精细化的渔业目标管理

（1）创造条件实施配额制度

实施配额制度是渔业资源养护的重要手段，其实施与否也是判断一个国家渔业管理水平的重要指标。我国的《渔业法》对实施总许可捕捞量制度作了原则性规定，但由于我国拥有众多的渔民和渔船，渔业资源调查与监测资料不足，目前还在试点探索阶段。因此，实施配额制度是我国渔业管理的长期目标，现阶段的工作重点应立足于努力创造实施的各项基础条件。通过培养渔民合作组织，逐渐在沿海渔村建立一种自律性合作管理模式。通过严格船籍管理，完善许可证管理、渔船检验和登记制度实现精细化集约化管理。通过优选目标鱼种进行配额制度试点，逐步谨慎地完善渔业资源管理（王冠钰，2013）。

（2）完善渔业信息监控系统

渔业海洋生态系统是以生态边界为限，而不是以行政区划为管理单元。渔业区通常覆盖不同的行政管辖区域，因此在渔业信息监控时需要协调跨界因素。协调各行政部门指定渔船卸载渔港、渔获物上岸报告和海上转载管理，增强渔业统计信息和监测资料的共享交流度，并完善相应的信息管理系统和数据库，提高资料的利用效率；优化监测点位，统一海洋渔业资源监测的项目内容、方法和标准（王冠钰，2013）。

（3）建立观察员监控反馈制度

实施观察员制度，对相关海域内作业的渔船调查、了解、反映情况和问题，记录、检查渔船的作业活动、网具状况及渔获情况，对收集到的信息进行分析以确保管理目标与执行结果的一致性。例如，加拿大渔业与海洋部定期派遣观察员到银无须鳕捕捞船监测目标鱼种的捕捞和丢弃数据，以及对非目标鱼种的兼捕情况。2000—2009年，派遣观察员到银无须鳕渔船的覆盖率平均9%。据观察员的记录，银无须鳕的捕捞量中，96%是目标鱼种，其主要兼捕的非目标鱼种为红长鳍鳕、鲱鱼和狗鲨，分别仅占0.9%、0.8%和0.4%。加拿大渔业与海洋部根据调查资料，对捕捞区域进行多次调整，并通过观察员监控的有关兼捕的反馈资料来验证是否合理（Gillis，1999）。观察员制度的实施，不仅能够帮助政府掌握海上渔船生产动态，还能收集大量的渔业资源信息资料，是渔业管理部门制定管理政策、及时调整管理措施的有力依据，也是保护非目标鱼种兼捕问题的有效方法（王冠钰，2013）。

3. 多主体共同参与的渔业管理模式

由于渔业管理涉及渔业资源、水域生态环境、渔港和渔船、渔业社区和渔民等诸多要素，传统的强制性管理方法已经无法与之相适应。这要求对渔业的各主体管理，改变传统"命令与控制"的模式，由"自上而下"的管治向"自上而下"的管治与"自下而上"内驱调节相结合转变，以平等地位参与渔业管理，寻找激励相容的管理模式。

（1）整合渔政机构管理职能

调整我国渔政执法的层级结构，加大渔政管理的垂直管理力度，三个海区局对地方渔政机构的管理权限不再只是业务指导，应扩大海区局对近海捕捞管理的职能和权限，逐渐将原来归省（市）管理的职能改由海区局直接负责。同时，改革渔业行政执法体制，吸取部分省（市）已经开展的试点经验，将渔政、渔港监督以及渔船检验部门进行联合统一执法，提高行政效率。此外，渔政管理体制的一些功能应被拆分整合，降低行政成本，提高海上执法力度。

（2）加大渔民的知情权和参与度

将政府主导型的管理模式转向政府引导型的管理模式，必须给予渔民等利益相关者更多的参与决策和监督管理的权限。共同管理是政府和渔业生产组织（单位、个人）共同承担职责的形式。通过协商方法管理渔业，即渔民和各产业部门、政府、科学家、环境保护组织等都参与渔业的决策和管理，可以改变这种自上而下的管理模式和执行模式。另一方面，渔业政策的关键在于从根本上消除渔业资源使用者为实现个人利益最大化而进行竞争性捕捞的心理和行为。明晰渔业权属就是实现这一关键的可行的激励机制。渔民一旦获得排他性的资源使用权，就会从竞争性捕捞行为转向通过减少权利成本或增加权利价值来实现其产权的最大收益。以实现可持续发展为核心的渔业管理应注重管理过程的共同管理模式。通过改革管理制度、推进公众参与、建立激励机制来实现国家、社会和个人利益的共赢（王冠钰，2013）。

课题组主要成员

组　长　庄　平　中国水产科学研究院东海水产研究所
成　员　赵　峰　中国水产科学研究院东海水产研究所
　　　　王思凯　中国水产科学研究院东海水产研究所
　　　　张　涛　中国水产科学研究院东海水产研究所
　　　　刘鉴毅　中国水产科学研究院东海水产研究所
　　　　冯广朋　中国水产科学研究院东海水产研究所
　　　　王　妤　中国水产科学研究院东海水产研究所
　　　　耿　智　中国水产科学研究院东海水产研究所

课题 Ⅲ
南海渔业资源管理发展战略及对策研究

一、南海渔业资源及其管理

（一）南海渔业资源现状

1. 渔业资源种类组成

根据 2014—2018 年南海北部近海渔业资源资料，南海北部共有渔业生物 704 种，隶属于 34 目 169 科 379 属。其中，鱼类共 561 种，包括中上层鱼类 90 种和底层鱼类 471 种，隶属于 29 目 135 科 309 属，以鲈形目种类最多，达到 292 种，鲉形目和鲽形目次之，分别有 51 和 43 种；甲壳类 117 种，隶属于 2 目 28 科 60 属，种类最多的是梭子蟹科，为 25 种；头足类 26 种，隶属于 3 目 6 科 10 属，乌贼目和枪形目的种类相当，均有 10 种。从季节分布上看，渔获种类最多的季节出现于 2014 年秋季，达到 453 种；其次为 2016 年夏季，为 402 种；而 2016 年冬季渔获种类最少（图 2-26）。与 1997—1999 年南海北部近海底拖网调查结果（鱼类 650 种、甲壳类 150 种、头足类 40 种）相比，鱼类、甲壳类和头足类的种类数分别减少 89 种、33 种和 14 种。南海北部近海渔业资源中，中上层鱼类以蓝圆鲹、竹筴鱼、沙丁鱼类、鲐鱼、鲳类等为主，底层鱼类以发光鲷类、大眼鲷类、二长棘犁齿鲷、蛇鲻类、白姑鱼类、金线鱼类等为主，而头足类以剑尖枪乌贼、中国枪乌贼等为主要优势种。

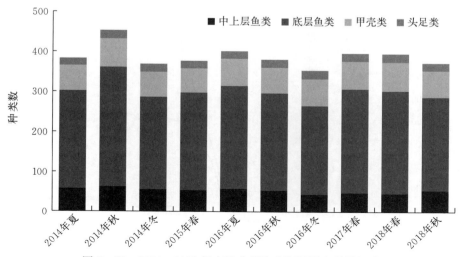

图 2-26　2014—2018 年南海北部渔业资源调查种类组成

南海北部渔业资源前五位优势种分别为发光鲷、竹筴鱼、二长棘犁齿鲷、蓝圆鲹和剑尖枪乌贼，而1997—1999年为黄斑鳢、发光鲷、多齿蛇鲻、花斑蛇鲻和弓背鳄齿鱼，除发光鲷外，其他主要优势种均发生了变化。优势种组成存在一定的季节变化，发光鲷是四个季节中均前五位的优势种，竹筴鱼和二长棘犁齿鲷在春、夏和秋季均为主要优势种，剑尖枪乌贼除夏季外均为主要优势种，中国枪乌贼在春季和冬季为主要优势种，蓝圆鲹和刺鲳仅在夏季为主要优势种，黄鳍马面鲀仅在秋季为主要优势种，而宽突赤虾和多齿蛇鲻仅在冬季为主要优势种（表2-4）。

表2-4　南海北部资源优势种（*IRI*>500）及各季节前五位的种类

种类	四季	春季	夏季	秋季	冬季
发光鲷	1 451.06	1 566.35	1 199.70	1 440.72	1 820.56
竹筴鱼	903.97	989.70	1 863.71	266.96	
二长棘犁齿鲷	549.85	704.17	850.47	427.19	
蓝圆鲹			1 172.10		
剑尖枪乌贼		585.66		334.67	324.24
中国枪乌贼		523.54			304.34
刺鲳			560.54		
黄鳍马面鲀				451.42	
宽突赤虾					353.27
多齿蛇鲻					308.76

2. 海洋捕捞生产

（1）持证捕捞渔船情况

南海区海洋机动渔船在20世纪50年代至70年代末处于缓慢增长期，1980年末，机动渔船数超过1万艘；20世纪80年代为快速增长期，1990年末，机动渔船数达到7万艘；近年来，机动渔船数呈现下降趋势，2018年末南海三省（自治区）机动渔船数量为68 259艘，其中，广东省35 694艘，海南省24 333艘，广西壮族自治区8 232艘（图2-27）。

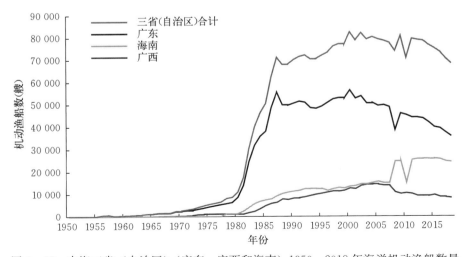

图2-27　南海三省（自治区）（广东、广西和海南）1950—2018年海洋机动渔船数量

近年来，南海区海洋捕捞方式主要为拖网、围网、刺网、钓具及其他。其中，渔船数量有 67.0% 为刺网，占绝对优势；其次为拖网，占 10.7%，围网为 7.0%，钓具为 6.7% 等。底拖网的功率和产量均分别占总功率和总产量的 40% 左右（图 2 - 28）。

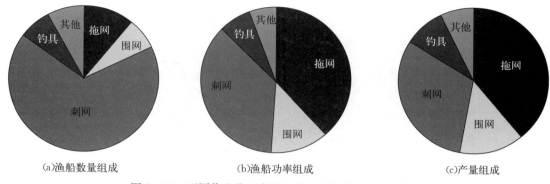

(a) 渔船数量组成　　(b) 渔船功率组成　　(c) 产量组成

图 2 - 28　不同作业类型产量组成、渔船数量和功率组成

（2）涉渔"三无"船舶情况

涉渔"三无"船舶（亦称乡镇船舶）是指无船名号、无船籍港、无船舶证书从事渔业生产活动的船舶，"三证不齐"（"三证"即捕捞许可证、渔业船舶登记证书、渔业船舶检验证书）的船舶在补办相关证件之前也可以视为"三无"渔船。自"九五"开始，农业农村部在沿海各省份组织实施渔民减船转产工程，海洋捕捞渔船"总量控制"进入到"总量压减"的实施阶段。然而，压减制度实施后，各地涉渔"三无"船舶并没因此得到遏止，部分涉渔"三无"船舶问题已成为扰乱渔业生产秩序、破坏渔业资源和环境、引发渔业生产安全的主要诱因。由于种类杂、数量多、分布广、隐蔽性强和作业方式多样等特点，对涉渔"三无"船舶的统计难度较大。根据对地方渔业主管部门及渔民的座谈调研，南海沿海各市均反映涉渔"三无"船舶数量庞大，但各地区的情况不一。以粤西湛江市为例，湛江市拥有渔船 8 382 艘，非在册涉渔"三无"船舶 18 033 艘，大概为在册渔船的 2 倍。据汕头市渔政支队报市三防数据，汕头市现有在册的正规渔船 1 424 艘，而涉渔"三无"船舶数量则为 3 677 艘，约为正规在册渔船的 2.5 倍。江门台山市现有在册的渔船 2 520 艘，而涉渔"三无"船舶数量则为 5 134 艘，约为正规在册渔船的 2 倍。涉渔"三无"船舶大多为历史遗留生计渔船，是一家几口人的生活支撑，还有部分是减船政策后渔民又重操旧业建造的船，对其直接取缔有可能造成一系列的影响，管理和执法都存在一定的困难。

（3）海洋捕捞产量及组成

南海三省（自治区）海洋捕捞产量经历了从 20 世纪 80 年代初期到 21 世纪初期的快速增长期，产量由 1980 年的 59.79 万 t 增长到 2006 年的 369.05 万 t。2006 年后，产量呈现下降趋势，2018 年海洋捕捞产量为 291.46 万 t，其中，广东省为 127.16 万 t，海南省为 108.39 万 t，广西壮族自治区为 55.91 万 t（图 2 - 29）。主要由拖网捕捞，其次为刺网。

2018 年南海三省（自治区）主要捕捞经济种类见表 2 - 5。其中以鱼类最多，为 210.38 万 t，产量排名前十的鱼类分别为金线鱼（323 739 t）、带鱼（282 124 t）、蓝圆鲹（198 021 t）、海鳗（164 116 t）、鲳鱼（103 718 t）、沙丁鱼（83 461 t）、石斑鱼（80 464 t）、鲷鱼（76 452 t）、马面鲀（75 257 t）和鲀鱼（52 243 t）。其次为甲壳类，为 40.41 万 t，包括虾类 25.05 万 t 和蟹类 15.36 万 t。头足类和贝类分别为 19.28 万 t 和 11.28 万 t。

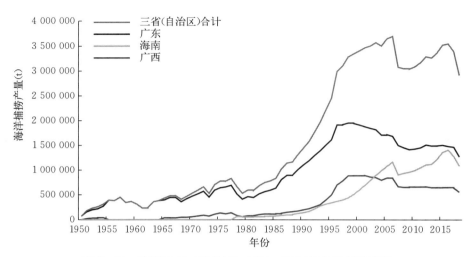

图 2-29　南海三省（自治区）1950—2018 年海洋捕捞产量

表 2-5　南海三省（自治区）主要经济种类捕捞产量

单位：t

种类	广东	广西	海南	合计
鱼类	909 677	310 092	884 024	2 103 793
海鳗	74 103	12 087	77 926	164 116
鳓	24 153	18 625	1 294	44 072
鲲	30 013	/	4 281	34 294
沙丁鱼	60 099	10 364	12 998	83 461
鲱鱼	3 716	871	414	5 001
石斑鱼	37 095	5 208	38 161	80 464
鲷鱼	37 483	21 196	17 773	76 452
蓝圆鲹	96 030	57 016	44 975	198 021
白姑鱼	18 750	1 353	3 183	23 286
黄姑鱼	4 366	68	2 811	7 245
鮸鱼	5 060	700	356	6 116
大黄鱼	25 647	/	12 992	38 639
小黄鱼	23 746	/	12 125	35 871
梅童鱼	3 451	/	2 404	5 855
方头鱼	9 296	39	11 930	21 265
玉筋鱼	2 329	/	12 419	14 748
带鱼	127 925	25 813	128 386	282 124
金线鱼	78 683	28 504	216 552	323 739
梭鱼	24 237	7 916	4 010	36 163
鲐鱼	30 198	10 039	12 006	52 243

（续）

种类	广东	广西	海南	合计
鲅鱼	25 576	2 001	1 927	29 504
金枪鱼	31 824	/	16 667	48 491
鲳鱼	64 754	9 029	29 935	103 718
马面鲀	39 383	21 203	14 671	75 257
竹筴鱼	5 015	185	19 045	24 245
鳕	17 956	7 499	12 286	37 741
甲壳类	211 592	123 169	69 324	404 085
虾	138 398	69 494	42 582	250 474
毛虾	35 872	28 136	9 850	73 858
对虾	59 305	17 394	19 493	96 192
鹰爪虾	12 995	8 101	3 906	25 002
虾蛄	22 485	6 741	2 415	31 641
蟹	73 194	53 675	26 742	153 611
梭子蟹	38 713	28 990	10 778	78 481
青蟹	29 604	10 840	13 184	53 628
鲟	2 707	1 802	703	5 212
贝类	44 346	49 253	19 239	112 838
藻类	6 083	/	6 913	12 996
头足类	61 006	40 700	91 061	192 767
乌贼	14 383	14 685	18 787	47 855
鱿鱼	26 327	19 719	63 335	109 381
章鱼	12 136	5 812	5 454	23 402
其他类	38 899	35 852	13 319	88 070
海蜇	11 945	33 962	5 387	51 294

（二）南海渔获物定点上岸渔港

渔获物定港上岸是农业农村部为实施渔港振兴战略，切实强化渔获资源产出管理推行的一项重要制度，通过施行渔获物定港上岸，以及建立配套的渔获物可追溯体系等措施，实现海洋渔业资源的闭环管理，实现海洋渔业绿色可持续和高质量发展。

2020 年 9 月 8 日，农业农村部发布第 334 号公告，公布第一批国家级海洋捕捞渔获物定点上岸渔港名单。在第一批 66 家国家级海洋捕捞渔获物定点上岸渔港名单中，南海区入选了 23 家，其中广东有博贺渔港、闸坡渔港、洪湾渔港、尾碣石渔港等 18 家渔港入选；海南有崖州渔港、潭门渔港、港北港、乌场渔港共 4 家渔港入选；广西仅南滩渔港 1 家渔港入选。

1. 重要渔获物定点上岸渔港概况

在申报阶段，农业农村部就明确了渔获物定点上岸的渔港的标准，主要包括基础设施设备健全、有专门驻港监管机构、驻港监管机构职责明确和信息系统齐备等4个方面。现对阳江闸坡渔港和珠海洪湾渔港进行介绍。

（1）阳江闸坡渔港

闸坡渔港于1993年被评为国家一级群众渔港，2002年被农业部定为首批六大国家级中心渔港之一，2010年被农业部评为全国文明渔港。渔港港内水域面积1.4 km²，平均水深约2.7 m，可同时停泊大小船只1 500多艘；锚地80多万 m²，渔用码头1 400 m²。拥有水产品交易市场1个，面积1万 m²，年水产品交易量约10万 t，交易额6.8亿元左右。有制冰厂、冷冻厂共14间，生产能力达到制冰600 t/日，速冻800 t/日，冷藏2 000 t/次。配备渔船修造厂4间，船排5座，渔业机修修理厂5间。渔业执法办证中心1个，面积600 m²。

在管理方面，目前由广东省渔政总队闸坡大队负责驻港监管，在职人员37人，其中专职管理人员16人，执法人员21人，有执法船1艘（中国渔政44221），执法公务车1辆，执法记录仪4台。闸坡渔港具有良好的信息化监管能力，配置有完善的渔港进出口视频监控系统，可对渔港及周边交易市场进行全方位24 h高清监控。目前，阳江闸坡渔港已被广东省农业农村厅选为渔获物可追溯管理试点渔港，正在开展渔获物可追溯工作。

（2）珠海洪湾渔港

洪湾渔港于2014年12月动工建设、2018年12月29日落成开港、2019年8月16日正式承接珠海香洲渔港渔业功能。渔港占地72万 m²，其中港池有效掩护面积约41.3万 m²，港区岸线长2 630 m，布置有自动化卸渔、物资补给、供冰泊位等，设计停靠大小渔船800艘，年渔货吞吐量8万 t。自开港以来（截至2021年5月），累计进出港渔船数约10.2万艘次，渔货卸港量约11.2万 t；2021年累计进出港渔船数约1.98万艘次，渔货卸港量约1.64万 t。现已成为珠江口渔货交易的主要集散地之一。

渔港码头配备有卸渔皮带机及专业岸基设备（打码机），可对上岸渔获物实施规范化管理、电子化追溯。现处于试用阶段，根据实际及相关部门要求，可在后续进行升级改造并推广使用。洪湾渔港渔货交易在保留传统渔货交易方式基础上，投入开发了第三方渔货电子交易平台，港区设有交易中心、拍卖大厅及夜市。

渔港实行单线进出，封闭式管理，港区划定有码头功能区、渔船停泊区和禁停区等。渔船进出洪湾中心渔港，须按照《农业农村部关于施行渔船进出渔港报告制度的通告》要求实施渔船进出港报告制度，并按照《珠海洪湾中心渔港港章（试行）》管理规定，根据现场工作人员的调度管理要求在指定的码头功能区、渔船停泊区进行卸渔、补给或者停泊等，使得渔船监管更加规范化。并且，洪湾渔港具有完善的信息化监管能力：港区内布置180余个摄像头，实现全港区域监控覆盖，并已有8个摄像头与省渔政联网互通，5个摄像头与市公安联网互通；夜间港池及近海监控摄像机、高空瞭望全景摄像机不仅实现全域智能视频监控，且配备红外全景探测温度摄像头。可实现渔船进出港报告、渔船在港定位追踪、渔船海上动态监控及渔业执法管理等功能。

与其他大部分传统渔港不同，洪湾中心渔港采取的管理模式是"政府职能部门监管＋企业运营管理"。珠海市政府授权委托格力地产公司负责对渔港进行统一运营管理，渔政香洲大队负责驻港监管，实现了执法与管理相分离。且不同于国内大部分传统渔港的纯公益性运营机制，洪湾渔港根据渔港配套设施的产权性质分为公益性和非公益性。渔港可通过出租物业等获利，抵消一部分管理成本。未来，洪湾渔港还将通过进一步打造渔港经济区，实现渔港的收支平衡和良性循环。

2. 渔获物定点上岸的启示

在已公布的两批国家级海洋捕捞渔获物定点上岸渔港中，南海区有 29 家入选，其中第一批 23 家，第二批 6 家。南海区的年海洋捕捞产量在 300 万 t 以上，除少数几家中心渔港的上岸量为 10 万 t 以上之外，绝大部分渔港的平均年上岸吞吐量为 3 万～5 万 t。总体而言，目前渔获物定点上岸存在一些亟待解决的问题：①定点渔港的数量不足。农业农村部规定的申报定点渔港的标准较高，导致大部分一级和二级渔港都无法达到要求，比如，广西仅 1 家渔港入选为第一批定点渔港，珠海市仅 1 家洪湾渔港入选，而地处著名的万山渔场的万山渔港因无法满足要求而未入选。②部分定点渔港的基础设施仍有待提高。有些渔港的自动化卸渔装备缺乏、环保设备薄弱，有的港池淤积严重，影响了大型渔船的停泊卸货。③信息化管理系统仍需改进。渔港的一体化系统平台功能还需改善，电子商务平台尚未搭建。④政策和法规保障缺失。对于不参加渔获物定点上岸的渔船，缺乏有效的制约手段和处罚措施。

为推动渔获物定点上岸，必须大力加强渔港建设。①以《全国沿海渔港建设规划（2017—2025 年）》为依据，积极将渔港建设纳入当地城镇发展规划，优先保障渔港用地用海指标；加大渔港公益性设施建设的投入力度，提高渔港信息化水平，逐步完善以中心渔港、一级渔港为核心的定点上岸渔港建设水平。②实施以渔港为中心的综合监管。要创新渔港监管机制和模式，引入第三方监管机构，积极探索建立渔港港长制，推进渔港检验和渔政执法与渔港监督机构协同进驻渔港，并协调公安边防、海警、海事等部门现场办公，推进渔业执法关口前移，提升渔港综合监管效能。③大力发展渔港经济区。要把渔港经济区纳入乡村振兴整体规划，以渔港为中心吸引和集聚各类生产要素，巩固和提升传统功能，带动加工贸易、冷链物流、休闲渔业等多元化产业发展，建设渔业综合生产基地，实现港、产、城一体化，塑造现代化渔港样板区。

（三）南海渔业管理

自 20 世纪 70 年代末开始，渔业管理逐步从重点发展生产、提高捕捞产量转向全面的现代化综合管理，并为此采取了一系列的措施。

1. 渔业管理法治与机构建设

（1）渔业管理方面

1979 年 2 月，国务院颁布了《水产资源繁殖保护条例》，随后，1986 年《渔业法》正式实施。在防止海洋污染、保护水生动植物方面，国家也先后颁布实施了《中华人民共和国环境保护法》《中华人民共和国海洋环境保护法》《中华人民共和国野生动物保护法》《中华人民共和国水生野生动物保护实施条例》等法律法规。在维护国家海洋权益方面，国家相继制定实施了《中华人民共和国领海及毗连区法》《中华人民共和国专属经济区和大陆架法》等。这些法律法规的颁布实施，为渔业发展建立了有力的法律基础，使渔业管理在法制的轨道上运行。

2000 年 12 月 25 日，中越两国政府在北京签署《中华人民共和国政府和越南社会主义共和国关于两国在北部湾领海、专属经济区和大陆架的划界协定》和《中华人民共和国政府和越南社会主义共和国政府北部湾渔业合作协定》（以下简称《中越北部湾渔业合作协定》），上述两协定于 2004 年 6 月 30 日生效实施。2019 年，《中越北部湾渔业合作协定》实施十五周年总结会在广东举行，会议发表了《〈中越北部湾渔业合作协定〉实施十五周年总结会联合声明》，一致同意在《中越北部湾渔业合作协定》于 2019 年 6 月 30 日到期后，继续深化和完善北部湾渔业合作关系，继承和发展北部湾渔业合作机制。

2004 年 1 月 1 日起，农业部制定的《南沙渔业管理条例》实施，为加强南沙渔业生产管理、维持南沙渔业正常生产秩序提供了管理依据。2014 年 1 月 1 日，《海南省实施〈中华人民共和国渔业法〉办法修正案》生效实施。其规定，进入海南省管辖水域的外国人、外国渔船进行渔业生产或者渔业资源调查活动，应当遵守中国有关渔业、环境保护、出境入境管理的法律、法规和海南省有关规定。

（2）渔业管理队伍建设方面

以 1974 年南海区渔业指挥部成立为标志，南海渔业管理进入了以海区为单元的管理模式。1979 年 7 月中国渔政 31～34 船的正式交付使用，揭开了南海渔业海上执法管理的新篇章。1984 年农牧渔业部决定将南海区渔业指挥部改名为"农牧渔业部南海区渔业指挥部"，并加挂"农牧渔业部南海区渔政分局"。2000 年"中国渔政南海总队"正式挂牌。在此期间，广东、广西和海南也逐步建立了渔船检验、渔港监督和渔政管理等渔业执法队伍，从而形成了一个从国家到地方的渔业管理监督执法体系。2013 年，国务院启动了新一轮机构改革，明确机动渔轮底拖网禁渔区线外侧、特定渔业资源渔场的渔业监管执法职责由中国海警局负责，禁渔区线内的由各省级渔业综合执法机构负责。随着渔业管理更加注重综合治理，针对渔业产业链发展的各个环节，建议下一步要明确渔政、渔港、海警、交通、环保、市场等相关部门的监管职责，加强渔业管理干部队伍建设，加大执法投入保障力度。在南海省际交界水域，推动建立"一盘棋"的监管体系，发挥省级渔政部门统筹协调作用，建立省际执法联查通报制度，提高执法效率。

2. 主要渔业管理措施

（1）基于"投入控制"的管理措施

投入控制制度也可称为间接控制制度或传统的渔业管理制度，该制度可以用来保护幼鱼，以及产卵场、育肥场和越冬场，在一定情况下还可以削减捕捞努力量。南海区主要采取的投入控制制度有：一是捕捞许可制度，通过管理渔船准入、渔船数量和功率等控制渔业资源开发强度。1986 年制定的《渔业法》和《捕捞许可管理规定》对海洋渔业资源开发主体有明确的准入要求。它的局限性在于：第一，非传统生计渔民如商业渔业从业者、公司、捕捞合作社等可以通过市场渠道获取渔船相关证书、间接申请捕捞许可证，从而导致近海渔业从业者数量明减实增。第二，捕捞许可证对应渔船的捕捞量没有明确限制。持证人（单位）可以通过延长作业时间、改造渔业技术等手段不断增加捕捞量。另外，近海仍有大量的涉渔"三无"船舶在沿岸从事捕捞作业。二是"双控"制度与"减船转产"制度，通过限定捕捞渔船总量，控制资源开发能力与强度。"双控"制度源于 1987 年国务院颁布的《关于近海捕捞渔船控制指标的意见》。该意见明确规定了由国家确定全国海洋捕捞渔船数量和主机功率总量，通过对捕捞渔船数量和功率总量管理初步控制近海捕捞量的快速增长和资源过度利用，逐步实现海洋捕捞强度与海洋渔业资源可捕量相适应的目的。但是在实施"双控"制度的前十几年中，由于种种原因，无论是渔船数量还是渔船功率都没有得到有效控制。

（2）基于"产出控制"的管理措施

近年来，在借鉴国际经验的基础上，我国开始逐步实施"产出控制"制度，即通过调控海洋捕捞总量等资源"产出总量"直接调控资源开发量的治理措施。主要有两点：一是总量管理制度。海洋渔业资源总量管理制度源于 2000 年提出的捕捞总量"零增长"目标。2000 年修正的《渔业法》中，正式提出在我国海洋渔业中实行捕捞限额制度，但在管理实践中一直没有量化政策目标。直至 2016 年，农业部明确提出到 2020 年全国海洋捕捞总量要控制在 1 000 万 t 以内。我国海洋渔业捕捞总量控制取得了一定的成效，2017年全国海洋捕捞总量同比下降 5%。但是，由于长期以来对海洋渔业资源缺乏持续的科学调查评估与准确测算，我国在实行海洋渔业资源总量管理制度时只能按照统计数据中各省份历史捕捞量进行捕捞指标分配。这种指标分配方法并不科学，与实际海洋渔业资源可捕量并不完全匹配，且通过行政手段进行的管理与调控方式也难持续。二是捕捞限额管理。2017 年开始，广东省、广西壮族自治区相继开展限额捕捞制度试点。但由于南海近海渔业资源品种繁多，渔业洄游等海域复杂因素，以及原有的海洋渔业资源治理措施中缺乏对特定品种、海域渔业资源的连续监测与科学调查评估，目前捕捞限额制度还无法科学设置合理的分配原则和分配方法等，这项制度还无法全面推广，仍然在试点地区实践探索其成效。

（3）其他管理措施

除了"投入控制"和"产出控制"，南海区也采取了其他一系列渔业管理措施来调整海洋渔业资源开发，主要包括：一是"伏季休渔"制度。通过限定休渔期，明确资源开发利用时间。南海区从 1999 年开始实行伏季休渔制度，休渔时间从最初的两个月增加到现在的三个半月。伏季休渔制度的实施对减轻捕捞强度，特别是减轻对幼鱼的捕捞压力、延长幼鱼生长期起到明显的作用。但由于现行的伏季休渔制度是基于我国国情和当前渔业管理的现状而设定的，因而不论是休渔制度本身，还是休渔的管理，都存在一些问题。如休渔的成果难以巩固，休渔结束时万船齐发的壮观景象使刚刚得到恢复的资源很快在开捕后的几个月内消失殆尽。这些都有待于今后进一步加以改进和完善。二是"最小网目尺寸"管理。最小可捕规格的限定能促使渔民使用网目尺寸更大、选择性较好的渔具渔法。国家对南海区拖网网囊最小尺寸规定为 39 mm，但由于资源衰退导致渔船产量和经济效益的下降，渔民为了维持生计采用了更小的网目来捕捞个体较小的鱼类以增加产量，目前的网目大小普遍低于国家规定的标准，这对渔业资源造成很大的破坏。但是最小网目尺寸管理涉及的种类范围未能覆盖所有鱼类资源，海上执法的难度大及渔政执法力量薄弱，非法违规捕捞作业屡禁不止。除此之外，"增殖放流"和"保护区管理"等管理措施也在一定程度上对渔业资源的恢复起到积极的影响。

（四）南海限额捕捞工作进展

《农业部关于进一步加强国内渔船管控实施海洋渔业资源总量管理的通知》（农渔发〔2017〕2 号）要求自 2017 年开始，辽宁、山东、浙江、福建、广东五省各确定一个市县或海域，选定捕捞品种开展限额捕捞管理；到 2020 年，沿海各省份应选择至少一个条件较为成熟的地区开展限额捕捞管理。截至目前，广东已于 2018 年完成了珠江口白贝限额捕捞管理试点工作；广西的限额捕捞试点工作于 2020 年 9 月 15 日至 9 月 30 日开展，确定钦州海域为试点海域，12 m 以下小型渔船的单层刺网为试点作业类型，以梭子蟹为试点品种，目前已完成了试点方案编制及报批工作；海南目前还没有开展相关工作。

1. 制定了限额捕捞工作方案和相关规章制度

以广东省限额捕捞试点工作为例，《广东省渔业资源限额捕捞试点实施方案》确定了各单位的任务分工：省海洋与渔业厅统筹、协调制定实施方案，报农业农村部批准后组织实施；省渔政总队制定《入渔渔船监督工作方案》，并协调、组织渔政执法力量，统筹部署试点期间拖贝专项许可证渔船在珠江口作业海域的船位监控和巡航检查管理；南海水产研究所负责制定《限额捕捞试点资源监测方案》《定点交易管理办法》及《配额管理办法》，开展珠江口白贝资源调查和动态监测，确定贝类资源总量和最大可捕量；广州市海洋与渔业局开展试点各项工作的督促落实，审核和发放专项捕捞许可证（专项证），协调组织开展限额捕捞执法监督工作；番禺区海洋与渔业局、南沙区农林局开展统计本辖区入渔渔船名册，按照有关规定负责申请入渔《专项证》、渔船配额的分配、渔捞日志管理、配额完成情况分析统计等；各镇（街道）、渔村负责本镇（街道）、渔村渔船的配额管理，包括渔船配额的分配，督促其做好定点交易、渔捞日志，协助区局做好船位监控、配额完成预警等工作。

2. 营造了良好的限额捕捞管理氛围

为提高渔民群众参与限额捕捞试点的积极性，领导小组通过发放宣传手册、张贴标语条幅等方式，在限额捕捞试点区域传统的渔港和渔村进行政策宣传。在渔政执法过程中，采取上渔船与渔民密切交流、开渠道听取及回复渔民意见、利用执法船艇悬挂宣传横幅等多种形式，积极宣传限额捕捞相关政策制度，为限额捕捞管理营造了良好氛围。2018年8月在试点渔区召开了渔业资源限额捕捞试点工作推进会，省、市、区、镇、村5级渔业主管部门相关人员及参加试点渔船的渔民共计210多人参加了培训，邀请上海海洋大学、南海水产研究所、北京北斗星通导航技术股份有限公司等单位专家宣贯了《广东省渔业资源限额捕捞试点实施方案》。

3. 注重科技支撑

为确保试点工作取得实效，积极创新工作思路，破解任务重、管理力量不足的难题，以创新管理手段促进各项制度落实。广东省限额捕捞试点工作中，采用了电子渔捞日志的方式，既方便了渔民填报，又在一定程度上节省了管理成本。传统渔业信息采集方式有驻渔港信息员、租用固定信息渔船和面上调查等，以往的捕捞日志都是纸质的，存在易破损、易丢失、利用率低等不足，难以为渔业系统管理提供技术支撑。采用电子渔捞日志的方式，结合渔业资源评估数据，可科学合理设定海区捕捞产量上限，对渔业捕捞产量实施实时动态管理。在渔区产量接近捕捞限额时通知渔船停止生产作业，始终将渔业资源的开发利用量控制在设定的捕捞限额内，确保渔业资源开发底线，实现渔业可持续发展。

4. 南海区限额捕捞典型案例——珠江口白贝限额捕捞试点

（1）基本情况

试点海域：珠江口海域的虎门大桥到内伶仃洋海域。

试点渔船：珠江口拖贝专项许可证发放渔船181艘、主机功率75～108马力、总吨位为20～30 t。

作业方式：框架式拖网。

试点品种：白贝。

配额分配：以渔船为分配单元，将白贝的可捕量配额平均分配至渔船。

试点实施期：2018年9月1日至10月31日。

据统计，试点期间共交易 47 船次，总重量为 87 245 kg，未超出总可捕量配额。试点期间渔民积极配合工作，捕捞日志填写真实、有效，配套措施齐全，执法监管到位，顺利完成了限额捕捞任务。

（2）主要做法

1）试点海域及品种筛选

为了确保试点海域选点的可行性，通过省海洋与渔业厅下发通知要求各地选定上报条件比较成熟的初选试点海域和试点品种，了解各地试点海域捕捞作业渔船及其作业方式、渔业资源基本情况、入渔渔船的日常监督情况、海洋捕捞业组织化程度等情况。根据反馈情况，选取了珠江口白贝、中山市鳗苗、江门新会黄茅海域棘头梅童鱼等为初步试点考察品种。随后，南海水产研究所有关专家前往中山市和广州市番禺区开展海洋渔业资源限额捕捞试点选点实地调研，采取与基层管理人员、渔民座谈以及海上实地调查等形式，听取了番禺区海洋与渔业局关于白贝试点和中山市关于鳗苗试点的意见和建议。通过以上调研和实地考察，经过相关单位的讨论和统筹，初步确定了 2018 年广东省限额捕捞试点品种为珠江口白贝资源。4 月中旬，组织召开了限额捕捞试点工作座谈会，邀请农业农村部渔业渔政管理局、上海海洋大学的相关领导、专家等，对广东省如何探索建立适合省情的近海限额捕捞管理制度和展开试点海域选定、试点品种选取，进行了认真的讨论。在充分听取相关方意见的基础上，确定了珠江口海域和白贝为广东省 2018 年限额捕捞试点海域和试点品种。

2）总允许捕捞量（TAC）的确定

在试点期间，委托南海水产研究所渔业资源调查团队开展了 4 次珠江口白贝资源调查，调查时间分别为 2018 年 7 月 4—7 日、8 月 1—3 日、9 月 7—10 日、10 月 14—17 日。海洋生态环境和白贝资源现场调查、采样、样品保存及实验室分析测试等均按《海洋监测规范》（GB 17378—2007）、《海洋调查规范》（GB/T 12763—2007）和《近岸海域环境监测规范》（HJ 442—2008）执行，采样均于白天进行。每个站位根据情况进行采样用具选择；拖时为 1 min，平均拖速为 2 kn；采泥器取样按次数统计。调查的范围主要位于珠江口虎门大桥至内伶仃洋海域，共设 12 个站位。调查评估结果表明，珠江口贝类平均丰度为 147 881 ind/km²，平均生物量为 585.853 kg/km²，试点区域白贝资源量仅约为 21.043 t。

通过收集试点海域试点渔船 2015—2017 年的白贝生产调查数据，共有 161 艘试点渔船提交了包括产量、产值等在内的历史捕捞数据。由于部分渔民提供的数据存在单位错误，因此，采用中位数进行分析，2015—2017 年试点渔船的日均产量分别为 0.83 t、0.86 t 和 0.83 t，每年的作业天数分别为 62.5 d、60.5 d 和 58.9 d，总产量分别为 8 385 t、8 377 t 和 7 902 t。由此可以看出，2015—2017 年渔民的作业天数和产量均呈现下降趋势。

由于调查数据中资源量的评估结果偏少，故 TAC 根据白贝历史捕捞产量统计确定，即每艘渔船的配额为以往 3 年产量的平均值，取整按照 60 t 计，试点海域总 TAC 为每艘渔船配额乘渔船数量，约为 10 800 t。

3）实施情况

在确定珠江口白贝资源为广东省限额捕捞试点品种后，南海水产研究所和有关单位，通过充分调查、分析和研究，草拟了《广东省渔业资源限额捕捞试点工作方案》，确定了各单位的任务分工：①广东省海洋与渔业厅在统筹、协调制定实施方案后，报农业农村部批准后组织实施；②省渔政总队制定《入渔渔船监督工作方案》，并协调、组织渔政执法力量，统筹部署试点期间拖贝专项许可证渔船在珠江口作业海域船位监控和巡航检查管理；③南海水产研究所负责制定《限额捕捞试点资源监测方案》《定点交易管理办法》及《配额管理办法》，开展珠江口白贝资源调查和动态监测，确定贝类资源总量和最大可捕量；④广州市海洋与渔业局开展了试点各项工作的督促落实，审核和发放专项捕捞许可证（专项证）；⑤省渔政总队广州支队协调组织开展限额捕捞执法监督工作；⑥番禺区海洋与渔业局、南沙区农林局开展统计本辖区入渔渔船名册，按照有关规定负责申请入渔《专项证》、渔船配额的分配、渔捞日志管理、配额完成情况分析统计等；⑦各镇（街道）、渔村负责本镇（街道）、渔村渔船的配额管理，包括渔船配额的分配，督促其做好定点交易、渔捞日志，协助区局做好船位监控、配额完成预警等工作。

4）执法监管

为了保障试点工作的顺利进行，省渔政总队制定了《粤中海洋与渔业专项巡航执法》任务书，明确了专项行动的执法海域、执法时间、主要任务、执法船艇、轮值安排及有关要求等内容，由直属二支队，珠海、中山、东莞、广州、深圳支队等组成执法队伍，各单位派出1艘执法船、1艘执法艇对任务海域进行轮值和巡查，重点查处无证捕捞船只、泵吸等非法作业，重点防止无关渔船进入指定海域进行拖贝作业，检查试点渔船是否按规定场所作业、按规定填报渔捞日志、按载明配额生产、按规定地点交易等。试点工作期间，各行动单位坚持以"全时段蹲守＋不定期突击"的模式，以高密度执法，对专项行动任务海域进行全天候值守和巡查，切实加强了对试点渔船和珠江口海域作业场所的监管。共出动执法人员810人次，出动执法船艇102艘次，检查渔船140余艘，查获案件14宗。其中：查获无证拖蚬船舶3艘次，并实施了没收工具的处罚；查获无证吸蚬船舶1艘，并立案处理，没收船舶及吸蚬设备1套。真正做到处理一宗，教育一大片的执法效果，切实保障了限额捕捞试点海域秩序。

（3）试点工作经验

1）领导重视是关键

限额捕捞试点虽然是集中试点，但涉及面广，需要调动省市县镇村五级的渔业管理、渔船审批和渔政执法等形成合力，共同开展。在省海洋与渔业厅领导的重视下，协调了各级渔业主管部门和镇政府、村委会等，共同构建了省、市、县（区）、乡（镇）、村（专业合作社）五级责任分工和运行机制，进一步明确了地方政府对海洋渔业资源保护的主体责任及渔民和船主的直接责任。

2）体制机制是依据

制定的《广东省渔业资源限额捕捞试点工作方案》《定点交易管理办法》《配额管理办法》《入渔渔船监督工作方案》《限额捕捞试点资源监测方案》《捕捞日志管理规定》等一整套内容细致、可操作性强的工作流程和管理办法，为广东省全面推广限额捕捞制度提供重要的参考依据。

3）管理模式是抓手

探索建立了上下贯通、各负其责、海陆联动、协同共治的渔船和渔业资源管理新模式。

4）执法监管是保障

此次试点过程中，在珠江口海域作业场所进行全天候值守和巡查，执法查处无证拖蚬船舶，查获无证吸蚬船舶并实施处罚，显示了广东省渔船监管执行力，切实保障了限额捕捞试点工作的顺利推进。

5）宣贯理念是基础

通过座谈调研、专家培训、微信简报等多种手段开展限额捕捞相关政策宣讲，进一步加深了广大渔民、渔政及基层干部群众对限额捕捞重大意义的认识，"生态优先、绿色发展"的理念深入人心，为持续深入推进限额捕捞工作奠定了良好的社会基础。

（4）存在的问题

1）TAC确定的科学依据不足

科学确定试点品种的可捕量是开展限额捕捞的前提和基础性工作。以本次试点品种白贝为例。白贝资源较易受到天气、海况和海水盐度的影响，具有较强的年间和季节变化。由于长期以来缺乏专项的海洋渔业资源调查，导致白贝资源现状及历史变化等"家底"不清，难以科学确定对当年的可捕量及配额。本次试点的总配额量主要依据近3年来渔民上报的捕捞产量来确定，缺乏科学性。

2）限额捕捞管理制度不健全

目前我国《渔业法》对实行捕捞限额制度作出了原则性规定，但缺乏具体的实施细则。如初始配额如何分配。实施限额捕捞制度首先面临的问题就是配额的初始分配问题。由于配额的初始分配实质上就相当于是财富的分配，它将决定谁有权从限额制度的实施中得到收益以及得到多少收益，获得配额的个人和团体等于是获得一笔有价值的资产，因此配额的初始分配十分困难，需要耗费大量时间和精力，在工作中也往往最容易出现问题和引发争议。

对于不遵守限额捕捞规定（包括定期如实填报捕捞日志、定点交易等）的渔船，没有相应的法律处罚依据，限额捕捞工作的开展缺乏法律支撑。据统计，目前在试点海域生产的渔船约20艘，出于种种原因，经常性通过手机App实时填报渔捞日志的渔船仅2艘，严重影响了对捕捞生产的实时监控。

3）配额分配的方法相对简单

限额捕捞管理的分配方式一般包括无偿分配和有偿分配，本次珠江口海域白贝资源配额使用无偿分配中的平均分配方法。平均分配体现了绝对公平的原则，对白贝的捕捞额度采用平均分配，每个捕捞单位（渔船）获得的配额相同。这一分配方式成本相对比较低，但是并没有考虑到现实中主体之间的差异，也可能会出现分配过高或过低的后果，因此，在一定程度上限制了对白贝限额捕捞管理的推广。

4）渔获物统计困难，监管难度大

渔获物有效监管和准确统计是限额捕捞制度实施的关键。经多次调研，本次定点交易场所为南沙十六涌，由于该处为临时交易地点，缺乏必要的停泊码头、称量设施和办公条件，使得渔获物统计工作难度较大。由于缺乏有效制约手段，渔民填报电子渔捞日志意愿较低，使得渔获物统计核实困难大。

珠江口白贝的试点渔船主要来自广州市的番禺区和南沙区。经渔民申请，获得广州市海洋与渔业局核发特许捕捞许可证的试点渔船共计183艘，其中来自番禺区176艘，南沙区7艘。渔民均为个体经营，缺乏相关的渔业协会或合作社等中介服务组织。尽管我们将试点渔民按属地编为6个小组，但因缺乏实质的管理和约束机制而显得松散。

（5）下一步工作建议

1）加大渔业资源调查研究工作力度

评估试点海域和品种渔业资源的最大持续产量（MSY）是设置总允许捕捞量的基础，而总允许捕捞量的设定是施行捕捞限额制度的前提条件。必须通过全面的、大量的渔业资源的调查和连续多年的渔业统计资料，才能做到科学、合理设定总允许捕捞量。目前，广东省对海洋渔业资源的调查较为零散，在渔业统计方面也不够系统和完善。

由于渔业资源具有较强的年间和季节变化，亟待加强对该资源的系统性调查和监测。建议加强渔业资源监测和评估工作制度化建设，制定海洋渔业资源监测和评估中长期工作规划，明确监测和评估工作的目标、任务，旨在全面摸清广东近岸海洋渔业资源的种类组成、洄游规律、分布区域，以及主要经济种类生物学特性和资源量、可捕量，为开展海洋渔业资源总量管理、限额捕捞、渔船分级分区管理等提供科学依据。

2）完善相关法律法规

限额捕捞管理的相关制度在各个法律、行政法规中都有涉及，但缺少如何细化实施的细则。结合目前新一轮《渔业法》修订的契机，可对限额捕捞管理进行专门的立法。建议尽快出台《渔业资源配额（限额）捕捞实施细则》，对配额的转让、配额的初始分配方式和流程、渔获物定点上岸及报告制度等作出明确规定，增加法律的可操作性。

3）创新管理机制，完善监督管理

限额捕捞管理制度是一种动态的管理制度，需要一套高效、系统的渔业监督、监测体系。渔业监管是实施限额捕捞管理的核心，尤其是对渔船的监管和上岸渔获物的交易环节的监督管理。岸上的监管具有可控性，相对于海上可操作性更强，因此，应主要加强岸上的监管，并确保监管者执法的严肃性和公平性。

建立试点渔船"黑名单"制度，凡是发生瞒报产量、违规生产作业等情况，纳入失信名单，严重的取消入渔资格。

依托现有渔业合作组织和渔民协会，抓住限额捕捞试点契机，深化渔民团体建设，加大对基层渔业管理组织或中介服务机构的培育力度。在渔村、渔民中开展宣传教育和培训。

试行渔业协管员制度。在达到一定规模的渔业自然村，遴选一位合适人选担任渔业协管员，提高渔民参与管理渔业资源的积极性和主动性，打通渔业渔政管理的"最后一公里"。

4）做好渔民生活保障措施

限额捕捞管理离不开渔民的支持，但是由于目前广东近海捕捞业的困境是有限的渔业资源与过度捕捞能力之间的矛盾，实施限额捕捞管理也在不断地采取降低过度增长的捕捞能力的措施。渔民不同于其他群体，对于"靠海吃海"的渔民，渔民享有的配额也相应地减少，可能放弃从事捕捞工作，但是退出之后可能会出现没有找到其他的出路或者转产困难等情况。后续对他们的经济收入也会产生一定的影响，渔民会出现抵触心理或者不会遵循政策的规定。因此，建议政府完善渔民转产转业的补助措施，完善医疗保险、养老保险、失业保险等渔区的社会保障制度，给予渔民基本的生活保障。

5）进一步扩大试点范围

在全面总结珠江口白贝限额捕捞实施工作的基础上，积极探索海洋渔业资源管理新模式。建议以服务粤港澳大湾区海洋生态文明建设为目标，进一步扩大试点范围，尽早对珠江口棘头梅童鱼、中山的鳗鲡等资源开展监测调查、完善定点交易等基础性工作。

二、南海周边国家渔业管理

（一）概况

马来西亚博特拉大学（Universiti Putra Malaysia，简称 UPM）的专家学者（1997）对亚洲渔业管理的发展阶段进行了划分，大致将其分为以下三个阶段：

早期发展阶段（1900—1980 年）：此阶段前期集中在有限的捕捞许可项目，后期由于拖网的引入导致渔场和育苗区的严重破坏，一些国家开始修订渔业法规，如限制网目尺寸等。比如马来西亚在 1963 年的渔业法案中明确任何拖网的囊网的网目尺寸不得小于 1 in*；印度尼西亚在 1970 年初在全国范围内额定拖网渔船许可数并按额分配给各省份，还有一些国家直接推行拖网捕捞区域，以防止渔业资源的衰退。但是由于执法监管能力薄弱，这些措施并未取得很大成效，如印度尼西亚没有限制新拖网渔船的建造，未取得正式许可的渔船仍在作业，在 1972 年仅马六甲海峡拖网渔船总数增至 800 艘，结果许多拖网渔船从马六甲海峡转向爪哇岛四周渔场作业，拖网作业越来越多，导致了渔民之间的冲突和渔业资源的衰退，1976 年当时的水产总局把近海划定为距岸 3 n mile 以内、3～5 n mile、5～7 n mile、7 n mile 以上共 4 个捕捞区域，并相应规定了作业渔船大小和渔法，但是仍然无法减少拖网渔船与沿岸渔民间的激烈冲突，印度尼西亚不得不在 1980 年修订法律彻底禁止拖网作业。

降低捕捞努力量阶段（1981—1990 年）：此阶段开始更加重视渔业资源的恢复和保护，逐步形成了一套综合性渔业管理制度以缓解过度捕捞，这些措施包括有限的捕捞许可、渔具限制、休渔区、网目尺寸限制等，其中一个比较有效的措施就是区划管理（zoning regulation），可以明确捕捞区域等，在马来西亚、印度尼西亚、菲律宾等亚洲国家开始实施。限制捕捞区域也被引入到泰国、缅甸等国家，在泰国 12 n mile 以内的领海禁止拖网作业，缅甸《海洋渔业法》规定所有小型渔业被允许在所有捕捞区域捕鱼。

参与式预防性管理阶段（1990 年以后）：在 1990 年以前许多渔业管理制度主要关注代内公平问题，大部分亚洲国家主要采取一种自上而下的方法制定渔业管理政策法规，不愿意考虑广大渔民的参与。新的渔业管理目标应该聚焦在代际公平问题上，并且要充分考虑采用参与式的方法，兼顾政府部门和渔民意见来制定政策法规。在 1990 年以后，尤其是近年来陆续有亚洲国家开始探索实施以社区为基础的渔业管理（CBFM）、海洋管理委员会（MSC）、预防性渔业管理（PAFM）和基于生态系统的渔业管理（EAFM），更多地让利益相关者参与到渔业资源的管理并发挥重要作用，同时也应考虑到渔业生态与社会经济的关系，统筹处理好渔业资源利用与保护的问题。

（二）菲律宾

菲律宾是 1982 年《联合国海洋法公约》的缔约国，1978 年宣布 200 n mile 专属经济区。渔业领域的基本法是 1998 年 2 月颁布的《1998 年菲律宾渔业法案》（第 8550 号共和国令），

---

* in（英寸）为非法定计量单位，1 in＝2.54 cm。——编者注

其取代了 1975 年颁布的《1975 年渔业总统令》（1975 年第 704 号），并于 2014 年 7 月进行过修订。在此基础上，菲律宾制定并颁布了一系列的行政命令等来规范和引导渔业的发展。菲律宾全国渔业的主管部门是渔业和水产资源局（the Bureau of Fisheries and Aquatic Resources，BFAR），渔业执法部门包括海岸警卫队、渔监中心、国家警察海事处、海关和海军等。由于菲律宾实行岸海分立的管辖办法，海岸警卫队负责海洋执法，因此也是最主要的渔业执法机构与海巡武装力量，并与渔业和水产资源局联合打击非法捕捞；菲律宾海军、空军和海岸警卫队等国家机构负责在市政水域以外进行监督监管，并可在市政水域内寻求协助；海事警察、海岸警卫队和渔业和水产资源局培训的"副监狱长"被授权在市政水域执行监督和执法职能。这些活动之间的地理划分是市政水域 15 km 的限制。

在西班牙和美国统治的几百年中，菲律宾的自然资源主要由中央决定。20 世纪 60 年代，独立后的菲律宾政府为提高捕捞产量，加大了对渔业资源的开发力度。由于大面积拖网的使用，导致海洋生态系统遭到严重的破坏，近海渔业资源出现枯竭。70 年代初期，受戒严令约束，并且通过总统令（PD）704（又称 1975 年渔业法令）进一步加强了政府对渔业的集中控制，但近海渔业资源的枯竭状况进一步恶化。事实证明，由中央集权、自上而下的渔业资源管理方式不能达到对渔业资源的可持续发展的要求。80 年代初期，社会科学家共同关注了菲律宾海洋环境中的生态灾难，并呼吁进行以社区为基础的沿海资源管理（community - based coastal resources management，CBCRM）。基于社区的渔业管理（community - based fisheries management，CBFM）鼓励渔民减少捕捞，并为他们提供了替代或补充生计的机会，从而减轻对沿海资源的压力并提高渔民的生活水平。然而 CBCRM 是一个漫长而复杂的过程，涉及多个实施阶段及许多相互依赖的干预措施，因此 CBCRM 成功实施和可持续发展的条件可能并非在所有社区中都存在。此外，菲律宾的非政府组织认为政府不是 CBFM 的主要参与者，忽视了政府的作用和活动，导致菲律宾在实行基于社区的渔业管理期间缺乏政府的充分支持。但 CBCRM 的实施为菲律宾后来的渔业共同管理制度打下了基础。1991 年，菲律宾《地方政府法典》授权非政府组织和机构与政府之间的合作以及共同参与管理。90 年代末，菲律宾政府先后颁布了《农业和渔业现代化》和《菲律宾渔业法典》。这两部渔业法典强调，促进人民组织、合作社、非政府组织等利益相关者更好地参与政府决策，优化共同管理国家自然资源的管理方式。

菲律宾的渔业共同管理以较为成功的圣萨尔瓦多岛为例：在 1960 年之前最初的移民在那里生活时没有传统渔业管理的历史，渔业实际上是一种"开放获取"系统。随着越来越多的人迁移到该岛，再加上破坏性的捕鱼活动，导致渔业资源严重退化，后来因为一项海洋养护项目开始尝试进行渔业共同管理。马辛洛克市政府主导了共同管理，各参与者积极地参与进来，随后海上警卫队（bantay dagat）和乡村警察（barangay tanod）也加入协助在圣萨尔瓦多的沿海水域巡逻。共同管理的努力使得违反渔业相关法律的行为得到了实际制裁，提高了对规则的遵守程度，并减少了社区冲突的发生。随着时间的流逝，来自国家和市政府的其他支持性政策和立法也应运而生。1991 年，《地方政府法》（LGC）正式颁布并成为国家法律，将沿海资源管理的权力和责任下放给地方政府，这为共同管理繁荣创造了良好的环境。LGC 其他条款中，还支持非政府组织积极参与社区发展。1993 年，菲律宾政府宣布马辛洛克湾为受保护的海区，并制定了管理规划，在 1996 年将海湾划分为多个管理区。在地方一级，马辛洛克市政委员会于 1995 年颁布了《基本渔业条例》，该条例确认了其市政水域的范围，宣布在该水域内的任何商业性捕鱼活动均属非法，如 air bubble fishing（pa‐aling）、muro‐ami 和 danish seine（hulbot‐hulbot）均为非法，并要求为合法的捕捞、利用或养殖渔业和水生生物资源颁发许可证和执照（Katon 等，1997）。

（三）印度尼西亚

印度尼西亚的渔业管理机构是海洋事务与渔业部（MMAF），地方各级渔业行政管理机构和渔业协会组织共同参与管理。按照法律规定，印度尼西亚沿岸 4 n mile 以内的渔业事务由县级政府管理并负责，4～12 n mile 由省政府负责，12～200 n mile 由中央政府负责。涉及的渔业法律法规有《渔业法》《印度尼西亚专属经济区生物资源管理总统条例》《关于管制印度尼西亚经济海域渔业资源的规定》《捕捞渔业经营部长条例》《渔业资源及其栖息环境养护政府条例》等。该国主要实施渔业捕捞许可制度、渔船渔具证件检查制度、渔船监控与渔业捕捞日志备案等制度。

印度尼西亚 1976 年第 607 号农业部法令就实施了海洋捕捞分区制度，分别以离岸 3 n mile、7 n mile、12 n mile 为界划分了 4 个捕捞区域，对渔船吨位与动力、作业类型等都作了详细规定。同时，为了加强渔业管理，依据 2009 年关于渔业的第 45 号法律的授权（其中包括支持鱼类资源管理政策），基于地理‐生物和生态的方法，印度尼西亚将水域划分为 11 个渔业管理区（FMAs 或 WPP），且所有 FMAs 跨越多个省边界，均归海洋事务与渔业部管辖，主要用以开展渔业管理计划和项目。其中，渔业管理区 711（WPP‐RI 711）覆盖 5 个省（存在与其他区域重叠），水域包括卡里马塔海峡、纳土纳海以及南海等我国部分海域，2016 年海洋事务与渔业部部长法令（KepMen‐KP No. 47/2016）指出，南海（SCS，主要是指印度尼西亚公布的渔业管理区 711 所涉及的海域）的渔业资源潜力为 114.334 1 万 t，平均水平上都处于过度捕捞状态，在 2017 年部长法令（Ministerial Decree No. 50/KEPMEN KP/2017）预测渔业资源潜力为 76.712 6 万 t，但是所有渔业资源的利用水平预计为过度捕捞，意味着最大可持续产量（MSY）政策执行效果并不好，有些政府部门制度和规定的执行力不足也是渔业资源管理实践失败的一个原因。最新研究表明该海域的小型中上层鱼类和甲壳类动物资源呈现过度捕捞状态（Siregar et al.，2019）。

在印度尼西亚，还存在一些以传统的社区为基础的渔业资源管理（CBFRM）体系，如马鲁古的 sasi 是实践比较成功的，更加强调资源权益与基层管理，有的还具有社会文化价值，比如 pasi（笛鲷科渔场）渔业（Matrutty 等，2015）；位于西苏门答腊的米南佳保族（Minangkabau）部落的 ikan‐larangan（即休渔），突出社区管理与自我执行。而对于其他传统的亚齐的 panglima laut、北苏门答腊的 lubuk larangan 正逐步弱化（Indah Susilowati，2001）。

同时，为防止渔业资源的破坏、保护自然和渔业资源以及执行 FAO 预防、制止和消除 IUU 捕捞国际行动计划（IPOA‐IUU fishing），印度尼西亚制定了国家行动计划（NPOA 2012—2016）（印度尼西亚海洋事务与渔业部法令 No. KEP. 50/MEN/2012）。

（四）马来西亚

马来西亚渔业的管理机构是农业与农基产业部渔业发展局，拥有较为完善的管理体制并通过了 ISO 9000 认证，涉及渔业的法律有《317 号渔业法案》（*Fisheries Act No. 317*）（1985 年、2012 年和 2019 年分别进行修订）和其配套条例等，在该法案中明确了渔业资源的保护与管理。该国为加强渔业资源的保护与管理以及保护沿岸渔民利益，主要实施了捕捞许可制度、捕捞分区制度、限制沿岸捕捞量、减船转业政策和加强外国渔船管理等，其中捕捞分区制度将捕捞作业渔区划分为 4 个（A、B、C、C2）捕捞区域，A 区为离岸 0～5 n mile，B 区为离岸 5～12 n mile，C 区为离岸 12～30 n mile，C2 区为离岸 30～200 n mile 或专属经济区界限以内，不同区域对渔船吨位、作业类型等均作了限制。

为了降低捕捞努力量和促进海洋渔业资源的恢复与可持续利用，马来西亚采取了一系列措施，主要包括：①通过实施渔船和渔具许可制度、安置近岸渔民向养殖和产后环节转产转业等限制捕捞努力量，如将 1980 年的 8.9 万渔民减少到 2000 年的 3 万渔民（曹世娟等，2002）；②确定保育区加以保护和管理，以确保经济价值重要的鱼类的幼鱼存活，这些区域可设置禁渔区或限定特定渔具和渔船吨位；③促进政府和专家之间的合作研究，为区域管理计划的制定提供必要的数据支撑；④建立严格的渔政执法制度，解决非法捕捞问题；⑤通过建立人工珊瑚礁和开展珊瑚再植项目恢复资源；⑥保护海龟和海洋生态系统多样性；⑦建立海洋公园、海洋保护区和渔业保护区，切实保护、养护和管理海洋渔业资源；⑧实施监测、控制和监视（MSC）措施等。

（五）对我国渔业资源管理的启示

1. 科学利用和规范管理

渔业资源与实用性密切相关，更加突出经济属性和利用价值，即关系着现在和未来的人类福祉与需求，涉及如何运用技术（如渔具渔法、渔船等）利用资源、从政策方面规范管理与科学利用（如以法律政策等形式进行管理与安排作业等）两个方面的内容。渔业资源还具有自然、生态属性，是海洋生物资源的重要组成部分，养护海洋生物资源有利于维持海洋生态系统的结构与稳定，有利于生态文明建设。渔业资源是人类食物和职业/就业的基本来源，但是需要明确的是其本质上不是无限的，如能在利用上得到有效的管理，不致使资源过度开发或灭绝，这种可再生资源才能被人类持续利用。

2. 处理好发展与管理关系

要努力克服发展的目标、改善管理措施和提高执法能力所增加的公共支出的矛盾，发展的目的是增加渔业的产量、收入、就业、外汇储备等，而管理的目的是保护渔业资源种群、确保海上安全、最大限度地降低海域污染。通过渔业补贴或刺激措施来促进捕捞渔业的发展，达到一定程度就会出现超出预期的捕捞努力量，过多的投资到渔船建造会导致渔业资源的过度捕捞、捕捞产量的减低，最终导致渔民收入的降低。此时为了发展采取增加捕捞能力、增加产量是与管控捕捞努力量的管理目标相冲突的。因此发展与管理的目标应是一致的，就是以一种经济、社会、环境有效权衡的方式来维持和改善海洋渔业资源的可利用性。

3. 实施渔业资源的共同管理

海洋渔业的发展伴随着人们对海洋渔业资源的认识和深化的过程。渔业资源的管理方式的转变涉及对渔业资源的利用观念（从无限获取到有效获取与养护有机结合）和管理对象（从资源到资源与人相结合）的转换。渔业资源共同管理（fishery resources co - management，FRCM），即各级政府和当地资源使用者或社区共同承担管理渔业及资源的责任，如在印度尼西亚、菲律宾等国家实施的以社区为基础的渔业资源管理的成功实践。因此创新的渔业资源管理方法需要平衡处理好资源的可持续性和渔民的生计福利，要充分考虑当地群体对渔业资源管理和利用的权利，需要所有受到影响的群体参与到规划和管理全过程。

4. 开展南海资源评估与国际合作

要有足够跨年度的、分品种的资源调查数据积累和分析，为有效管理渔业资源、制定切实可行的措施提供科学支撑。产出控制在许多国家得到实施，应在科学评估资源量的基础上，对重要捕捞种类实行分种类总允许捕捞量、配额（限额）分配、捕捞强度管理等，如印度尼西亚在不同区域的捕捞限额就是在掌握资源量的基础上制定的。南海是开放海域，与印度尼西亚、马来西亚、越南、菲律宾、文莱等国家相连，为达到南海渔业资源的持续利用、养护与管理的目标，非常有必要建立南海渔业资源政策对话机制，开展休渔、限额捕捞、打击非法捕鱼等资源管理共同政策制定，以及在渔业资源调查、跨界洄游性鱼类资源、濒危渔业生物资源等方面的研究合作等。

三、限额捕捞管理的现状及趋势

（一）限额捕捞制度发展概况

限额捕捞（TAC）制度是国际上公认的比较先进的渔业管理手段，在发达国家普遍采用，它根据资源的实际情况直接对渔获量进行限制，能够直接保护渔业资源不受过度捕捞的危害，从而更有效地保护渔业资源的再生能力，使鱼类种群正常繁衍下去，保持渔业生产的可持续发展。

TAC 制度在 19 世纪末被开发并迅速发展。当时以公海自由原则为基础的商业渔业的迅速发展，导致渔业资源的衰退以及部分鱼种的灭绝。该现象迫使人类开始转向国际渔业资源的保护，为 TAC 制度等渔业管理制度的开发创造了条件。TAC 制度作为在国际上已实施近百年的渔业管理制度，被证实其不仅能为渔业管理提升效率，更能使渔业产业良性运转。但它的实施必须具备一些条件，如渔业结构简单，渔船规模大；渔获种类少，特别是鱼类种群不复杂、兼捕数量少；卸货港少；流通渠道简单等。同时，要确定 TAC，首先需要多年的渔获量、捕捞努力量和捕捞死亡率等方面的渔业统计；其次，要充分了解资源种群的特征及变动情况。这就需要对渔业资源进行科学的调查，掌握其生物学特征，取得合理可信的数据，运用合理的数学模型准确评价出最大可持续产量。资源调查和评估工作必须是连续的或定期的，以便能及时调整 TAC。此外，还必须有足够的渔业监督力量及完善的渔业法律规章制度，以便能有效地监督检查渔获量情况，保证该制度的顺利实施。

该制度最大的特点是以自由入渔为前提、最大可持续产量为依据、限制捕捞产出量。因此，虽然 TAC 制度实现了资源的恢复和最大可持续产量，但常常会出现一系列社会经济问题。如鱼类生产者为获取更多利益，占取 TAC 中更多的捕捞份额，会提高渔业捕捞努力量如增加现代化捕捞装配、购买大型渔船等，导致渔期捕捞季节大大缩短、渔业作业秩序混乱、危险捕捞作业、更高的丢弃率以及过高的捕捞成本。此外，大量的渔获物短期内集中上岸，供大于求，导致鱼类产品市场价值的降低。

为解决以上问题，美国、加拿大、新西兰等国家相继引入了配额管理制度。随着配额捕捞管理制度的不断发展和完善，TAC 制度按照配额主体和分配形式的不同，可分为社区配额（community quota，CQ）制度和个体配额（individual quota，IQ）制度。个体配额制度中，根据配额是否可以转让，又有个体可转让渔获配额（individual transferable quota，

ITQ），以及单船渔获量限制（vessel catch limit，VCL）等多种形式。

社区配额制度是指渔获配额被分配给一个社区，由一个合作组织来承担。其目的在于强化渔业社区以捕捞业为基础的经济活动，确保沿海渔业社区从海洋渔业资源的利用中获得相应的收益以促进沿海农村地区的发展。社区配额制度最早的例子是位于西阿拉斯加沿海的56个合乎既定标准的农村社区（后来扩大到57个）所组成的6个社区发展配额。按照美国国家研究委员会的说法，社区配额计划的成功与否很大程度上取决于是否建立了一个组织严密、运作高效的管理结构，这一管理结构必须能够促进社区发展配额组的决策人员、他们所代表的社区以及监督该计划实施的州政府和联邦政府工作人员之间的信息交流。社区配额制度提供了高度的专有性、可分性和灵活性。目前，已经有不少国家实行这种制度，比如美国分给阿拉斯加爱基摩和阿留申土著的社区发展配额，新西兰分给毛利人的配额，欧洲分给生产者组织的集体配额，以及日本、韩国、加拿大采取的其他形式。但该制度适用于小型渔业，而且社区配额对固着类的水生生物比较适合，对于游动范围较大的鱼类鞭长莫及。

个体配额制度是指 TAC 被确定以后，把它的一定量或一定比率配额给具有捕捞权的渔民、渔船或公司，这些渔业经济主体在配额量的限度内制定独立的捕捞计划并按照计划进行捕捞，赋予了他们研究更经济的捕捞方法以及降低成本的权利。同时，消除了渔民之间对捕捞配额的无序竞争。由于避免了这种无序竞争，渔民倾向于采用最低成本的生产方式，增强了控制捕捞努力量的主观意识。此外，IQ 制度将促使渔民根据市场和资源状况来进行捕捞，渔获物的供应相对均匀，渔业的经济稳定性和投资环境得到改善，渔业投资的不确定性和风险性有所降低。

美国、新西兰等渔业国家为提高渔业资源的经济效率和优化渔业资源配置，逐步开始部分海域或鱼种的海洋捕捞份额流转。海洋渔业捕捞限额的可转让能更好地促进海洋渔业经济的发展，同时也更有利于保护海洋渔业资源，保证海洋鱼种的多样性可持续发展。ITQ 制度作为由 TAC 制度发展出来的分支制度，其应用更适合现代渔业生产需要。在 ITQ 制度下，配额作为财产，可以和其他财产类似的方式在市场上进行交易、交换。这种交换包括配额或年捕捞权的交换。在市场机制作用下，配额得以掌握在捕鱼经济效益较好的渔民手中，促进捕捞生产和捕鱼方式的自我调节。ITQ 制度的主要实施国家有新西兰、冰岛、智利、秘鲁等，其实施为当地经济的发展、渔业资源的保护及生态平衡作出了相当大的贡献。

各沿海国家根据本国的资源特征、从业人员情况等多重因素，会采取不同形式的限额捕捞制度，且对不同形式的限额管理制度进行补充、完善，并辅以如渔业许可证、观察员制度等配套措施。如挪威为减少沿海船队的渔船数量和退役渔船的配额转移，实行的"单位配额制度"；冰岛政府通过颁布《渔业管理法案》，明确 ITQ 制度的细则以及监管措施。有相对完备的系列规定，有助于限额捕捞渔业管理制度的有效实施。

（二）限额捕捞管理关键技术研究进展

1. 限额捕捞的鱼种的确定

选定适合的限额捕捞适用鱼种是限额捕捞制度实施成功的关键之一。理论上来说，所有的鱼种都可以设定总允许捕捞量，从而实行海洋渔业限额捕捞制度，但是由于行政执法能力以及收集资源量资料不易等因素的限制，即使是渔业发达国家也只能相对准确地测定十几种鱼类资源的总允许捕捞量。一般来说，各国均是先对个别鱼种设定允许捕捞量，然后根据自身国家的海洋渔业资源状况，设定几种不同鱼种的总允许捕捞量，实行海洋渔业限额捕捞制度。在确定海洋渔业限额捕捞适用的鱼种时，应考虑以下几个因素：第一，对捕捞对象可以长期保持的最大年开发量有准确的把握，而所设定的鱼种的总允许捕捞量不应超过最大年开发量；第二，应该将鱼种的选取范围确定在有较大潜力的捕捞鱼种中，能更好地推动经济的发展；第三，正处于资源下降阶段的鱼种，我们必须要给予适当的保护，对这类鱼种应当适用海洋渔业限额捕捞制度；第四，海洋的流动性以及鱼种本身的特性就意味着存在国家共同捕捞的鱼种。

2. 总允许捕捞量的设定

成功地实施海洋渔业限额捕捞制度往往以总允许捕捞量准确科学的设定为前提，总允许捕捞量的设定应当充分考虑环境资源的承受能力，若前者大于后者，将加剧资源的恶化，造成资源的日益衰退，从而起不到保护资源的效果；反之，若确定的总允许捕捞量低于资源的可持续产量，将造成经济损失和资源浪费。为了确保总允许捕捞量的准确性，一些渔业发达国家在总允许捕捞量的测定机构、测定事项、不同鱼种的测定方法和测定时间等方面都有较为明确的规定。如美国确定总允许捕捞量会采取各个鱼种和渔业种类分开管理，单独制定详细的渔业捕捞计划。政府从观察员的记录、捕捞统计以及市场监督中获得准确的统计资料，海洋渔业局海区渔业管理委员会科学地制定出每个经济品种的总允许捕捞量，通常会量化到各海区各时段。

总允许捕捞量的设定需要详尽科学的资源调查结果和渔获统计。因此，在 TAC 设定的过程中，应征求各方面的建议特别是地方政府官员以及在生产第一线的企业和渔民的意见，提高总允许捕捞量的准确性。一旦年度总允许捕捞量最终确定，就要严格按此允许捕捞量进行配额的分配以及捕捞量的控制，逐步完善监管检查机制以及相关法律制度，严惩违法作业者，为以后总允许捕捞量的设定构筑坚固的法律屏障。

3. 限额捕捞的分配

实施限额捕捞管理制度，可以说最为关键的是限额的分配。分配也是最困难、最有争论的问题，因为它将决定谁从其中得到利益、谁从其中得到有价值的资产，而谁将被排挤出渔业。合理的配额分配能够促进这一制度的顺利实施，否则不但会给改革带来很多不必要的麻烦，还可能引发大量渔民失业等一系列问题。政府在实施限额分配的过程中，应继续实施"减船转产"政策，扶持发展休闲渔业、远洋渔业，尽可能多地压缩近海捕捞力量。配额收购过程中，将政府收购价格的参照标准、收购后配额的分配方式（按比例分配）向渔民进行详细的说明，让渔民自己权衡作出决定。此外，政府需对可能出现的大量出售配额的渔民的就业问题做好准备。

4. 限额捕捞的流转

海洋渔业限额的流转可以通过将渔业资源充分利用，让更有条件、更有技术的人进行渔业捕捞，是对渔业资源最大限度的利用，同时也能促进经济发展。此外，允许渔业限额的转让也更有利于保护渔业资源，科学地进行渔业捕捞，企业或集团的有序捕捞取代个人的盲目捕捞不单是对经济发展的有效促进，也是对渔业资源的有效保护。渔业发达国家通常通过行政分配的手段根据历史渔获实效赋予具有捕鱼许可证的渔民一定量的限额权，并且允许该限额的转让。限额权的转让要求在政府的监管下进行，并予以相应的登记。为了保证限额制度的成功实施，对于限额发放对象以及实施限额捕捞的全过程，包括限额交易的整个流程，都配以严格且详细的监管机制，并加以完善的惩罚机制。此外，为防止有实力的个人或企业配额过多而出现垄断现象，政府应设置配额上限。

（三）新西兰限额捕捞管理案例

1. 发展历史

（1）渔业管理

新西兰是世界上实行渔业资源配额制度管理的最早的国家，也是最成功的国家之一。为鼓励发展渔业经济，新西兰从 1963 年取消了 1908 年渔业法规定的限制入渔制度，转而实行开放型渔业管理，政府通过各种途径鼓励进行渔业投资。到 20 世纪 80 年代初，新西兰近海渔业资源严重衰退，远洋渔业资源开发也日趋饱和，单位捕捞努力量渔获量不断下降。在严重的经济压力和资源压力下，为了更好地管理其管辖范围内的渔业资源，政府不得不思考新的渔业管理制度。1983 年新西兰率先在远洋渔业管理方面引入配额制度，将总允许捕捞量分配给 9 家渔业公司。从 1986 年起正式将个人可转让配额（ITQ）制度作为其渔业管理的基本制度框架。新西兰限额渔业管理经过 30 多年的实践，已形成渔业调查、渔业管理、渔业监视等多方面综合的渔业管理系统，称为配额管理系统（quota management system，QMS），是新西兰渔业管理的基石。

（2）法律法规

新西兰的渔业由渔业局管理，法律依据主要是《1996 年渔业法》，此外，在《1996 年渔业法》框架下制定了各类渔业实施细则（表 2-6）。新西兰政府特别注重渔业立法，几乎每年都有渔业法律法规更新补充，为新西兰渔业发展提供了坚实的法律保障。

表 2-6　新西兰现有渔业法规条例

中文名称	英文名称	颁布年份
《1996 年渔业法》	Fisheries Act 1996	1996
《1990 年渔业（记录保存）实施细则》	Fisheries (Recordkeeping) Regulations 1990	1990
《1997 年渔业（持证水产商）实施细则》	Fisheries (Licensed Fish Receivers) Regulations 1997	1997
《2001 年渔业（商业捕捞）实施细则》	Fisheries (Commercial Fishing) Regulations 2001	2001
《2001 年渔业（认定价值和配额通告）实施细则》	Fisheries (Deemed Value and Notification of Balances) Regulations 2001	2001
《2001 年渔业（侵权法）实施细则》	Fisheries (Infringement Offences) Regulations 2001	2001
《2001 年渔业（注册）实施细则》	Fisheries (Registers) Regulations 2001	2001
《2017 年渔业（报告）条例》	Fisheries (Reporting) Regulations 2017	2017
《2017 年渔业（地理空间位置报告）条例》	Fisheries (Geospatial Position Reporting) Regulations 2017	2017
《2017 年渔业（电子船位监控）实施细则》	Fisheries (Electronic Monitoring on Vessels) Regulations 2017	2017
《2017 年渔业（拖网）修正条例》	Fisheries (Trawling) Amendment Regulations 2017	2017

2. 主要做法

（1）配额管理的鱼类资源

配额管理系统下的大部分物种是单独管理的，但有时，对于相似度高且经常在一起的鱼类也会进行分组管理。对于同一渔业物种，会根据物种的管理和生物学因素等进行分区管理，分为不同的种群，以便更好地控制种群。例如，鲷鱼分为 6 个管理区域。目前，QMS下管理的渔业种类有 98 种（或组），分为 642 个独立的种群。

（2）总允许捕捞量设定

新西兰政府每年会对专属经济区海域内的渔业资源进行科学评估，渔业法也有规定，渔业物种的捕捞极限必须设定在能确保其长期可持续发展的前提下。在此基础上，根据配额管理系统，新西兰政府对每种渔业种类（特定地区的鱼类、贝类或海藻物种）都设定了年度捕捞限额，即年度总允许捕捞量（TAC）。TAC 设置为在考虑自然变化的同时，允许的鱼类种群的最大可持续捕捞量（MYS）。新西兰的渔业年度通常为 10 月 1 日至翌年 9 月 30 日，也有个别种类的渔业年度为 4 月 1 日至翌年 3 月 31 日和 2 月 1 日至翌年 1 月 31 日。

TAC 在不同的渔业种类间共享，包括休闲渔业、地方传统渔业及商业渔业等。扣除休闲渔业、传统渔业等，剩余的是允许的商业捕捞总量（TACC），配额分配的主要是商业捕捞总量。

（3）配额的分配

配额（quota）的分配实际上就是将每种渔业的商业总可捕量（TACC）分成配额分给渔民或者渔业公司的过程，新西兰配额管理系统细化了这一分配过程。新西兰配额管理系统下的物种被分为渔业种群（按物种和地区划分），每个渔业种群都有固定的 1 亿配额份额（quota shares），配额份额是代表配额所有者在渔业中所占份额的财产权。通过将总允许商业捕捞量（TACC）除以 1 亿固定配额份额，得到每个配额份额的配额当量（quota weight equivalent，QWE），即每一个配额份额的单位可允许商业捕获量。配额拥有者拥有的配额份额数乘某个种群的配额当量即为配额持有者拥有的该种群的年度捕捞权益（annual catch entitlement，ACE）。

ACE 在每个渔业年度开始时分配，配额所有者每年都会获得 ACE，即在捕捞年度捕捞一定数量鱼类的权利，且需要支付一定的费用。配额持有者获得的 ACE 数量取决于该年设定的 TACC。ACE 在渔业年度的任何阶段都可以购买、出售或转让。配额持有者需要有最低保有量的 ACE 才能进行捕捞，如果当前捕捞年度中没有完全使用 ACE，下一年度可以发放一定数量的 ACE，称为未充分分配。如果捕获的渔获量超过了全部 ACE 的数量，且没有购买 ACE 来弥补过度捕捞的情况，则将会面临经济处罚。人们可以拥有多少配额是有限制的，称为聚集限制，可以对整个物种或单个种群设置聚集限制。官方可以拥有一定数量的ACE，以便用来平衡分配。

配额交易在市场上进行后，还需要进行配额登记才能得到合法确认。根据配额交易的类型，配额登记包括配额所有权、配额转让、租让登记等。配额份额和 ACE 所有者都将会登记在册，如需查询，将收取一定的费用。

图 2 - 30 显示了在配额管理系统中渔民如何共享鱼类资源。

（4）监管报告制度

为了监视和管理新西兰的渔业，QMS 要求渔民和持证水产商（LFR）定期报告。商业

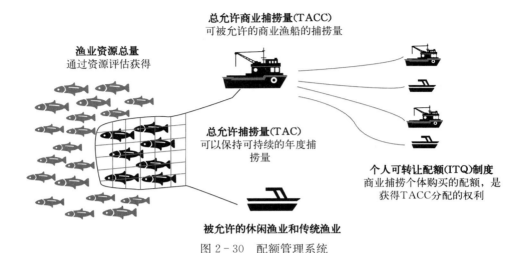

图 2-30　配额管理系统

（来源：https：//www.mpi.govt.nz/fishing-aquaculture/fisheries-management）

渔民（许可证持有人）必须提供每次出海的渔获量、捕捞努力量和上岸买卖数，并提供月度报告。岸上的持证水产商必须每月提交一份申报表，列出上个月收到的鱼的数量、种类和向他们提供渔获的渔民。通过对渔民和水产商进行交叉检查，以确保报告的准确性。

3. 实施效果评价

（1）实施效果

新西兰的配额管理制度从 1986 年实施以来，经不断修正调整、逐步完善，取得了一定的效果，主要表现在：

1）捕捞结构和捕捞力量的调整

对渔民的调查结果显示：53％的渔民认为配额制度对渔业资源的保护有积极的影响，23％认为配额制度的主要目的是减少捕捞努力量。特别是对 TAC 非理性竞争捕捞方面有好转的迹象，最主要的一个变化是从业者已开始转变其捕捞策略，以减少成本，增加捕捞市场价值高的产品。渔民一般在一年里使用多种网具，使用率最高的是流网和延绳钓，许多渔民放弃传统的拖网和围网作业，转向流网、钓作业。这种作业类型或作业方式的转变，对保护渔业资源十分有利。

沿岸渔业小级别作业船只被淘汰出局或排挤到非配额管理渔业上，24～30 m 级别渔船成为近岸渔业的中坚力量。近海渔业方面，船只大型化趋势明显，过去主要依靠外国船只，已逐渐被更新换代后的本国船只所取代。外国船只在新西兰近海作业总趋势是下降的。这些调整并不是来自政府行政的直接干预，而是通过配额转让的方式即市场的力量进行的产业内部结构的调整。

2）管理范围扩大和对资源的保护

限额管理制度经过几十年的时间，证明是成功的。限额管理范围从种类、作业渔场和作业方式上不断扩大。管理的区域已从最初的沿岸渔业延伸到深水渔业。管理的种类从最初的26 种增加到如今的 98 种（或组），可分为 642 个独立的种群。实施限额捕捞制度后，到 20世纪 90 年代中期，新西兰的渔业资源呈现出健康复苏的迹象，商业性渔业繁荣起来。其保护资源的正面意义得到诸多方面的肯定。

3）社会及经济效益良好

调查表明，实施限额制度后，77%的渔业企业对其经营策略作出调整，主要表现：一是调整作业类型或作业方式；二是尽可能地降低作业成本；三是减少捕捞努力量（即减少对渔船和网具的投资）。市场的作用使配额更多地流动到资源好、捕捞技术好的船主，淘汰小型捕捞作业，取得了较好的经济效益和社会效益。尤其渔业权作为一种财产，对于渔民和渔业企业来讲，都是一种受益。

（2）管理经验

1）渔业产权

配额权的产权性质对渔业管理效果起到十分重要的作用。在此产权体系下，渔民会有选择地进行捕捞，以取得最大的市场价值。另外，它将促使渔民与其他配额所有者联合起来，加强对渔业资源的保护。渔船或渔民分配到一笔配额就相当于得到了一笔财产，使得渔民的最低生活和退休养老有了保障。同时，由于配额只分配给有正当身份的渔民，实施配额捕捞管理也可使一些非渔民身份的外来劳力从渔业中分离出去，减轻渔业资源压力。

2）减少政府行政干预

政府停止直接干涉捕捞活动，而成为监督者的角色，并确保这些规则可以公平及平衡地实施。把更多的权利交给市场，由市场调整优化产业结构，并能有效地保护渔业资源。新西兰政府已精简其渔业法案，但配额管理的精髓仍在，考虑将更多的经济性鱼种纳入配额管理制度。

3）合作共同管理

政府完善和渔业团体组织等的合作，联合实体会更负责管理自己的份额。增加渔民组织对于所辖海域的主权意识，充分发挥渔民组织在管理中的主动性和积极性。

尽管新西兰的限额捕捞制度取得了良好的效果，但也存在一些问题，如由于配额的限制有可能导致渔民为尽可能留下价值最大的渔获物，而将价值小的渔获物抛弃。这样不仅造成对资源的浪费，而且造成对统计工作的困难，对下一年的 TAC 估计带来很大的误差。此外，由于个体可转让配额的实施，有可能大部分配额集中在少数效益较好的经营者手中，容易形成垄断。

4. 对我国的启示

（1）建立渔业权制度

新西兰配额管理系统的产权性质对其渔业管理效果起到十分重要的作用。新西兰配额管理制度中的配额权从外观上看，具有产权的基本性质，而且在许多案件的判决中其产权的性质得到法庭判例的支持，因此，新西兰有关学者一般认为这种权利为产权。在此产权体系下，渔民会有选择地进行捕捞，以取得最大的市场价值。另外，它将促使渔民与其他配额所有者联合起来，加强对渔业资源的保护。对配额权及相关权利的法律性质明确定义及界定，对促进渔业管理向法制、有序、有效的方向发展起着十分重要的作用。这必须要政府当局承认此种配额权的产权性质并从法律上进行明确定义；否则，会出现原先无序、无效的竞争捕捞的状况。

（2）加强执法力度和渔民社会保障体系建设

从执法成本上看，限额制度的执法成本要高于投入控制管理，实施限额制度的前提是必须配备更加充足的执法力量和执法经费，才能从配额分配、渔业生产、配额和渔获物交易、流通等多个方面进行全程管理和监控。目前我国在渔业管理上存在的突出问题是渔业执法力量不足和经费不足，渔民生计问题导致的执法难。建议逐步建立渔业从业者的养老、医疗、渔船、重大海难事件等的保险以及保障体系。

（3）加强宣传、转变观念

目前，我国海洋渔业管理体制基本沿用计划经济时的管理手段。限额制度是一个全新的体制，必须加强宣传工作、转变观念。新西兰之所以能取得成功，得益于实施前做了大量的宣传工作，并组织利益各方进行讨论。建议从现在起要加强宣传，使渔民和各级管理部门都能了解限额制度的体制和运作方式。能得到大多数渔业工作者的支持拥护，政策才可以顺利实施。

（四）澳大利亚限额捕捞管理案例

1. 发展历史

（1）渔业管理概况

澳大利亚 1953 年主张大陆架，1968 年宣布了 12 n mile 捕鱼区，1979 年宣布实施 200 n mile 专属捕捞渔区（Australian fishing zone，AFZ），1983 年公告了领海基线，1990 年宣布领海宽度由 3 n mile 扩展为 12 n mile，1994 年在批准《联合国海洋法公约》后，将专属捕捞渔区改为 200 n mile 专属经济区（exclusive economic zone，EEZ），2012 年公告了外大陆架界限。

澳大利亚捕捞渔业是联邦政府和各州（包括北领地）共同管理。一般而言，联邦政府负责距海岸 3 n mile 以外的商业渔业，而各州则负责 3 n mile 以内的渔业资源，也存在由联邦政府和相关州政府联合管理的渔业。目前，联邦渔业中大约有 300 艘船在运转，14 000 多人直接受雇于商业捕鱼等部门。澳大利亚主要渔业经济品种：鱼类有金枪鱼、鲑鱼、鳟鱼；甲壳类有龙虾、对虾；贝类有牡蛎、鲍鱼、扇贝等。

澳大利亚渔业管理的目标主要有两点。一是以符合生态可持续发展原则的方式开发渔业资源。这些原则包括有效整合长期和短期经济、环境、社会和公平方面的考虑。为了实现这一目标，澳大利亚渔业管理局采取了生态系统水平的渔业管理方法，即管理捕捞对更广泛海洋生态系统的影响。另一目标是追求渔业管理为澳大利亚渔业社区带来的净经济收益的最大化。依靠渔业捕捞策略，结合生态风险管理以及兼捕政策管理等其他管理要素，共同构建生态系统水平的综合性的渔业管理方法，以实现生态上可持续和经济上最佳的渔业。

目前，澳大利亚渔业管理已主要转向产出控制，最主要的是总允许捕捞量（TAC）和个人捕捞配额（ITQ）制度体系。根据澳大利亚联邦政府发布的《2017 年渔业状况报告》，在 2006 年评估的 97 个鱼类种群中，未遭受过度捕捞的种群为 41 个；而在 2016 年评估的 94 个鱼类种群中，未遭受过度捕捞的种群为 81 个。这说明澳大利亚海域的渔业资源在过去 10 年恢复得很成功，目前总体上都处于可持续开发状态，开始于 20 世纪 80 年代末 90 年代初的渔业监管体制改革基本上实现了预期目标。

（2）法律法规

澳大利亚渔业管理机构是澳大利亚渔业管理局（AFMA），其主要职责是保证渔业资源的有效利用和持续发展。AFMA 的功能包括确定渔业管理设置以及分配包括配额在内的捕捞权等。确定 AFMA 的目标、权利和义务的立法框架主要是《1991 年渔业管理机构法》和《1991 年渔业管理法》。《1999 年环境保护和生物多样性保护法》也对联邦渔业及其管理提出了要求。《1991 年渔业管理法》继续推动澳大利亚政府在 2005 年向 AFMA 发出了部长指示，要求 AFMA 在所有联邦渔业中立刻采取行动停止过度捕捞并确保在合理的时间范围内重建目前过度捕捞的种群，考虑管理捕捞对环境更广泛的影响等。澳大利亚政府随后在 2007 年发布《联邦渔业捕捞策略政策和指南》（第一版），并于 2018 年修订为《联邦渔业捕捞战略政策》和《联邦渔业捕捞战略政策实施准则》。澳大利亚主要渔业法规和政策见表 2-7。

表 2-7 澳大利亚主要渔业法规和政策

中文名称	英文名称	颁布（修订）日期
《1984 年托雷斯海峡渔业法》	Torres Strait Fisheries Act 1984	1984
《1991 年渔业管理机构法》	Fisheries Administration Act 1991	1991
《1991 年渔业管理法》	Fisheries Management Act 1991	1991
《1992 年渔业管理条例》	Fisheries Management Regulations 1992	1992
《1995 年渔业管理（南方蓝鳍金枪鱼渔业）条例》	Fisheries Management (Southern Bluefin Tuna Fishery) Regulations 1995	1995
《1999 年环境保护和生物多样性保护法》	The Environment Protection and Biodiversity Conservation Act 1999	1999
《2005 年澳大利亚渔业管理局部长指示》	The Ministerial Direction to AFMA 2005	2005.12
《联邦渔业捕捞策略政策和指南》	Commonwealth Fisheries Harvest Strategy Policy and Guidelines	2007.9
《联邦渔业捕捞战略政策》	Commonwealth Fisheries Harvest Strategy Policy	2018.11.21
《联邦渔业捕捞战略政策实施准则》	Guidelines for the Implementation of the Commonwealth Fisheries Harvest Strategy Policy	2018.11.21

《1991 年渔业管理法》创设了法定捕捞权（statutory fishing rights，SFRs）制度，依据适用的不同渔业管理计划，分为船舶法定捕捞权（boat statutory fishing right）、渔具法定捕捞权（gear statutory fishing right）和指定配额的法定捕捞权（designated quota statutory fishing right）。

船舶法定捕捞权，主要是通过捕捞渔船的特征参数界定捕捞权大小、品质或者说潜在价值的权利，如船长、吨位、主机功率等，属于投入控制的渔业管理方式。渔具法定捕捞权，则是通过捕捞渔具参数明确捕捞权大小、品质或者说潜在价值的权利，亦属于投入控制的渔业管理方式。指定配额的法定捕捞权，则是通过权利人拥有的捕捞配额明确捕捞权的大小、品质或者说潜在价值的权利，属于产出控制的管理方式，是可分割性、可交易性最好的财产权利。

目前，大多数的联邦渔业是按照此种可转让捕捞配额（transferable quotas）的产出控制方式管理的。配额捕捞权持有人可以指定多艘船舶完成其配额，而其他法定捕捞权和捕捞许可持有人仅能指配 1 艘捕捞渔船，行使其拥有的捕捞权。

2. 主要做法

(1) 渔业管理目标的设定

TAC 制度是根据渔业管理的目标，确定一定的时间和区域内的总允许捕捞量。捕捞配额的分配首先要确定总允许捕捞量，即要先确定渔业管理的目标。澳大利亚联邦渔业以外实施的共同渔业管理目标是最大可持续产量（MSY），MSY 已被广泛确定为全球渔业管理的目标，包括《联合国海洋法公约》《联合国鱼类种群协定》和《联合国负责任的行为守则》等法规。尽管这是一个广泛应用的概念，但最大可持续产量是一项生物学措施，并未考虑到捕捞成本。在许多情况下，可以通过将存量维持在高于最大可持续产量的水平，优化捕捞率并降低运营成本来获得更高的利润。

《联邦渔业捕捞战略政策》和《联邦渔业捕捞战略政策实施准则》确定了最大经济产量（MEY）的管理目标，这是使渔业的净经济收益最大化的最大平均产量（或相应的捕捞水平）。随着鱼类资源的减少，捕捞成本通常会增加，这是因为鱼类变得越来越难以发现和捕捞速度减慢。最大限度地提高经济产量要求将种群维持在较高水平，而捕捞压力要低于实现最大可持续产量所需的压力。该法最大限度地提高了捕捞对澳大利亚社区的经济回报。重要的是，这也是一个更加保守的管理目标，这使商业捕鱼者和其他使用者的捕捞率提高，捕捞者所需的资本减少，防止不利的环境波动，减少过度捕捞的可能性，并且对生态系统的影响较小。

(2) 配额制度实施办法

资源评估委员会首先提出 TAC 配额数建议，然后由渔业主管部门广泛征求意见后提交渔业部审查，渔业部审查定案后才决定 TAC。TAC 确定后，根据配额制度前几年的渔获成绩，渔业部长公布这些配额数，再加上国家限定的渔业税收金额，一起由渔业主管部门委托的公司或协会向渔业生产单位和组织、渔船进行公开招标，中标者由渔业主管部门颁发捕捞许可证。配额允许公开转让和买卖。

取得配额的渔民、渔船必须提前 6 h 或 3 h 向渔业管理机构报告渔获量，报告内容包括捕捞数量及种类，以便政府检查官员有足够的时间到达现场对其检查。配额持有者还需提交渔获报告书，个别渔民的某鱼种的 ITQ 用完时，可在渔民间进行鱼种的 ITQ 交换或转让，若超过则从下一年度的 ITQ 中扣除，但不能超过当年 ITQ 的两成。向渔民购买渔获物的承销商也需要向该机构报告购入量。

对东南渔业兼捕渔获物的管理采用两种方法：鼓励渔民卸下偶尔兼捕到的渔获物，以卸鱼当天渔获价格收购兼捕渔获鱼种；配额交易方法中，允许渔民把兼捕渔获鱼种与其他渔民交换成配额鱼种，并设定交换流程，防止渔民增加兼捕鱼种与配额鱼种的交换。

经过 20 多年的努力，澳大利亚已经建立了完善的配额管理体系，这套管理体系的实施形式和特点是：总体管理目标和发展规划由澳大利亚渔业管理局按年度制定，其具体内容和操作方式包括两部分。一部分是总年度计划的项目和单元，包括按鱼类品种的作业方式和操作监管流程，落实实施责任，总年度计划明白具体；另一部分是将年度目标分解到各区域或委托给代理的管理执法部门，这一部分就更详细且便于操作，细致到海域的划分、鱼的品种和规格、网目尺寸限制、渔船登记内容、船长审查、整网方式、副渔获物允许比例、渔船临检和现场抽查、捕捞日志记载等。

3. 实施效果评价

（1）建立渔业物权制度，确保渔民收益权

澳大利亚根据渔民往年平均捕捞能力分配捕捞配额，并通过建立物权制度赋予捕捞配额物权特征，渔民可以自主支配捕捞配额，既可以下海捕捞、出售，也可以有偿转让，从而保证渔民可以从捕捞配额中受益。

（2）管理咨询机制建设

澳大利亚各州政府代表联邦政府行使政府的渔业管理职能，由科学家、经济学家组成的咨询机构对政府管理中出现的问题如配额问题、可持续发展问题以及环境问题进行咨询。澳大利亚在管理上同样会遇到渔民在船上交易等逃避配额管理等难题，政府会通过发动渔户相互监督的方法进行监督管理，其做法对我国渔政管理具有参考和借鉴价值。

（3）渔业管理信息化建设

澳大利亚的渔业管理信息化程度比较高，从天上卫星监测渔船，到海上公务船的巡检，再到岸上水产品交易的监督等，都离不开数据中心与终端的适时联系，管理者可随时调阅渔船各种数据，查看是否与现场情况相符合。其信息化应用通过卫星、互联网、手机、电台等实现。例如，澳大利亚政府使用船位监测系统（VMS）对在 200 n mile 专属经济区内进行商业捕捞的拖网渔船进行监测；海洋环境与资源信息系统（CHRIS）为渔业管理者、科学研究者、捕捞从业者以及社会公众人士等提供相关的渔业数据信息；渔民可通过互动式语音报告系统（IVR）随时输入捕捞数据和查询配额情况。

4. 对我国的启示

（1）进行长期化、系统化的渔业资源评估和监测

实施限额管理首先遇到的技术关键是对实施配额管理的鱼种的 TAC 进行评估和监测。目前，我国的渔业资源评估和监测断断续续片区化进行，不够系统和全面，无法满足限额制度的要求。要实施限额制度，渔业资源评估是一项必备的基础性工作。

（2）加强渔业信息化建设

澳大利亚的渔业管理信息化程度比较高，我国的渔业信息化建设跟澳大利亚相比还存在很多的不足，例如渔船进出港监测、渔民产量录入等。实施限额制度，首先要提高渔业管理的信息化能力，使管理监督形成闭环。

四、南海渔业资源管理面临的主要问题和对策

（一）主要问题

1. 捕捞能力严重过剩

由于渔业劳动力的自然增长和非渔业劳动力向捕捞业转移，南海沿海地区的捕捞能力持续增长。从 20 世纪 80 年代初开始，随着渔业经营的私有化，捕捞能力更是急剧增加，南海三省（自治区）（广东、广西和海南）机动渔船数量和主机功率从 1981 年的 1.45 万艘、30.82 万 kW 猛增至 2000 年的 7.76 万艘、317.62 万 kW。近年来，随着减船转产以及总量控制等制度的实施，南海区机动渔船数量有所下降，至 2018 年，南海区机动渔船数量为68 259艘，但渔船功率仍处于较高水平，达到 376.2 万 kW。这些渔船绝大部分在南海北部作业，再加上我国香港、澳门、福建和越南在南海北部作业的渔船，使得南海区尤其是南海

北部海域承受的捕捞压力陡增。最新的评估结果显示，目前在该海域作业的捕捞渔船总功率超过最适捕捞作业的 2 倍以上。

2. 近海渔业资源衰退严重

在持续高强度捕捞以及沿岸水域污染等因素影响下，南海北部近海的渔业资源呈日益衰退的趋势，单产和渔获物质量不断下降，多数经济种类主要由 1 龄以内的幼体组成，群落中个体大、生命周期长、食物层次高的种类普遍为个体小、寿命短、食物层次低、经济价值较次的种类所取代。早在 20 世纪 70 年代初，分布在沿海水域最有经济价值的底层鱼类资源就已捕捞过度。70 年代以来虽然先后开发利用了近海及外海渔业资源，但捕捞作业的分布格局并没有明显变化。80 年代初新增的渔船吨位小，只能在浅海作业，使早已濒临衰竭的沿海渔业资源进一步受到破坏。目前南海北部沿海地区的绝大部分渔船仍主要集中在水深 100 m 以内的浅海及近海作业。实行休渔制度后，捕捞强度得到短暂的控制，渔业资源衰退得到一定程度的缓和，部分种类的资源有所回升，但休渔开捕后，数以万计的渔船齐捕，使渔业资源衰退现象并未得到根本性的改变。

3. 违规捕捞现象严重

南海近岸水域饵料生物丰富，多数经济鱼类幼鱼阶段主要分布在该海域，即使一些主要分布在外海的经济鱼类，其幼鱼阶段也出现在沿海。为保护经济鱼类幼鱼，渔业管理部门在南海区沿岸设立了许多禁渔区，并大致沿 40 m 等深线划定了沿海机轮底拖网禁渔区线，从 1999 年起实行伏季休渔，并随后不断进行调整完善。禁渔措施对保护渔业资源起到明显作用，但由于执法力量薄弱，沿海地区的渔民在禁渔区、禁渔期内进行违规捕捞的情况屡禁不止，在每年休渔期结束后，有大量的底拖网渔船集中在机轮底拖网禁渔区线内违规捕捞，并违规使用不符合国家标准的网具进行捕捞，造成渔获物以幼鱼为主，在很大程度上破坏了休渔所取得的成果。近年来，国家虽然加大了对电、毒、炸等破坏性渔具渔法的打击力度，但由于渔民自律性不强以及执法管理跟不上等多方面原因，各种违规作业行为特别是渔民反响强烈的"三无"渔船捕捞等仍在各地屡禁不止。

4. 海洋捕捞业效益下降

在 20 世纪 80 年代的改革开放初期，由于国民经济的快速发展，对水产品的需求日益增加，而当时海洋捕捞业的效益又相对较高，是沿海地区投资开发的重点，但 90 年代以来，海洋渔业资源衰退引起捕捞渔船单产下降、渔获质量低下，加之燃油价格持续上涨、生产成本上升以及水产品价格低迷，使海洋捕捞生产经济效益下降，渔船亏损面大。根据对东莞、惠州、汕尾、汕头、揭阳、潮州等 6 市的调查，在不计渔船折旧和利息的情况下，2018 年海洋捕捞生产渔船营利、保本和亏本的比例大致为 20%、40% 和 40%，渔船亏损面最大的东莞沙田镇，全镇共 208 艘渔船，有 70% 的渔船亏本。目前，海洋捕捞渔民老年化日趋明显，文化程度普遍较低、只懂捕鱼、缺少其他谋生技能。在渔船到报废年限报废淘汰渔船时，国家只是给予渔民为数不多的补贴，由于缺乏对转产转业渔民进行必要的就业技能培训和转产扶持政策，渔民既没有积蓄进行转产，又没有其他技能转业，渔民转产转业举步维艰。

（二）对策建议

1. 严格执行渔业管理制度，推行限额捕捞管理

禁渔区、禁渔期和伏季休渔是保护渔业资源的有效措施，这些传统的渔业管理措施为世

界各渔业国家所普遍采用。我国于 1979 年实行《水产资源繁殖保护条例》以来，尽管违规现象仍普遍存在，但禁渔区、禁渔期对保护幼鱼和产卵亲鱼、缓解沿岸小型渔业和底拖网渔业的冲突等方面起到明显作用，这些传统渔业管理措施应该得到切实的执行。鉴于底拖网禁渔区线内违规作业的严重程度，在每年伏季休渔结束后应集中力量在机轮底拖网禁渔区线内严格执法。对于电鱼、炸鱼、毒鱼等严重破坏渔业资源的行为应依法惩处。此外，对于使用加装滚轮的底拖网在粗糙海底进行捕捞和用岸边密网杂渔具捕捞小杂鱼等破坏资源与环境的行为应立法管制。

限额捕捞制度是国际上公认的比较先进的渔业管理手段，在发达国家普遍采用。早在 2000 年《渔业法》已经将限额捕捞制度列为我国的一种渔业管理方法。2017 年《农业部关于进一步加强国内渔船管控实施海洋渔业资源总量管理的通知》要求：自 2017 年开始，辽宁、山东、浙江、福建、广东等 5 省启动限额捕捞试点。试点工作在捕捞对象选定、专项捕捞许可、配额确定、配额分配、渔捞日志、渔获物监管、渔民组织化等方面进行了有益的探索，为今后进一步更大范围地实施限额捕捞制度奠定了基础，积累了经验。

2. 降低近海捕捞强度，调整捕捞作业结构

当前，捕捞强度过大是南海北部近海渔业资源衰退、海洋捕捞业效益下降的主要原因。因此，压缩捕捞力量、降低捕捞强度是亟待解决的突出问题。严格落实渔船功率"双控"制度。利用国家减船转产政策和调整渔业油价补贴政策，切实贯彻落实渔船报废制度，执行捕捞渔船船检制度，按照各类渔船报废年限和安全要求，对超龄或不适航的捕捞渔船进行强制报废，改善渔船安全性能，保障渔业生产安全，从源头上控制捕捞强度和生产安全。强化捕捞渔民从业资格许可制度，使专业捕捞渔民逐步向渔业其他产业转移、兼业捕捞渔民逐步退出捕捞业，加大对捕捞渔民转产转业工作的政策支持和财政资金支持力度，稳妥推进水产养殖业、远洋渔业发展和水产加工流通业发展，积极引导捕捞渔民从事休闲渔业，为捕捞渔民转产转业提供新的空间和途径。同时，针对目前海洋捕捞渔船所存在的雇佣非海洋渔业人口的现象，制定一项新的法规，以杜绝非海洋渔业人口从事海洋捕捞生产的现象。

合理调整捕捞结构和捕捞布局。目前南海区过大的捕捞作业量主要分布在浅海和近海，对目前不合理的作业结构应进行调整，主要任务是减少在沿海作业的、选择性差的、对幼鱼损害较严重的底拖网和张网作业。部分底拖网的捕捞能力可以也应该由选择性更好的其他作业类型所取代，对张网作业应严格执行禁渔期制度并限制其发展。鼓励使用选择性较好的刺、钓作业和以利用中上层鱼类为主的围网作业。积极发展外海及远洋渔业。南海外海海域广阔、渔业资源丰富，仅经济价值较高的优质鱼类就有 30 多种。据南海水产研究所等专业科研机构调查，约 150 万 km^2 的中南部深水海域和约 60 万 km^2 的西沙、中沙、南沙等海域在内的外海的渔业资源有巨大开发潜力，其中以鸢乌贼、金枪鱼（主要是扁舵鲣、圆舵鲣、鲣等小型金枪鱼）和鲹类等资源极具开发潜力。建议发展以大型灯光罩网渔业为主的南海外海渔业，加大鸢乌贼、金枪鱼等大洋性中上层资源的开发力度，不仅可以形成新的海洋渔业经济生长点，还可以有效转移近海捕捞强度。

3. 转变渔业发展方式，形成新的经济增长点

海洋渔业是资源和生态依赖型产业，现阶段我国海洋渔业利用以粗放型的海洋捕捞为主，对天然渔业资源的依赖程度高。在渔业资源严重衰退、传统渔场缩小的情况下，加快促进捕捞产业结构调整，转变渔业资源利用方式，推进产业转型升级已迫在眉睫。

大力开展渔业资源增殖，积极修复水域生态环境，促进渔业可持续发展。要重点针对已经衰退的渔业资源品种和生态荒漠化严重的水域，合理确定增殖的方式、水域、类型、品种和数量。要规范渔业资源增殖工作，开展生态安全风险评估、增殖效果评价，提高增殖工作管理水平。加大生态型、公益型海洋牧场建设力度，推动以海洋牧场为主要形式的区域性渔业资源养护，把海洋牧场打造为涉渔产业融合发展的新平台，不断提高海洋渔业发展的质量效益和竞争力。坚持体制机制创新，推进海洋牧场与渔港经济区建设协调并进，发挥国家级海洋牧场示范区的先行先试和示范带动作用，提升渔港经济区发展整体水平。

突出各地渔业资源优势，拓展渔业文化内涵，打造内容丰富、形式多样的休闲渔业特色品牌。结合名镇名村和幸福村居建设，建成一批以渔村风情、渔港风光、海上游钓等为主要特色的渔村、渔港，形成沿海休闲渔业带。结合国民旅游休闲计划，构建以垂钓、观赏、美食等为特色的都市型休闲渔业区。在海洋与渔业自然保护区开展以科普教育为主要内容的休闲旅游。

4. 提升科技支撑能力，加大渔业资源生态修复力度

渔业资源的调查评估结果是政府渔业管理决策的基础和依据。国际上渔业发达国家已经将渔业资源监测调查作为常规任务，积累了渔业生物学和资源动态方面的长期系列数据，资源监测的结果已成为渔业资源管理必不可少的科学依据。从渔业管理的精细化和科学化的要求而言，不管是眼前还是长远的，都需要大力开展渔业资源调查评估和研究工作，健全渔业资源调查监测和评估体系。目前南海海域尚未有针对渔业资源的系统、全面、综合性的调查研究体系，对南海渔业资源与生态环境的变化仍缺乏科学全面的了解，建议加大资金投入力度，尽快建立起以实现生物资源长期持续开发利用为目标的资源变动监测调查体系，全面系统摸清南海近海渔业资源的分布区域、种类组成和生物量，主要经济种类生物学特性、洄游规律及其资源量与可捕量，为我国海洋捕捞产业的调整及各项资源养护管理措施的制定与完善提供科学依据和技术支撑。

水域生态环境是水生生物赖以生存的物质条件。针对目前水生生物生存空间被大量挤占、水域生态环境不断恶化、水域生态荒漠化趋势日益明显等问题，应该坚持因地制宜的原则，秉持自然恢复为主的理念，加大渔业生态环境保护和修复力度。对渔业重点水域、重要渔业资源、地方保护和名优品种集群点及其产卵场、索饵场、洄游通道等，要规划为渔业资源增殖养护区加以保护。要统筹推进水生生物保护区建设，建立健全相应的管理机构，不断改善管理和科研条件，努力提高保护区的管护能力和水平，形成以保护区为主体、覆盖重要水产种质资源以及珍稀濒危水生野生动物的保护网络，确保水生生物多样性保护工作在生态多样性、遗传多样性、物种多样性等层面科学有序地深入开展。

五、南海区实施限额捕捞面临的问题与对策

（一）存在的主要问题

1. 渔业相关人员对限额捕捞制度的认识不足

渔业相关人员对限额捕捞认识不足导致执行该制度存在思想障碍。限额捕捞作为一种先进的管理制度，对于我国渔民、渔业管理者及当地政府等渔业利益相关者来说都是新的课题。从渔业管理者的角度来说，实行限额捕捞管理，渔业管理成本会增加，且目前渔业管理

力量有限，管理者的工作压力加大，很可能对此产生畏难等思想障碍。至于渔民，在限额捕捞实施后，必然无法同以前一样不受限地进行捕捞，其捕捞行为肯定会受到限制，渔民会因眼前利益受损而或多或少地对该制度的实施产生抵触或逆反心理。根据对实施白贝试点时的问卷调查，85%的渔民比较了解或不了解捕捞配额制度，其中37.5%的渔民表示完全不了解该项制度，只有40%的渔民希望实施捕捞配额制度，在这种情况下，实施捕捞配额制度必然会面临诸多渔业从业者的不理解，甚至反对。对于地方政府而言，如果实施限额捕捞的品种属于当地的支柱产业，当地政府出于民生以及发展经济的角度，会对实施限额捕捞存在地方保护或消极对待的情绪。

2. 限额捕捞涉及面广，相关制度与机制尚不完善

限额捕捞实施细则缺乏。目前我国《渔业法》对实行限额捕捞制度作出了原则性规定，但缺乏具体的实施细则。比如，对于不遵守限额捕捞规定（包括捕捞日志定期如实填报、定点交易等）的渔船，没有相应的法律处罚依据。据统计，目前在试点海域生产的渔船约20艘，出于种种原因，经常性通过手机App实时填报渔捞日志的渔船仅2艘，严重影响了对捕捞生产的实时监控。渔船及渔民参与限额捕捞试点工作以宣传教育为主，如渔民拒绝参与，也无法律法规约束。

管理机制尚未建立。渔业资源管理目标是由政府主导、科学家提出，并通过广大渔民来实现的，因此，应解决好政府、科学家和渔民之间的关系，建立利益协同体，构建顺畅的管理机制。如政府行使渔业管理职能，科学家、经济学家组成咨询机构对政府管理中出现的问题如配额问题、可持续发展问题、环境问题，以及实施过程如何确保渔民利益和对渔民违规行为监督管理等进行咨询。

3. 海域开放性特点，导致渔民收益权得不到保障

试点海域的开放不受控制特点，导致渔民收益权得不到保障。以广东试点为例。该试点水域位于珠江口虎门大桥到内伶仃洋一带，虽然是传统的白贝渔业（主要为拖蚬船捕捞）区，但同时也是繁忙的水上交通要道，不光有拖蚬船作业，还有刺网、拖网等其他作业方式生产以及大量的挖沙船在附近生产。由于该区域是传统渔场，不光有参与试点的渔船，广东沿海其他地市，如江门、阳江等的其他类型的渔船也在生产，给限额捕捞试点的监管带来非常大的困难。浙江省限额捕捞试点是在浙江省梭子蟹保护区内，该海域只对具有专项捕捞特许证的刺网作业及其辅助船开放，具有排他性，管理和监督相对容易。因此，试点海域的选择是决定试点工作成败的关键环节。

4. 捕捞力量居高不下，对近海资源补充产生极大影响

调研过程中，人们普遍反映渔船数量多，尤其是涉渔"三无"船舶数量巨大，而且也未纳入管理范畴。据初步保守估计，注册渔船数量与涉渔"三无"船舶数量比例在1∶（3~4），"三无"渔船严重挤占了在册渔船的生存空间，同时"三无"渔船主要是小于12 m的小渔船，主要作业空间在禁渔区线以内，其作业生产一方面对资源造成破坏，尤其是对幼鱼资源的破坏极其严重，另一方面，严重扰乱生产秩序，影响社区社会稳定。

5. 渔业资源调查研究不系统，TAC确定科学依据不足

限额捕捞制度想要实施成功，总允许捕捞量的科学确定是其首要的前提和关键，它直接影响到该制度的实施及其效果。总允许捕捞量（TAC）管理是一项庞大而复杂的系统工程。想要科学、准确地评估过度捕捞限额，就必须通过较全面的、大量的渔业资源的调查研究和

连续多年的渔业统计资料才能做到。我国对海洋渔业资源的系统调查研究一直处于断断续续的状态，因此目前所提供的渔业统计资料不够全面、系统。各地又为了追求产量和经济效益，只提供对自己有利的数据，严重的甚至出现伪造和虚构的信息，与此同时，海洋捕捞中大量非法、不报告、不管制（IUU）捕鱼的存在，也会致使统计资料失真。由于我国现有的渔业资源基础数据不全，有些甚至存在失真现象，渔业管理部门目前确定TAC的主要依据是近几年渔民上报的渔获产量的汇总统计值，这种确定方法是缺乏科学性的。以试点的白贝、海蜇等品种为例，它们均属于短生命周期物种，一般生命周期为1年左右，它的行为受环境变动影响非常大，因此对它的监测非常困难。

6. 渔民组织化程度低，监管难度大

捕捞作业生产规模化、组织化程度低。目前，南海海洋捕捞作业生产仍是一家一户为主体、渔业公司统一生产为辅助、涉渔"三无"船舶无序作业生产，尽管有些地区建立了渔民合作社或相关社会组织，但管理相对松散，缺乏有效组织。以广东试点为例，试点区域渔船主要来自广州市的番禺区和南沙区，经渔民申请，获得广州市海洋与渔业局核发特许捕捞许可证的试点渔船共计181艘，其中来自番禺区174艘，南沙区7艘。渔民均为个体经营，缺乏相关的渔业协会或合作社等中介机构，尽管在广东试点中将试点渔民按属地编为6个小组，但由于缺乏实质的管理机制，给渔业管理带来很大的压力。这也使得配额分配时，为了避免出现矛盾和分歧而采取了比较简单的平均分配的办法。

7. 多鱼种的限额捕捞尚未开展

限额捕捞是发达国家普遍采用的渔业管理制度，主要适用于中高纬度水域单鱼种的商业化捕捞渔业。限额捕捞极大地依赖于对单鱼种渔获量的统计和实时监控。南海区的渔业为典型的多种类渔业，渔具渔法多种多样、渔船数量大，且多数为小型渔业，加上管理资源的不足，渔获量统计和调控存在很大的困难。在当前多鱼种、混合渔业的渔情下，如何实施限额捕捞目前还没有很好的解决方案。现有的试点，无论是广东的白贝，还是广西的梭子蟹，都是沿袭单品种限额捕捞的框架，虽然取得了一些成绩，但难以推广应用至全海区。

（二）对策建议

限额捕捞是我国海洋渔业资源管理的重大制度创新，也是向海洋渔业资源管理科学化、精细化方向迈出的重要一步。对于南海区开展限额捕捞试点工作存在的问题，建议从制度、机制、技术和平台几个方面综合加以解决，具体建议如下：

1. 加强宣传，提高公众保护渔业资源意识

针对目前渔民、船东、渔业管理者等相关从业人员存在的疑虑，亟待开展限额捕捞制度的宣传教育。一是通过报纸、电视、广播、微信、微博等多种媒体大力宣传教育。使渔业利益相关人员保护海洋渔业资源的意识得到提高，认识到传统渔业监管措施存在的不足，这对减轻后期的管理压力意义重大。二是做好渔民安抚工作。为稳定渔民情绪，减小制度实施前期管理压力，要通过宣传让渔民知道政府实施配额制度的决心和他们违规所要付出的成本，再者宣传配额制度实施之初可能出现的产量减少现象，但长远看会带来更大且持续的回报。三是保障"失海"渔民的生产生活。实施捕捞配额制度必须要解决过度增长的捕捞能力问题，这就要求积极做好渔民转产转业工作。对于"失海""失水"渔民要按照"生活水平不降低、长远生计有保障"的要求给予其补偿。对于转业的渔民，要积极拓宽捕捞以外的就业

技能。同时将渔民纳入社会保障体系，确保渔民老有所养、老有所依，解决渔民的后顾之忧，提高渔民参与资源保护和养护的意识。

2. 完善管理制度，出台《渔业资源限额捕捞实施细则》

修订完善限额捕捞实施细则。当前我国《渔业法》正在进行全面修订，应该在《渔业法》中定义生计渔业和商业渔业，对于沿岸的生计渔业，可以设置"定置渔业权"或"休闲渔业权"，以保障传统生计渔民的权益，对于商业渔业则可以施行限额捕捞。同时，出台《渔业资源限额捕捞实施细则》，明确规定渔捞日志（包括电子渔捞日志）如实填报，渔获物转载、上岸和交易监管，渔获物标签管理，观察员记录，渔船船位监控，以及违反捕捞限额管理的相关法律责任等。

建立政产研管理决策机制。可以借鉴澳大利亚的做法，沿海市县政府代表国家行使政府的渔业管理职能，由科学家、经济学家组成咨询机构对政府管理中出现的问题如配额问题、可持续发展问题以及环境问题进行咨询。对于渔民在船上交易等逃避配额管理等的难题，政府通过实施渔户相互监督的方法进行监督管理。

加强基层社会组织建设。将渔业资源管理融入渔业、渔村、渔民工作大局中，促进渔业专业合作组织建设，强化渔村网格化精准管理，赋予其在渔船证书办理、限额分配、入渔安排、船员培训、安全生产组织管理、资源费收缴及相关惠渔政策组织实施等方面一定权限，增强服务功能，充分发挥渔民群众参与捕捞业管理的基础作用。采取多种措施，促进大中型渔船加入渔业合作组织、协会或公司管理，小型渔船纳入村镇集中管理或加入渔业基层管理组织。

3. 建立渔业物权制度，确保渔民收益权

海洋渔业资源"公共品"属性决定了资源开发的各类权益主体采取"竞赛"捕捞，以获取最大利益，加之渔业资源的洄游跨界特征，弱化了权益主体养护海洋渔业资源和严格遵守制度的内在激励，最终导致资源开发利用主体之间不公平、无秩序的市场竞争，这也是造成我国近海渔业衰退的根本原因。只有将渔业资源进行产权化改革，如"专属捕鱼权"制度，将渔民纳入渔业资源开发利用和养护管理的利益共同体才是治本之道，避免了"公地悲剧"的一再上演。

新西兰配额管理系统管理制度中的配额权从外观上看，具有产权的基本性质，而且在许多案件的判决中其产权的性质得到法庭判例的支持，因此，新西兰有关学者一般认为这种权利为产权。

澳大利亚根据渔民往年平均捕捞能力分配捕捞配额，并通过建立物权制度赋予捕捞配额物权特征，渔民可以自主支配捕捞配额，既可以下海捕捞、出售，也可以有偿转让，从而保证渔民可以从捕捞配额中受益。

4. 加强信息化建设，构建南海渔业一张图

从澳大利亚的实践来看，渔业信息化管理尤为重要。他们的渔业管理信息化程度比较高，从天上卫星监测渔船，到海上公务船的巡检，再到岸上水产品交易的监督等，都离不开数据中心与终端的适时联系，管理者可随时调阅渔船各种数据，查看是否与现场情况相符合。其信息化应用通过卫星、互联网、手机、电台等实现。例如，澳大利亚政府使用船位监测系统（VMS）对在 200 n mile 专属经济区内进行商业捕捞的拖网渔船进行监测；海洋环境与资源信息系统（CHRIS）为渔业管理者、科学研究者、捕捞从业者以及社会公众人士等

提供相关的渔业数据信息；渔民通过互动式语音报告系统（IVR）可随时输入捕捞数据和查询配额情况。

5. 加强渔业资源调查评估，提高 TAC 评估的准确性

长期以来，我国对海洋渔业资源的系统调查研究一直处于断断续续的状态，未建立起支撑限额捕捞等精细化管理的资源调查和评估制度。2014 年，农业部启动了"近海渔业资源调查"专项，我国近海渔业资源调查工作才逐步迈入正轨。然而，目前仍存在调查资料积累不够，尤其是捕捞生产统计资料不够有效和系统，有些调查数据和统计资料不能共享等，使得我们对近海渔业资源状况及渔业生产情况的掌握仍十分有限。

同时，总允许捕捞量的评估还受所在海区渔业食物网的结构及维持机制、海洋环境、气候变化等多方面的影响。因此，应针对短板，开展相关基础研究，解决总允许捕捞量评估的重大科学问题。

建议系统梳理各类资源（项目、数据），将高等院校等研究力量进行有机整合，充分发挥"全国海洋渔业资源评估专家委员会"的作用，改变目前分散和碎片化的现状；同时，进一步加大财政投入，加强渔业食物网结构及维持机制研究，加强资源调查和监测的设计、过程、数据的质量控制和监督管理，建立数据和资料汇交制度，加快建立支撑我国限额捕捞制度的渔业资源调查评估制度，从而确保 TAC 评估的科学性和准确性。

6. 进一步完善专项捕捞许可渔业，扩大限额捕捞试点

国内限额捕捞试点表明，利用专项捕捞许可渔业来开展限额捕捞是可行的方法。专项捕捞许可具有比一般捕捞许可更多、更具体的作业限制。2019 年施行的修订后的《渔业捕捞许可管理规定》明确了"分区管理体制"，以底拖网禁渔区线为界进行渔船分区作业管理，禁渔区线内侧为小型渔船作业场所，海洋大中型渔船应在禁渔区线外侧作业，不得跨海区生产。若在南海区大范围推行捕捞限额制度，就必须对一般捕捞许可的渔业加强捕捞作业限制，降低渔船流动作业的范围，减少同一渔业类型、同一渔场中作业渔船结构的复杂性，为提高捕捞作业监管提供制度依据。

六、南海区实施限额捕捞管理的发展战略及重点任务

（一）发展战略

1. 指导思想

全面贯彻党的十九届五中全会和习近平总书记系列重要讲话精神，以"五位一体"总体布局、"四个全面"战略布局和五大发展理念为引领，围绕生态文明建设、海洋强国和乡村振兴等国家战略需求，坚持生态优先，健全"双控"制度和配套管理措施，扩大渔业资源限额捕捞试点，逐步建立起以投入控制为基础、以产出控制为"闸门"的海洋渔业资源管理基本制度，促进海洋渔业资源科学养护和合理利用。

2. 基本原则

（1）坚持生态优先的原则

充分尊重海洋的自然规律和自然属性，以海洋渔业资源承载能力作为海洋捕捞发展的根本依据和刚性约束，坚持保护优先，努力实现海洋渔业资源的规范有序利用。

（2）坚持绿色发展的原则

严格控制并逐步减轻捕捞强度，积极推进从事捕捞作业的渔民转产转业。大力发展海洋渔业一二三产融合发展，加快推进发展方式由数量增长型向质量效益型转变。

（3）坚持依法治渔的原则

把法规制度建设作为保障，不断完善渔业资源保护制度体系，将渔业资源养护和管理纳入法治化、制度化轨道，加大执法监督检查，不断提升海洋渔业资源利用和管理科学化、精细化水平。

3. 战略目标

（1）总体目标

根据海洋渔业资源高质量发展的基本要求，加强近海资源养护和生态修复，实施海洋捕捞产出管理，逐步实现海洋捕捞总产量与海洋渔业资源承载能力相协调，推动形成绿色生态、资源节约、环境友好的资源养护型渔业发展新格局，为加快建设现代渔业强国提供物质基础。

（2）阶段目标

1）2025 年目标

加强捕捞强度控制，实施海洋捕捞产出管理，将海洋捕捞产量控制在 230 万 t 以内；完善渔业资源保护制度，进一步扩大限额捕捞试点；建立近海渔业资源常规监测体系，提高资源调查和动态监测水平，建立渔业资源大数据管理决策平台，提升科技支撑能力。

2）2035 年目标

继续完善海洋捕捞产出管理，建立海洋捕捞产量和渔业资源承载力动态调整机制，全面实施限额捕捞制度，部分渔业资源种群利用实现良性循环，探索渔业权制度；形成完善的渔业资源及栖息地环境网络监测体系，加强捕捞生产、加工、流通等渔获物全流程追溯全体系构建，建设区域一体化的渔业资源、渔船渔港动态监管平台，实现海洋渔业资源智能化、科学化管理。

（二）重点任务

根据生态优先、绿色发展和依法治渔的基本思路，以海洋渔业资源高质量发展为目标，加强近海渔业资源管理工作。强化渔船源头管理，统筹推进减船转产工作。积极引导捕捞作业方式调整，构建生态友好型的海洋捕捞业，实施海洋渔业资源总量管理制度。健全渔业法律法规，提高海洋渔业资源管理的组织化程度和法治水平。建立近海渔业资源常规监测体系，加强近海渔业资源养护、渔业资源总量管理、渔获物追溯及数字化管理等基础理论和关键技术研发，发挥科技支撑引领作用。

1. 西沙七连屿岛礁鱼类限额捕捞试点

（1）必要性和可行性

海洋渔业资源"公共品"属性决定了资源开发的各类权益主体采取"竞赛"捕捞，以获取最大利益，加之渔业资源的洄游跨界特征，弱化了权益主体养护海洋渔业资源和严格遵守制度的内在激励，最终导致资源开发利用主体之间不公平、无秩序的市场竞争，这也是造成我国近海渔业衰退的根本原因。

西沙群岛七连屿海域是渔民捕捞珊瑚礁鱼类的作业渔场之一，近年来该区域资源明显降低，亟待开展管理和养护。该区域渔业管理基础良好，已制定了珊瑚礁鱼类管理规定，养护和管理渔业的氛围浓厚，渔政管理队伍健全，且资源调查基础较好。以七连屿海域的岛礁鱼类为对象，开展自然资源的产权化试点，有望突破"公地悲剧"的一再上演，为提升渔业资源治理水平提供有益探索。

（2）试点内容

开展制度设计，明确渔业资源的权属关系。成立渔民协会，提升渔民组织化水平。制定试点工作方案和配套管理措施，明确分阶段的工作重点，通过全年限制性捕捞，逐步过渡到限额捕捞。开展宣传培训，提升渔民组织化程度。

（3）预期目标

全面贯彻落实新发展理念，坚持深化改革和依法治渔两轮驱动，建立以保护渔业资源、保障捕捞权为核心的捕捞权制度，实现环境保护和渔业资源等各方面的最大综合效益，推动海洋渔业的持续健康发展。

2. 台湾浅滩渔场枪乌贼限额捕捞试点

（1）必要性和可行性

目前，国外渔业发达国家开展的限额捕捞工作主要针对单鱼种，比如大西洋鳕、金枪鱼等。国内开展的限额捕捞试点均为单鱼种试点，比如山东的海蜇试点、广东的白贝试点。针对目前单鱼种试点存在的鱼种选择、可捕量评估、渔获物监管等问题，有必要进一步开展试点探索，为开展跨区域的单鱼种限额捕捞提供有益借鉴。

台湾浅滩渔场位于闽越交界，属闽粤共同管辖海域，为福建和广东渔民共同作业渔场，可在该海域开展以鱿鱼（主要是中国枪乌贼）为试点品种的区域性单鱼种限额捕捞试点。

（2）试点内容

成立台湾浅滩渔场管理委员会及工作组，制定试点工作方案和配套管理措施，科学确定单船配额，开展宣传培训。

（3）预期目标

全面贯彻落实新发展理念，通过试点，探讨控制渔船数量、控制渔船功率和单鱼种总量控制的模式是否可行，为深入推进我国限额捕捞提供经验，同时也为跨省捕捞生产管理机制进行探索，推动海洋渔业的持续健康发展。

3. 珠海市底拖网渔业的"双限"试点

（1）必要性和可行性

南海渔具渔法多种多样，渔船数量大、功率小，大多数为多鱼种混合渔业方式，因而，在南海区的混合渔业的渔情下，难以简单套用国外较为成熟的单鱼种管理模式进行限额捕捞管理实践。底拖网渔业因为网具的选择性差，是南海区乃至我国近海典型的多鱼种渔业类型，是限额捕捞管理的重要对象。

珠海市有拖网渔船 45 艘，近年来年产量为 3 000～4 000 t，主要渔获物为长体圆鲹、蓝圆鲹、小沙丁鱼、金线鱼、蛇鲻类、马面鲀、方头鱼、带鱼、鲐鱼、叫姑鱼等。珠海市底拖网渔船的主要作业海域在香洲区，该区的渔民基层管理组织——香洲渔业协会机制健全，运行和管理良好。此外，珠海市洪湾渔港已建成投入使用，该渔港具有良好的渔获物定点上岸功能，以上这些条件为实施限额捕捞奠定了基础。

（2）主要内容

在广东省农业农村厅的指导下，成立珠海市底拖网渔业管理委员会，该渔委会主要由地方渔业行政主管部门、渔业管理协会及科研支撑单位组成。该试点以底拖网渔业为对象，以"总量＋主要鱼种（金线鱼和带鱼）"的"双限"为实施路径。由渔委会按照职责分工，制定试点工作方案和配套管理措施，科学确定单船配额，开展宣传培训。

（3）预期目标

通过试点，探讨"总量＋鱼种"的"双限"方案在推行限额捕捞的可行性，为深入推进我国限额捕捞提供经验，推动海洋渔业的持续健康发展。

（三）保障措施与对策建议

1. 保障措施

（1）加大投入力度

加大财政投入力度，不断优化支出结构，重点保障渔业资源调查评估与渔业水域生态环境监测、捕捞渔民减船转产、渔船渔具管理和限额捕捞制度实施、水生生物资源养护、渔业生产统计和信息监测、渔政执法监管等工作的推进和实施。

（2）完善渔业管理制度

以《渔业法》《野生动物保护法》和《环境保护法》等法律法规为依据，进一步建立和完善海洋渔业资源和水域生态环境保护的各项管理制度。认真组织实施渔业资源专项保护行动，加强海洋伏季休渔、禁渔制度实施的专项执法管理；开展打击电、毒、炸鱼等破坏渔业资源的专项治理行动。继续完善《渔业法》中关于捕捞限额、捕捞许可、船舶检验登记、填写渔捞日志等法律规定，提升对捕捞业的规范化管理水平。一是从投入管理和产出管理双向发力推动落实限额捕捞制度。将严控船网工具指标、严格落实渔捞日志填报制度作为控制捕捞强度的重要手段；探索建立实施渔获物合法性标签制度，强化伏休期间违法渔获物监管。二是推动地方渔政部门强化依托港口监管，在渔港设立驻点监管机构并逐步推动全覆盖。根据渔港分布、监管力量以及渔获卸货习惯，确定渔船停泊、渔获物上岸的指定渔港，建立渔获物定港申报上岸和渔获物追溯管理制度。

（3）深化渔业管理国际合作

渔业发达国家在近海渔业资源和环境保护方面积累了大量的实践经验和管理理论，通过设立国际合作专项经费，加强同渔业发达国家和地区、国际组织、非政府组织、民间团体的广泛联系，促进人员、技术、资金、管理等方面的交流与合作，学习和借鉴国外先进的渔业资源管理和保护理念及成功经验，提高我国近海渔业资源管理水平。

（4）增强全民渔业资源保护意识

渔业资源管理和保护，需要全社会的广泛支持和共同努力。要通过各种形式和途径，加强水生生物资源保护相关法律法规及基本知识的宣传教育力度，增强群众生态忧患意识，树立生态文明的发展观、道德观、价值观。要提高社会各界对渔业资源的认知程度，增强参与保护的自觉性、主动性，为渔业资源修复与保护工作创造良好的外部环境和氛围。

2. 对策建议

（1）加强政策引导，建立科学规范的海洋渔业资源管理机制

针对目前海洋渔业资源管理体制机制不健全的现状，在投入控制上，进一步完善渔船数量和功率"双控"制度。借鉴日本、挪威的捕捞许可制度和渔业权制度，完善我国捕捞许可制度。对以海为生的传统生计渔民与商业渔业资源开发主体实行差别化赋权，逐步建立归属清晰、权责明确、监管有效的渔业资源产权制度。在产出控制上，完善海洋捕捞总量制度和配额管理制度。根据南海区海洋鱼类资源的特征，制定总可捕量、单鱼种可捕量、渔村配额等多种形态的限额捕捞制度，并实行个体可转让配额制度。

（2）加强渔业资源调查评估，提高科技支撑能力

渔业资源监测调查评估结果是开展渔业资源科学管理的基础和前提。针对近海渔业资源监测和资源评估的现状，要加大资金投入力度，加强渔业资源调查和捕捞生态监控能力建设，完善南海区渔业资源全要素监测网络，建立统一的信息采集和交换处理平台，开展大数据分析，提高资源调查和动态监测水平。全面实施海洋渔业资源和产卵场调查、监测和评估，通过对南海海域的全面系统调查，摸清南海海洋渔业资源的种类组成、洄游规律、分布区域，以及主要经济种类的生物学特性和资源量、可捕量，为渔业资源养护和管理提供基础数据。

（3）强化监管和执法，形成良好的发展条件

为恢复和保护南海近海渔业资源，我国政府采取了一系列管理措施，如1999年开始实施海洋伏季休渔制度、2000年出台"零增长"计划、2002年出台海洋捕捞减船转产政策、2013年农业部发布《关于实施海洋捕捞准用渔具和过渡渔具最小网目尺寸制度的通告》、2018年出台《农业部关于实施带鱼等15种重要经济鱼类最小可捕标准及幼鱼比例管理规定的通告》等，但是，近海渔业资源持续衰退现状说明这些政策的执行效果不佳。建议在梳理有关渔业管理政策基础上，建立政策执行绩效评价制度，对于绩效评价结果不合格的渔业管理部门采取相应的惩罚措施。

要持续打击涉渔"三无"船舶。明确涉渔"三无"船舶认定标准，对涉渔"三无"船舶的所有人和船主应承担的法律责任作出明确规范，赋予渔政监督执法部门清理取缔涉渔"三无"船舶必要的行政强制和行政处罚手段。

（4）创新管理机制，提高渔业资源管理组织化水平

针对当前机构改革后渔业监督执法力量薄弱的现状，高度重视第三方渔业中介组织的作用。鼓励创新渔业资源和捕捞组织形式和经营方式，积极培育壮大专业渔村、渔业合作组织、协会等各类基层渔业中介组织，赋予其在渔船证书办理、限额分配、入渔安排、船员培训、安全生产组织管理等方面一定权限，增强服务功能，充分发挥渔民群众参与捕捞业管理的基础作用。鼓励渔船公司化经营、法人化管理，增强渔船安全生产主体责任，提升渔船渔民生产安全水平。

课题组主要成员

组　长　李纯厚　中国水产科学研究院南海水产研究所
成　员　陈作志　中国水产科学研究院南海水产研究所
　　　　吴洽儿　中国水产科学研究院南海水产研究所
　　　　张　魁　中国水产科学研究院南海水产研究所
　　　　明俊超　中国水产科学研究院南海水产研究所

周艳波　中国水产科学研究院南海水产研究所
范江涛　中国水产科学研究院南海水产研究所
孔啸兰　中国水产科学研究院南海水产研究所
马胜伟　中国水产科学研究院南海水产研究所
陈　森　中国水产科学研究院南海水产研究所

主 要 参 考 文 献

白洋，2011. 渔业配额法律制度研究 [D]. 青岛：中国海洋大学.

白洋，2012. 后《联合国海洋法公约》时期国际渔业资源法律制度存在问题及应对机制研究 [J]. 生态经济，10：48-54.

白洋，2012. 新西兰渔业配额捕捞制度的经验及其对中国的启示 [J]. 世界农业，8：85-89.

蔡研聪，徐姗楠，陈作志，等，2018. 南海北部近海渔业资源群落结构及其多样性现状 [J]. 南方水产科学，14（2）：10-18.

曹世娟，黄硕琳，2002. 马来西亚的渔业管理与执法体制 [J]. 中国渔业经济，1：46-48.

陈勃，2007. 完善伏休管理保护渔业资源的对策研究 [J]. 浙江海洋学院学报，26（2）：205-209.

陈宁，徐宾铎，薛莹，等，2018. 捕捞数据不确定下蓝点马鲛渔业管理策略评估 [J]. 水产学报，42（7）：1154-1167.

陈森，2017. 渔业限额捕捞制度试点工作稳步推进 [J]. 中国水产，11：13.

陈卫忠，李长松，胡芬，等，1999. 渔业资源评估专家系统设计及实践 [J]. 水产学报，23（4）：343-349.

陈新军，周应祺，2001. 论渔业资源的可持续利用 [J]. 资源科学，2：70-74.

陈艳明，包特力根白乙，2010. 中国海洋伏季休渔制度研究 [J]. 河北渔业，9：46-50.

陈永利，王凡，白学志，等，2004. 东海带鱼（Trichiurus haumela）渔获量与邻近海域水文环境变化的关系 [J]. 海洋与湖沼，35（5）：404-412.

程和琴，2010. 海岸系统人文效应及其调控研究 [M]. 北京：科学出版社.

程家骅，林龙山，凌建忠，等，2004. 东海区小黄鱼伏季休渔效果及其资源合理利用探讨 [J]. 中国水产科学，11（6）：554-560.

程家骅，严利平，林龙山，等，1999. 东海区伏季休渔渔业生态效果的分析研究 [J]. 中国水产科学，6（4）：81-85.

褚晓琳，2010. 基于生态系统的东海渔业管理研究 [J]. 资源科学，32（4）：606-611.

戴泉水，颜尤明，卢振彬，等，2001. 福建及其邻近海区海洋渔业资源评估数据库系统的研究 [J]. 福建水产，4：39-43.

邓景耀，金显仕，2001. 渤海越冬场渔业生物资源量和群落结构的动态特征 [J]. 自然资源学报，16（1）：42-46.

邓景耀，叶昌臣，刘永昌，1990. 渤黄海的对虾及其资源管理 [M]. 北京：海洋出版社.

邓景耀，赵传姻，1991. 海洋渔业生物学 [M]. 北京：农业出版社.

董峻，任可馨，2017. 中国海洋渔业进入转型升级 2.0 时代 [EB/OL]. (2017-01-20) [2021-07-12]. http://www.xinhuanet.com//politics/2017-01/20/c_1120354861.htm.

方芳，2009. 捕捞限额制度施行效果及实施对策的初步研究 [D]. 青岛：中国海洋大学.

冯波，陈新军，许柳雄，2009. 已充分开发渔业中估计最大可持续产量的一种近似方法 [J]. 大连水产学院学报，24（2）：141-145.

高明，高健，2007. 中日韩共同渔业管理的研究 [C]//中国海洋学会. 2007 年中国海洋经济论坛暨海洋经济前沿问题学术研讨会——海洋经济可持续发展论文集. 福州：中国海洋学会：61-66.

耿喆，朱江峰，夏萌，等，2018. 数据缺乏条件下的渔业资源评估方法研究进展 [J]. 海洋湖沼通报，5：130-137.

顾玉姣，2018. 浙江省实施限额捕捞管理面临的若干问题及对策探讨——以舟山海域三疣梭子蟹渔业为例 [D]. 舟山：浙江海洋大学.

官文江，高峰，雷林，等，2012. 渔业资源评估中的回顾性问题 [J]. 上海海洋大学学报，21（5）：841 - 847.

官文江，田思泉，朱江峰，等，2013. 渔业资源评估模型的研究现状与展望 [J]. 中国水产科学，20（5）：1112 - 1120.

韩立民，姜秉国，2010. 国内外渔业资源管理制度研究进展 [J]. 中国渔业经济，28（2）：170 - 176.

韩青鹏，单秀娟，万荣，等，2019. 基于地统计二阶广义线性混合模型的黄海冬季小黄鱼时空分布和资源量指数估算 [J]. 水产学报，43（7）：1603 - 1614.

韩杨，2020. 全球主要海洋国家渔业资源治理经验及启示 [J]. 中国发展观察，11：2 - 9.

韩杨，杨子江，刘利，2014. 菲律宾渔业发展趋势及其与中国渔业合作空间 [J]. 世界农业，10：56 - 61.

何珊，陈新军，2016. 渔业管理策略评价及应用研究进展 [J]. 广东海洋大学学报，36（5）：29 - 39.

何志成，2001. 关于在南海区实行捕捞限额制度的初步构想 [J]. 中国水产，3：24 - 25.

胡芬，陈卫忠，2001. 应用渔业资源评估专家系统预测东海鲐年产量 [J]. 水产学报，25（5）：469 - 473.

黄金玲，黄硕琳，2002. 关于我国专属经济区内实施限额捕捞制度存在问题的探讨 [J]. 现代渔业信息，17（11）：3 - 6.

黄其泉，周劲峰，王立华，2006. 澳大利亚的渔业管理与信息技术应用 [J]. 中国渔业经济，2：23 - 26.

黄硕琳，1998. 国际渔业管理发展趋势 [J]. 海洋水产科技，55：29 - 37.

黄硕琳，1998. 国际渔业管理制度的最新发展及我国渔业所面临的挑战 [J]. 上海水产大学学报，7（3）：224 - 230.

黄硕琳，唐议，2019. 渔业管理理论与中国实践的回顾与展望 [J]. 水产学报，43（1）：213 - 233.

焦桂英，孙丽，刘洪滨，2008. 韩国海洋渔业管理的启示 [J]. 海洋开发与管理，12：42 - 48.

金显仕，2001. 渤海主要渔业生物资源变动的研究 [J]. 中国水产科学，7（4）：22 - 26.

金显仕，程济生，邱盛尧，等，2006. 黄渤海渔业资源综合研究与评价 [M]. 北京：海洋出版社.

金显仕，唐启升，1998. 渤海渔业资源结构、数量分布及其变化 [J]. 中国水产科学，5（3）：18 - 24.

金显仕，赵宪勇，孟田湘，等，2005. 黄、渤海生物资源与栖息环境 [M]. 北京：科学出版社.

金显仕，Hamre J，赵宪勇，等，2001. 黄海鳀鱼限额捕捞的研究 [J]. 中国水产科学，8（3）：27 - 30.

乐家华，刘丽燕，2008. 日本渔业的双重管理模式及发展方向 [J]. 渔业经济研究，6：33 - 37.

李聪明，慕永通，2013. 日本海洋渔业管理制度的历史变迁与特征 [J]. 世界农业，4：65 - 69.

李凡，李显森，赵宪勇，2008. 底拖网调查数据的 Delta - 模型分析及其在黄海小黄鱼和银鲳资源评估中的应用 [J]. 水产学报，32（1）：145 - 151.

李翘楚，邹琰，张少春，等，2015. 山东省环渤海区域主要鱼类资源变化的研究 [J]. 水产科学，34（10）：647 - 651.

李忠义，吴强，单秀娟，等，2017. 渤海鱼类群落结构的年际变化 [J]. 中国水产科学，24（2）：403 - 413.

李忠义，吴强，单秀娟，等，2018. 渤海鱼类群落结构关键种 [J]. 中国水产科学，25（2）：229 - 236.

林龙山，2004. 东海区小黄鱼现存资源量分析 [J]. 海洋渔业，1：19 - 24.

林龙山，程家骅，2009. 延长东海区伏季休渔期的渔业效果分析 [J]. 大连水产学院学报，24（1）：12 - 16.

林学钦，2002. 伏季休渔——话渔业资源的 TAC 管理 [J]. 厦门科技，3：7 - 8.

林彦红，彭本荣，2008. 基于种群层次的渔业资源评估模型研究进展 [J]. 福建水产，4：78 - 88.

凌建忠，李圣法，严利平，2006. 东海区主要渔业资源利用状况的分析 [J]. 海洋渔业，2：111 - 116.

凌建忠，郑元甲，2000. 东海黄海头足类资源量的评估 [J]. 海洋渔业，2：60 - 63.

刘宏焘，2020. 二战以后菲律宾的渔业政策与渔业危机的形成 [J]. 学术研究，2：137 - 146.

刘洪滨，孙丽，2007. 中韩两国海洋渔业管理政策的比较 [C]//中国海洋学会. 2007 年中国海洋经济论坛暨海洋经济前沿问题学术研讨会——海洋经济可持续发展论文集 . 福州：中国海洋学会：50 - 60.

刘景景，龙文军，2014. 我国海洋捕捞政策及其转型方向研究［J］. 中国渔业经济，32（2）：29 - 34.

刘立明，2009. 海洋伏季休渔十五载成效显著［J］. 中国水产，12：17.

刘群，任一平，沈瑞学，等，2003. 渔业资源评估在渔业管理中的作用［J］. 海洋湖沼通报，1：72 - 76.

刘笑笑，王晶，徐宾铎，等，2017. 捕捞压力和气候变化对黄渤海小黄鱼渔获量的影响［J］. 中国海洋大学
　　学报，47（8）：58 - 64.

刘新山，郝振霞，2018. 澳大利亚联邦渔业立法研究［J］. 中国海商法研究，29（2）：92 - 103.

刘子藩，周永东，2000. 东海伏季休渔效果分析［J］. 浙江海洋学院学报（自然科学版），19（2）：
　　144 - 148.

刘尊雷，袁兴伟，杨林林，等，2019. 有限数据渔业种群资源评估与管理——以小黄鱼为例［J］. 中国水产
　　科学，26（4）：621 - 635.

柳卫海，郭振华，1999. 东海区小黄鱼资源利用现状分析［J］. 上海海洋大学学报，8（2）：105 - 111.

卢昌彩，2019. 完善我国海洋伏季休渔管理的思考与建议［J］. 中国水产，11：46 - 48.

马林娜，2005. "渔业问题"的共同管理"解"——理论、实践与政策［D］. 青岛：中国海洋大学 .

慕永通，马林娜，2004. 我国捕捞限额制度的性质与路径选择［J］. 中国渔业经济，3：4 - 6.

倪世俊，于福庆，于中华，2000. 实行捕捞限额制度面临的几个问题［J］. 中国水产，12：76 - 78.

牛威震，张佩怡，刘坤，等，2020. 优化渔业管理总可捕量中限额捕捞制度的对策［J］. 中国经贸导刊，
　　32：46 - 49.

农业部水产局等，1990. 黄渤海区渔业资源调查与区划［M］. 北京：海洋出版社 .

农业部渔业局，2010. 水生生物资源养护管理法律法规［M］.

朴英爱，2003. 关于韩国海洋渔业的减船政策分析［J］. 中国渔业经济，4：49 - 51.

朴英爱，2008. 东北亚海洋生物资源资产化管理与合作研究：以中日韩为中心［M］. 长春：吉林大学出版社 .

齐景发，2001. 总结休渔经验加大保护力度保持渔业可持续发展［J］. 中国水产，10：4 - 8.

覃巍，1998. 日本的海洋渔业管理体系［J］. 世界农业，12：35 - 36.

邱盛尧，赵中华，孙宪武，等，1993. 山东近海中上层鱼类捕捞现状及资源评估［J］. 齐鲁渔业，3：
　　29 - 32.

阮雯，纪炜炜，方海，等，2015. 韩国渔业管理制度探析［J］. 渔业信息与战略，30（1）：55 - 60.

单秀娟，李忠炉，戴芳群，等，2011. 黄海中南部小黄鱼种群生物学特征的季节变化和年际变化［J］. 渔业
　　科学进展，32（6）：7 - 16.

石永闯，陈新军，2019. 小型中上层海洋鱼类资源评估研究进展［J］. 海洋渔业，41（1）：118 - 128.

史登福，张魁，陈作志，2020. 基于生活史特征的数据有限条件下渔业资源评估方法比较［J］. 中国水产科
　　学，27（1）：12 - 23.

史赟荣，李永振，孙冬芳，等，2008. 从资源变化、生态保护、经济效益和社会影响分析南海伏季休渔十
　　年效果［J］. 中国水产，9：14 - 16.

苏萌，2018. 日本和智利沿岸渔业共同管理制度研究［J］. 中国海洋大学学报（社会科学版），2：22 - 27.

苏新红，沈长春，2005. 借鉴国外 ITQ 管理经验促进我省渔业管理的发展［J］. 渔业研究，1：42 - 46.

苏永华，杨松，2004. 我国渔业管理引进 TAC、ITQ 制度的思考［J］. 中国渔业经济，6：28 - 30.

粟丽，陈作志，张魁，等，2021. 基于底拖网调查数据的渔业资源质量状况评价体系构建——以北部湾为
　　例［J］. 广东海洋大学学报，41（1）：10 - 16.

唐国建，崔凤，2012. 国际海洋渔业管理模式研究评述［J］. 中国海洋大学学报（社会科学版），2：8 - 13.

唐建业，黄硕琳，2000. 总可捕量和个别可转让渔获配额在我国渔业管理中应用的探讨［J］. 上海海洋大学
　　学报，9（2）：125 - 129.

唐议，李富荣，黄硕琳，等，2009. 我国政府渔业管理职能转变的探讨［J］. 中国渔业经济，27（3）：

5－11.

仝龄，1994. 多鱼种资源数量评估方法介绍 ［J］. 现代渔业信息，9（8）：5－9.

同春芬，房可倩，2013. 海洋渔业管理理念的发展与演变 ［J］. 广东海洋大学学报，33（5）：31－35.

王冠钰，2013. 基于中加比较的我国海洋渔业管理发展研究 ［D］. 青岛：中国海洋大学.

王敏宁，2012. 主要海洋国家涉海管理体制机制及对我国的启示 ［J］. 世界海运，35（3）：38－40.

王芮，朱国平，2018. 海洋甲壳类生物资源评估方法研究进展 ［J］. 应用生态学报，29（8）：2778－2786.

王素花，徐海龙，王婷，等，2017. 海洋渔业管理制度分析及对我国海洋渔业的启示 ［J］. 中国水产，10：
  44－47.

王迎宾，虞聪达，俞存根，等，2010. 浙江南部外海底层渔业资源量与可捕量的评估 ［J］. 集美大学学报
  （自然科学版），15（2）：88－92.

王跃中，孙典荣，林昭进，等，2012. 捕捞压力和气候因素对黄渤海带鱼渔获量变化的影响 ［J］. 中国水产
  科学，19（6）：1043－1050.

夏章英，颜云榕，2008. 渔业管理 ［M］. 北京：海洋出版社.

谢营梁，徐咏梅，李励年，2005. 关于韩国渔业管理体系的探讨 ［J］. 现代渔业信息，9：9－10.

徐宾铎，金显仕，梁振林，2003. 秋季黄海底层鱼类群落结构的变化 ［J］. 中国水产科学，10（2）：
  148－154.

徐汉祥，刘子藩，宋海棠，等，2003. 东海伏季休渔现状分析及完善管理的建议 ［J］. 现代渔业信息，18
  （1）：22－26.

徐汉祥，刘子藩，周永东，2003. 东海区带鱼限额捕捞的初步研究 ［J］. 浙江海洋学院学报（自然科学版），
  22（1）：1－6.

宣立强，2004. 基于 B－H 模型的多鱼种资源评估 ［J］. 海洋湖沼通报，2：45－51.

严利平，胡芬，李圣法，等，2007. 东海区带鱼伏季休渔效果及其资源的合理利用 ［J］. 自然资源学报，4：
  606－612.

严利平，凌建忠，李建生，等，2006. 应用 Ricker 动态综合模型模拟解析东海区伏季休渔效果 ［J］. 中国
  水产科学，13（1）：85－91.

严利平，刘尊雷，金艳，等，2019. 延长拖网伏季休渔期的渔业资源养护效应 ［J］. 中国水产科学，26
  （1）：118－123.

严利平，刘尊雷，李圣法，等，2010. 东海区拖网新伏季休渔渔业生态和资源增殖效果的分析 ［J］. 海洋渔
  业，32（2）：186－191.

杨得前，2003. 建立配额捕捞制度的几点思考 ［J］. 中国水产，4：26－27.

杨洋，刘志国，何彦龙，等，2016. 基于非平衡产量模型的海洋渔业资源承载力评估——以浙江省为例
  ［J］. 海洋环境科学，35（4）：534－539.

杨尧尧，李忠义，吴强，等，2016. 莱州湾渔业资源群落结构和多样性的年际变化 ［J］. 渔业科学进展，37
  （1）：22－29.

杨正雄，2017. 南海周边国家渔业立法对我国的影响及对策 ［D］. 海口：海南大学.

郁明，1996. 浅析渔业伏季休渔效果的探讨 ［J］. 现代渔业信息，11（8）：1－4.

岳冬冬，王鲁民，方辉，等，2015. 我国近海捕捞渔业发展现状、问题与对策研究 ［J］. 渔业信息与战略，
  4：239－245.

岳冬冬，王鲁民，熊敏思，等，2016. 完善海洋伏季休渔制度的探讨——基于东海与浙江省的实践 ［J］. 农
  业现代化研究，37（2）：337－344.

岳冬冬，王鲁民，张勋，等，2015. 东海伏季休渔管理实施状况及思考 ［J］. 中国农业科技导报，4：
  130－136.

增井好男，潘迎捷，2009. 日本水产业概论 ［M］. 西安：西北农林科技大学出版社.

詹秉义，1995. 渔业资源评估 [M]. 北京：中国农业出版社 .

张国政，李显森，金显仕，等，2010. 黄海中南部小黄鱼生物学特征的变化 [J]. 生态学报，30（24）：6854 - 6861.

张俊，邱永松，陈作志，等，2018. 南海外海大洋性渔业资源调查评估进展 [J]. 南方水产科学，14（6）：118 - 127.

张魁，廖宝超，许友伟，等，2017. 基于渔业统计数据的南海区渔业资源可捕量评估 [J]. 海洋学报，39（8）：25 - 33.

张龙，徐汉祥，王甲刚，2011. 舟山沿岸定置张网作业休渔前后鱼类组成分析 [J]. 浙江海洋学院学报（自然科学版），1：4 - 11.

张平远，2009. 澳对捕捞渔业实行完全配额化管理 [J]. 齐鲁渔业，26（4）：60.

张秋华，程家骅，徐汉祥，等，2007. 东海区渔业资源及其可持续利用 [M]. 上海：复旦大学出版社 .

张溢卓，2017. 日本渔业产业的发展历程及其变化要因分析 [J]. 世界农业，10：43 - 47.

张玉强，吴方阳，2018. 越南海洋渔业发展趋势及中国应对建议 [J]. 海洋开发与管理，35（3）：92 - 96.

张月霞，苗振清，2006. 渔业资源的评估方法和模型研究进展 [J]. 浙江海洋学院学报（自然科学版），25（3）：305 - 311.

《中国海洋渔业资源》编写组，1990. 中国海洋渔业资源 [M]. 北京：海洋出版社 .

中华人民共和国农业部渔业局，2006. 中华人民共和国渔业法律法规规章全书 [M]. 北京：法律出版社 .

中华人民共和国渔政渔港监督管理局，1999. 渔业法律法规规章全书（上、下）[M]. 北京：中国法制出版社 .

钟小金，张道波，2011. 我国东海区渔业生态管理的实践与展望 [J]. 中国水产，2：9 - 10.

周井娟，2007. 休渔期制度与东海渔业资源的保护和利用 [J]. 渔业经济研究，2：22 - 25.

朱玉贵，2009. 中国伏季休渔效果研究——一种制度分析视角 [D]. 青岛：中国海洋大学 .

卓友瞻，1996. 伏季休渔制度要长期坚持下去 [J]. 海洋渔业，2：49 - 52.

Alcala A C，Russ G R，2006. No - take marine reserves and reef fisheries management in the philippines：a new people power revolution [J]. Ambio A Journal of the Human Environment，5：37 - 46.

Arceo H O，Cazalet B，Aliño P M，et al.，2003. Moving beyond a top - down fisheries management approach in the northwestern Mediterranean：some lessons from the Philippines [J]. Marine Policy，39：29 - 42.

Beltona B，Marschkeb M，Vandergeest P，2019. Fisheries development，labour and working conditions on Myanmar's marine resource frontier [J]. Journal of Rural Studies，69：204 - 213.

Blake D R，Edmund J V，Robert S P，et al.，2012. Navigating change：second - generation challenges of small - scale fisheries co - management in the Philippines and Vietnam [J]. Journal of Environmental Management，107：131 - 139.

Christian L，2000. Quota hopping：the common fisheries policy between states and markets [J]. Journal of Common Market Studies，5：779 - 793.

Department of Agriculture，Water and the Environment，2021. Australian Government：Department of Agriculture，Water and the Environment [EB/OL]. [2021 - 07 - 12] . https：//www. agriculture. gov. au/fisheries.

Ding Q，Shan X，Jin X，et al.，2020. Research on utilization conflicts of fishery resources and catch allocation methods in the Bohai Sea，China [J]. Fisheries Research，225：1 - 8.

FAO，2019. Fishery and Aquaculture Statistics：Global capture production 1950—2017（FishstatJ）. In：FAO Fisheries and Aquaculture Department [EB/OL]. Rome. Updated 2019. [2021 - 07 - 12]. www. fao. org/fishery/statistics/software/fishstatj/en.

Gillis D M，1999. Behavioral inferences from regulatory observer data：catch rate variation in the Scotian Shelf silver hake（*Merluccius bilinearis*）fishery [J]. Canadian Journal of Fisheries & Aquatic Sciences，56：

288 – 296.

Halliday R G, Pinhorn A T, 2009. The roles of fishing and environmental change in the decline of Northwest Atlantic groundfish populations in the early 1990s [J]. Fisheries Research, 97 (3): 163 – 182.

Ji Y, Liu Q, Liao B, et al., 2018. Estimating biological reference points for largehead hairtail (*Trichiurus lepturus*) fishery in the Yellow Sea and Bohai Sea [J]. Acta Oceanologica Sinica, 38 (10): 20 – 26.

Ma S, Liu Y, Li J, et al., 2019. Climate – induced long – term variations in ecosystem structure and atmosphere – ocean – ecosystem processes in the Yellow Sea and East China Sea [J]. Progress in Oceanography, 175: 183 – 197.

Matrutty D D P, 2015. Value system of pasi as a type of community based management of fisheries resources in Lease Islands, Maluku, Indonesia [J]. AACL Bioflux, 8 (3): 342 – 351.

New Zealand's Ministry for Primary Industries, 2021. Ministry of agriculture and forestry [EB/OL]. [2021 – 07 – 12]. https://www.fisheries.govt.nz/fisheriesnz/.

Pomeroy R, Garces L, Pido M, et al., 2010. Ecosystem – based fisheries management in small – scale tropical marine fisheries: emerging models of governance arrangements in the Philippines [J]. Marine Policy, 34: 298 – 308.

Robert S P, Melvin B C, 1997. Coastal resource management in the philippines: a review and evaluation of programs and projects, 1984—1994 [J]. Marine Policy, 21 (2): 445 – 464.

Ronán L, 2010. The role of Regional Advisory Councils in the European Common Fisheries Policy: legal constraints and future options [J]. International Journal of Marine & Coastal Law, 25 (3): 289 – 346.

Ruddle K, 1998. Traditional community – based coastal marine fisheries management in vietnam [J]. Ocean & Coastal Management, 40: 1 – 22.

Satria A, Matsuda Y J M P, 2004. Decentralization of fisheries management in indonesia [J]. Marine Policy, 28 (5): 437 – 450.

Siregar N M A, Swastanto Y, Said B D, 2019. Fishery resources management in the Republic of Indonesia's fishery management region 711 for the sustainable fishery resources control [J]. Jurnal Pertahanan, 5 (1): 19 – 33.

Tezzo X, Belton B, Johnstone G, et al., 2018. Myanmar's fisheries in transition: current status and opportunities for policy reform [J]. Marine Policy, 97: 91 – 100.

The Philippines' Bureau of Fisheries and Aquatic Resources, 2021. Philippines fisheries profile [EB/OL]. [2021 – 07 – 12]. https://www.bfar.da.gov.ph/publication.

图书在版编目（CIP）数据

中国近海渔业资源管理发展战略及对策研究／唐启
升主编 . —北京：中国农业出版社，2022.9
ISBN 978 - 7 - 109 - 29920 - 7

Ⅰ.①中…　Ⅱ.①唐…　Ⅲ.①近海渔业—水产资源—
资源管理—研究—中国　Ⅳ.①S922

中国版本图书馆 CIP 数据核字（2022）第 158020 号

中国农业出版社出版

地址：北京市朝阳区麦子店街 18 号楼
邮编：100125
责任编辑：杨晓改　　文字编辑：蔺雅婷
版式设计：文翰苑　　责任校对：沙凯霖
印刷：中农印务有限公司
版次：2022 年 9 月第 1 版
印次：2022 年 9 月北京第 1 次印刷
发行：新华书店北京发行所
开本：787mm×1092mm　1/16
印张：11.25
字数：300 千字
定价：98.00 元
